CULTURE

DES PLANTES A GRAINS FARINEUX

OU

CÉRÉALES ET PLANTES A COSSES,

FORMANT LA SECONDE PARTIE

DES PRÉCEPTES D'AGRICULTURE PRATIQUE

DE

J.–N. SCHWERZ,

DIRECTEUR DE L'INSTITUTION ROYALE WURTEMBERGEOISE
D'EXPÉRIENCES ET D'INSTRUCTION AGRICOLES,

traduits sur la seconde édition

par P.-R. DE SCHAUENBURG,

député du Bas-Rhin, membre du Conseil général et de la Société
des sciences, agriculture et arts du département,
cultivateur à Geudertheim.

—

Paris,

L. BOUCHARD-HUZARD, LIBRAIRE,

SUCCESSEUR DE M.ᵐᵉ HUZARD (NÉE VALLAT LA CHAPELLE),

7, rue de l'Éperon.

—

1840.

CONSIDÉRATIONS PRÉLIMINAIRES.

IMPORTANCE DE LA PRODUCTION DE LA PAILLE.

Quelque précieuses, utiles, indispensables que soient à l'homme en société toutes les autres plantes, elles ne viennent cependant, comme aliments, qu'après celles qui portent des grains farineux. La culture de ces dernières reste donc, avec raison, le point central autour duquel tous les autres objets viennent se grouper, le but principal vers lequel doit être dirigé l'ensemble de l'agriculture. On les classe en deux catégories principales : les céréales et les plantes à cosses.

Outre la farine, base de l'aliment principal, le pain, et d'un grand nombre d'autres aliments, les céréales offrent encore un avantage qu'on ne saurait trop apprécier en économie rurale : leur produit en paille, cette substance également précieuse, dont la restitution au sol producteur en entretient la fertilité, sans laquelle la culture continue des céréales deviendrait aussi nuisible à une exploitation rurale qu'une culture trop étendue des plantes de commerce.

L'importance des produits en paille, pour l'agriculture, surtout de celui des céréales, est assez démontrée déjà, par le calcul de Sinclair, de la valeur totale des pailles produites dans la Grande-Bretagne, qu'il évalue, pour les 8 millions d'acres cultivés (3,240,000 hectares), à 16,250,000 livres sterling. — « On voit, dit-il, que la paille annuellement « produite s'élève à une valeur vénale beaucoup « plus considérable qu'on ne le suppose communé- « ment. »

Il serait, par conséquent, tout à fait irrationnel de ne pas tenir compte de la valeur de la paille dans l'appréciation des produits de la culture des céréales, surtout lorsqu'il s'agit de comparer, par exemple, les produits d'un champ de blé avec ceux d'un champ d'herbages.

Nous avons donc pensé qu'il convenait de consacrer quelques pages à l'appréciation du produit en paille des différentes céréales, et de placer cette appréciation avant ce que nous avons à dire sur la culture de ces plantes.

PRODUIT EN PAILLE.

En général.

Il n'existe pas, je crois, de donnée plus certaine pour apprécier l'état ou la valeur d'une exploitation ordinaire, en activité depuis un certain temps, que l'importance de son produit en paille : du moins, ai-je toujours trouvé la plus grande force productive, le progrès le plus marqué, dans les exploitations où il y avait, avec un bétail suffisant et bien nourri, une grande abondance de paille; et, au contraire, n'ai-je trouvé que des efforts impuissants, un passage pénible et sans profit d'une année à l'autre, partout où la paille manquait, soit parce que la culture des céréales était négligée, soit parce que la culture des fourrages n'était pas proportionnée aux besoins, et qu'il fallait mettre une trop grande quantité de paille sous la dent des bestiaux.

Aussi, trois fois malheur à l'exploitation rurale dans laquelle la paille n'est pas prisée, où on la gaspille, où on la brûle, où on la vend, si ce n'est sur un sol tellement riche, qu'il ne demande que peu ou point d'engrais, là où l'engrais s'achète facilement et à bas prix, là où il se remplace aisément par d'autres matières fertilisantes, là où peut avoir lieu l'échange de la paille contre du fumier. Mais ce n'est là qu'une exception, qui ne fait que confirmer la règle.

C'est une des plus admirables combinaisons de la Providence que cette propriété des plantes, dont le grain est le plus nécessaire à la nourriture de l'homme, dont la production demande le plus à la terre, dont le mode de consommation par l'homme est le plus complet, de produire, accessoirement à ce grain si précieux, cette paille, également précieuse, qui, judicieusement distribuée entre la nourriture et la litière des animaux domestiques, rendue à la terre qui l'a produite, suffit presque seule, ou à l'aide d'une jachère, à la reproduction de la plante entière.

PRODUIT EN PAILLE.

Par espèces.

Le produit en paille n'est pas seulement à considérer suivant les espèces, mais encore, dans chaque espèce, d'après la nature du sol, l'exposition, la situation, le temps de la semaille, l'humidité et la sécheresse de l'année et du climat.

Ainsi, d'ordinaire, les céréales d'hiver donnent plus de paille que les céréales d'été, les terrains riches plus que les maigres, les fumures fraîches plus que la vieille force, l'argile plus que le sable, les hauteurs plus que la plaine, les années humides plus que les sèches, les fortes semailles plus que les faibles, etc., etc.

En outre, le produit en paille dépend aussi de la pratique des moissons, du chaume plus ou moins long laissé sur le champ. La paille coupée loin du sol ne donne pas moins de gerbes, mais des gerbes plus légères.

D'un autre côté, pour apprécier exactement le produit en paille, il ne faut pas se contenter de peser la paille longue, il faut tenir compte aussi de la paille mêlée et brisée, du ratissage, de la balle, qui, pour certaines espèces, sont dans une forte proportion avec la paille longue, proportion souvent considérable du produit, que la plupart des observateurs ont jusqu'à présent négligé de faire entrer dans leurs calculs.

En général, il règne une très-grande incertitude sur les données d'évaluation du produit en paille. Le commun des cultivateurs, surtout, ne s'occupe guère du poids, et se borne à compter par gerbes ; ce qui pourrait suffire, à la rigueur, si les gerbes étaient d'une force moyenne à peu près égale : mais, ici on fait les liens avec une longueur de paille de seigle ; là, avec deux longueurs ; ailleurs avec les branches flexibles de diverses espèces de bois. En Angleterre, on lie avec de la paille de froment ; dans les Pays-Bas, on lie l'avoine avec des liens de paille d'avoine ; dans le Norfolk, comme en Alsace, on ne lie pas du tout l'orge.

Il devient ainsi très-difficile de déduire exactement le produit en paille des données incomplètes qui existent, à moins d'avoir fait soi-même de longues et minutieuses observations.

Cette difficulté a fait naître l'idée de chercher le produit en paille par sa comparaison, par son rapport avec le produit en grains, sur lequel il existe des données beaucoup plus nombreuses et plus sûres ; et, si les divergences, attachées à certaines circonstances, pour le produit en paille, se maintenaient en rapport avec celles attachées aux mêmes circonstances pour le produit en grains, cette donnée serait aussi exacte qu'on pourrait le désirer, et remplirait très-bien l'objet. Mais c'est le contraire qui arrive le plus souvent, et telle circonstance, favorable à la production de la paille, est défavorable au produit en grains, de sorte que, d'ordinaire, il y a moins de grain quand il y a plus de paille et plus de grain quand il y a moins de paille.

« Il est impossible, dit Burger, de calculer, sur le « seul facteur du produit en grain, le quotient du « produit en paille, parce qu'une grande variété « de circonstances agit sur le développement des « plantes, sur la longueur et l'épaisseur des tiges, « sans agir de la même manière, ou en agissant « d'une manière opposée sur le nombre et le vo- « lume des grains. Qui ne sait que les années hu- « mides produisent beaucoup de paille et peu de « grain, et que le contraire arrive dans les années « sèches que les champs fraîchement fumés don- « nent toujours plus de paille, mais pas toujours « plus de grain, que les trèfles rompus ou les champs « préparés par une jachère ; que le rapport de la « paille au grain est plus considérable sur un sol « riche que sur un sol pauvre ; qu'une semaille « claire donne une plus forte proportion en grain

« et une moindre en paille, et qu'une semaille bien
« tallée fait ressortir la proportion contraire ; que,
« dans les vallées et sur les moyennes hauteurs , on
« voit les céréales les plus hautes et les plus drues ,
« et qui , par cette raison même , ne donnent pas un
« produit en grain plus considérable que celles de
« la plaine? »

Cependant , à défaut de donnée , de mesure plus
certaine, il faut ne pas négliger celle qui peut être
tirée de ce rapport. Elle peut, moyennant l'évaluation empirique d'un en-plus ou d'un en-moins , suivant les circonstances, conduire le cultivateur à une
appréciation assez approximative du produit en
paille de ses récoltes. Il est seulement à regretter
que, même sous ce point de vue, nous ayons si peu
de bonnes observations à reproduire.

a. *Froment.*

Rapport de la paille au grain.

D'après Thaer.	: : 100 :	50
Podewils.	: : 100 :	85
Burger *a.*	: : 100 :	46
Le même *b.*	: : 100 :	39
Le même *c.* Terres de marches*.	: : 100 :	38
Block.	: : 100 :	33,3
Dierexen (Brabant).	: : 100 :	39,3
Hohenheim. Blé de (Talavera).	: : 100 :	44,3
Rapport moyen.	: : 100 :	40,6.

* Cette désignation s'applique généralement , dans le nord de l'Europe, aux meilleures terres d'alluvion.

Produit par hectare.

D'après Thaër.	3,369 kil.
Podewils* (hauteurs.)	3,583
Le même (plaines).	4,380
Burger *a*.	3,442
Burger *b*.	4,765
Burger *c*.	3,423
Dierexen.	4,938
Middleton (Angleterre).	3,932
Brown (Id.).	3,961

Le produit moyen en paille d'un hectare de froment serait, d'après ces observations, de 3,977 kilogrammes.

Si nous calculons, sur ce produit en paille, d'après le rapport en grains, comme 100 est à 40,6, nous trouvons que l'hectare de froment devrait donner 1,615 kilogrammes de grain; mais il donne, comme nous le verrons plus loin, 22 hectolitres, qui, à 77 kilogrammes, feraient 1,694 kilogrammes de grain : le rapport indiqué, de la paille au grain, serait donc, malgré le petit nombre de données, à peu de chose près, exact.

b. *Épeautre.*

Produit par hectare.

Je n'ai pas d'autres données sur cette espèce de

* Toutes les évaluations du comte de Podewils, tant celles-ci que celles que nous serons dans le cas de rapporter plus loin, sont le résultat moyen d'observations faites sur un grand nombre d'années,

céréale que les expériences du palatin Moellinger, à Pfedhersheim, et celle de Hohenheim, en 1823.

Le produit moyen en paille de dix années, suivant Moellinger, a été de 2,486 kilogrammes par hectare.

Le produit de Hohenheim, observé une année seulement, a été :

En paille droite,	2,381 kil.
Paille brisée,	709
Balle,	439

Le produit total s'est conséquemment élevé à 3,529 kilogrammes ; ainsi plus de 1,000 kilogrammes au delà du produit suivant Moellinger. Il est à présumer, cependant, que celui-ci n'a pas tenu compte de la balle, ni peut-être même de la paille mêlée. Il serait surprenant, en effet, que le produit en paille de l'épeautre ne fût pas au moins égal à celui du froment.

Suivant l'observation de Hohenheim, en 1823, l'hectare a rendu 2,028 kilogrammes de grain, et le rapport de la paille au grain a été comme 100 est à 57,3.

Comme ce rapport de la paille au grain paraît plus faible que celui du froment, je dois rappeler ici que les écales sont comprises dans le poids du grain. Écalés, les 2,028 kilogrammes d'épeautre n'auraient guère donné que 1,480 kilogrammes, et le rapport de la paille au grain aurait été comme 100 est à 42, rapport à peu près égal à celui ressortant pour le froment. Dans une expérience faite en 1834, avec beaucoup de soin, sur le même sol et sur une égale étendue, avec du blé de Talavera, les produits ont été :

Paille.	189 50 kil.
Balle.	13 50
Ensemble.	203

Et avec de l'épeautre :

Paille.	198
Balle.	5 50
Ensemble.	203 50

Plus 22 kil. d'écales.

c. Seigle.

Rapport de la paille au grain.

D'après Thaër.	:: 100 : 40
Podewils (hauteurs).	:: 100 : 41
Podewils (plaines).	:: 100 : 28
Koppe.	:: 100 : 41
Burger, 1807.	:: 100 : 54
Burger, 1812.	:: 100 : 51
Block.	:: 100 : 29,3
Moellinger, moyenne de dix ans.	:: 100 : 56
Hohenheim, 1823 *.	:: 100 : 31
Dierexen (Brabant).	:: 100 : 44

* Je dois faire remarquer, relativement à ce fort produit en paille, que, au Carlhoff, à Hohenheim, le seigle atteint d'ordinaire la hauteur de six à sept pieds. En 1822, le produit de la paille fut même,

De ces données résulte le rapport moyen de la paille au grain comme 100 est à 41,5.

Produit en paille par hectare.

D'après Thaër.	2,362 kil.
Podewils (hauteurs).	2,109
Le même (plaines).	3,380
Burger, 1807.	3,219
Le même, 1812.	3,268
Dicrexen, 1802, 1803.	3,230
Le même, 1789.	4,408
Moellinger, moyenne de 10 ans.	4,008
Hohenheim. { Paille droite. 4,095 } { Paille mêlée et balle. 682 }	4,777

Le produit moyen en paille d'un hectare de seigle serait, suivant ces données, de 3,448 kilogrammes.

L'hectare de seigle produisant, comme nous le verrons plus loin, 146 kilogrammes de grain, il s'ensuit que le rapport de la paille au grain est :: 100 : 45,23, ainsi plus faible que celui indiqué plus haut.

M. Block, pour son exploitation, estime le produit en paille d'une bonne année à 6,000 kilogrammes.

d. *Orge.*

Rapport de la paille au grain.

D'après Thaër.	:: 100 : 63
Podewils.	:: 100 : 42

très-probablement, plus fort qu'en 1824; cependant il rendit mieux au boisseau, la première que la seconde de ces deux années. Je ne puis attribuer cette proportion extraordinaire de produit en paille qu'au mélange d'une assez grande quantité de sable très-fin à un sol argileux et à une quantité un peu trop forte de semence.

Podewils.   :: 100 : 38
Block.   :: 100 : 37,5
Hohenheim, 1823.   :: 100 : 73

Rapport moyen suivant ces données.   :: 100 : 50,7.

Produit en paille par hectare.

D'après Thaër.   1,770 kil.
    Burger.   2,188
    Moellinger *.   1,738
    Hohenheim ⎰ Paille droite.   2,026 ⎱ 3,240
            ⎱ Mélée et balle.   1,214 ⎰
    Middleton (Angleterre).   2,536
    Brown (Angleterre).   2,491

Ces différentes évaluations mettent la moyenne du produit en paille d'un hectare d'orge à 2,327 kilogrammes.

M. Block compte, pour son exploitation et pour une bonne année, 4,400 kilogrammes de paille d'orge.

e. *Avoine.*

Rapport de la paille au grain.

D'après Thaër.   :: 100 : 61
    Podewils.   :: 100 : 71
    Clémens (exploitation belge).   :: 100 : 79

---

* L'évaluation du produit en paille, pour un terrain comme celui exploité par Moellinger, est évidemment trop faible, et elle établirait le rapport de la paille au grain :: 100 : 103. Évidemment encore, il n'a tenu compte, dans cette évaluation, ni de la paille mêlée ni de la balle. Je n'en ai pas moins compris cette évaluation dans les éléments de déduction de la moyenne, à cause et en compensation du produit extraordinaire en grain comme en paille de l'année 1823, à Hohenheim.

Le même (avoine d'Angleterre).   :: 100 : 79
Burger.   :: 100 : 52
Le même (avoine d'Angleterre).   :: 100 : 49
Le même (avoine noire).   :: 100 : 38
Block.   :: 100 : 31,6
Moellinger, moyenne de 10 ans *.   :: 100 : 90
Hohenheim, 1823.   :: 100 : 66

Ces données produisent en moyenne le rapport de la paille au grain   :: 100 : 61,6

Produit en paille par hectare.

D'après Thaer.   1,575 kil.

Burger, avoine blanche.	Paille 4,913 / Balle 71	4,984
Le même, avoine anglaise.	Paille 6,711 / Balle 97	6,808
Le même, avoine noire.	Paille 6,271 / Balle 195	6,467
Moellinger.		1,927
Clémens, avoine blanche.	Paille 2.830 / Balle 251	3,081
Le même, avoine anglaise.	Paille 2,685 / Balle 262	2,947
Middleton.		3,171
Brown.		3,269
Hohenheim, 1823.	Paille droite. 2,378 / Mêlée et balle. 1,361	3,739

Le produit moyen en paille d'un hectare d'avoine est ainsi de 4,248 kilogrammes.

Cette moyenne, qui dépasse sensiblement celle que nous avons vue ressortir des mêmes données pour le seigle et le froment et qui la dépasse dans

* Dans cette évaluation, comme dans la précédente, Moellinger ne doit avoir tenu aucun compte de la paille mêlée et de la balle.

une assez grande proportion, est, par conséquent, évidemment trop forte. La récolte de 1823, à Hohenheim, a été une des plus abondantes, sinon la plus abondante, surtout en paille, et cependant son produit est resté de 500 kil. au-dessous de cette moyenne. L'élévation de cette moyenne tient, sans aucun doute, à l'élévation des données du docteur Burger. Sans vouloir le moins du monde en contester l'exactitude et encore moins la véracité, je ne puis cependant la regarder que comme une exception. En l'écartant, par cette raison, et en écartant également, comme trop faibles, les évaluations de Moellinger, on trouve une moyenne de 2,964 kilogrammes, qui s'accorde beaucoup mieux avec celles trouvées pour les autres espèces de céréales.

M. Block, pour son exploitation et pour une bonne année, compte sur un produit de 3,960 kilogrammes de paille d'avoine par hectare.

f. *Maïs.*

D'après une moyenne dont les éléments seront présentés dans un des chapitres suivants, je ne crois pas qu'on puisse évaluer le produit moyen en paille d'un hectare de maïs à plus de 4,513 kilogrammes.

g. *Millet.*

D'après Burger, la paille sèche d'un joch de millet, pesée en février, donna 4,104 livres, poids de

Vienne, ce qui équivaut à 3,907 kilogrammes par hectare.

h. *Fèves.*

Produit en paille par hectare.

D'après Burger.	2,043 kil.
Middleton.	3,170
Brown.	3,269
Hohenheim, 1823.	2,581

Le produit moyen en paille de fèves, y compris les cosses et la balle, serait ainsi de 2,766 kilogrammes par hectare.

Mais je ne crois pas que, pour l'Allemagne du moins, on puisse admettre une moyenne aussi forte. Ainsi, à Hohenheim, la récolte de fèves cultivées en lignes, assez belle pour ne pas pouvoir être considérée comme moyenne, n'a donné que 2,581 kilogrammes de paille par hectare.

i. *Pois. Vesces.*

Le produit en paille des pois et des vesces est d'une appréciation plus difficile et plus incertaine encore que celui des fèves; c'est par cette raison, sans doute, que nous trouvons aussi, pour cette évaluation, moins de données encore que pour les céréales. Je ne crois pas que, pour la récolte la plus abondante, on puisse admettre plus de 4,000 kilogrammes par hectare; et, si nous prenons pour minimum 2,000 kilogrammes, nous arrivons à une moyenne de 3,000. Toutefois M. Block, pour son exploitation et pour une bonne année, compte sur un produit de 4,700 kilogrammes de paille de pois par hectare.

PRODUITS COMPARÉS.

Si nous comparons les produits en paille des quatre principales espèces de céréales, l'hectare donne :

En paille de froment,	3,077 kil.
de seigle,	3,418
d'orge,	2,327
d'avoine,	2,964

Il y a ici cette singularité que le produit en paille du froment figure comme plus considérable que celui du seigle, tandis que tous les cultivateurs tiennent pour constant que le seigle produit généralement plus de paille que le froment. On ne peut expliquer cette singularité apparente que par cette observation que les terrains les plus substantiels et les plus productifs sont toujours réservés à la culture du froment, et qu'on n'abandonne à celle du seigle que les sols moins riches et moins fertiles de leur nature, et par cette autre observation que les terrains les plus substantiels se manifestent particulièrement par un grand produit en paille.

Si l'on admet, d'après H. Koppe, dont l'expérience mérite une confiance entière, la proportion de 100 kilogrammes de paille pour un scheffel de seigle, on trouve que le rapport de la paille d'avoine et d'orge est à celle de seigle :: 80 : 100. Si l'on admet ensuite 6 scheffels par morgen, il en ressort 2,635 kilogrammes de paille de seigle et 2,108 kilogrammes de paille de céréales d'été par hectare. Le rapport ressort, par conséquent, encore :: 80 : 100.

D'après la moyenne que j'ai moi-même établie tout à l'heure, la proportion de la paille des céréales d'été à celle de la paille de seigle n'est cependant, en général, que :: 77 1/2 : 100.

D'après les données de Thaër, prises à part, il ressort pour la paille de seigle 2,362 kilogrammes, pour celle d'orge 1,740 seulement, et pour celle d'avoine 1,639. La première serait ainsi à celle de seigle :: 73, la seconde :: 65 : 100; toutes les deux, en moyenne, :: 69 : 100; tandis qu'en moyenne, et suivant Koppe, le rapport serait :: 80 : 100; d'où il tire cette déduction, *que les partisans des assolements auraient trop abaissé le produit en paille des céréales d'été.*

Comme les données particulières sont en trop petit nombre pour qu'on en puisse tirer des conséquences assez claires et assez certaines, il faut bien, jusqu'à la réunion de données plus complètes, en revenir à la moyenne proposée par Burger pour la paille des différentes espèces de céréales, qui s'établit ainsi qu'il suit :

Par hectare de froment,	3,000 — 3,600 kil.
de seigle,	3,000 — 4,000
d'avoine,	3,000 — 4,000
d'orge,	2,000 — 2,500

Entre tous les produits en paille et pour toutes les céréales, celui de l'avoine est le plus incertain, le moins égal à lui-même ; il varie entre des extrêmes qui s'expriment par 45 et 50, suivant que l'avoine a été produite dans un terrain maigre, épuisé, ou dans un terrain riche, comme cela arrive très-rarement.

D'après Koppe, les produits en paille de l'avoine et de l'orge, pris ensemble, sont à celui du seigle :: 4 : 5, ce qui répond au résultat moyen ci-dessus emprunté à Burger. Du reste, Koppe tient le produit en paille des pois égal à celui des céréales d'été, égalité qu'on peut admettre en tenant compte de l'inégalité avec lui-même, de l'éloignement des extrêmes du produit des pois en paille.

EMPLOIS ET VALEUR DE LA PAILLE.

La paille est d'une si grande importance en agriculture, qu'on pourrait concevoir la possibilité de faire marcher une exploitation rurale sans aucune autre espèce de fourrage, plutôt que sans paille. La paille ne fait pas seulement, comme litière, la base des engrais ; elle fait encore, et dans le plus grand nombre des exploitations, la base de la nourriture d'hiver des bestiaux.

Comme nous avons déjà examiné l'emploi de la paille comme litière dans notre étude des engrais, nous nous renfermerons ici dans ses applications comme fourrage. Nous ne nous occuperons pas non plus des applications plus spéciales encore de la paille aux usages domestiques, à la confection des liens, des toitures ; nous exprimerons cependant le vœu de voir ces applications diminuées par une sage économie, surtout celle aux toitures, qui enlève une si grande masse de matière à la production des engrais.

Lorsqu'il est question de la paille, comme fourrage, il est bien entendu qu'on comprend, dans la paille, la balle, les épis vides, les cosses, la paille mêlée, en un mot tout ce que le battage a séparé du grain, tout ce qui reste des gerbes battues, hors le grain. Il s'ensuit que les mauvaises herbes comprises dans les gerbes, les grains non développés restant dans les épis, comme il arrive toujours dans le battage du seigle et de l'avoine, contribuent à augmenter d'autant les qualités nutritives de la paille; il s'ensuit encore que la propriété nutritive de la paille, aussi bien que sa propriété de rendre d'autres substances plus digestives, ou d'en faciliter la consommation, dépend beaucoup de la manière dont elle est employée dans les étables.

Les Anglais font, en outre, dépendre la qualité, les propriétés, la valeur en un mot de la paille, de la nature du sol et du climat. D'après eux, un sol riche produit de la paille plus nutritive qu'un sol maigre. Dans les climats méridionaux, la paille de froment, d'orge et d'avoine contient plus de matière sucrée que dans les climats septentrionaux. Le plus ou moins de saveur de telle ou telle paille est facile à reconnaître par la dégustation. Les bonnes années produisent des pailles de plus de saveur que les mauvaises.

Une récolte pluvieuse, un séjour prolongé des gerbes sur le sol, des gerbes liées avant l'entière siccité de la paille, la confection de gerbes trop grosses, le placement en haut ou en bas d'une grande masse de gerbes, des granges humides ou mal aérées, un emploi trop tardif, détériorent plus ou moins la paille considérée comme fourrage.

Si donc la siccité ne peut être obtenue par l'extension sur le sol, il faut diminuer en proportion le volume des gerbes et ne leur donner qu'un seul lien. Il faut donner de l'air à la grange, couvrir l'aire d'une certaine épaisseur de paille de litière sèche, serrer particulièrement la balle dans un lieu sec, retarder le moins possible la consommation de la paille.

La valeur de la paille comme fourrage, dit Sinclair, dépend beaucoup du moment où elle est consommée. Du commencement de novembre jusqu'au commencement de mars, tant que le bétail a des navets ou tel autre fourrage juteux, on peut, sans inconvénient, employer la paille d'avoine, de fèves, de pois, bien récoltée, à la place du foin, et compter la paille comme équivalente, pendant cette période, et quel que soit le prix du foin, aux trois quarts de celui-ci.

Ceux qui sont habitués à ne nourrir leur bétail qu'avec du foin, comme ceux qui contestent à la paille toute qualité nutritive propre, qui ne lui attribuent que la propriété de remplir l'estomac, regardent comme insignifiant ce que regardent comme très-important ceux qui ne produisent que peu de foin, ceux qui attribuent plus de propriété à la paille.

Le temps viendra, sans doute, et il est déjà venu pour plusieurs contrées, où l'on comprendra le peu de profit que donnent une grande partie des prairies naturelles et combien la charrue pourrait augmenter ce profit ; le temps viendra, dis-je, où on apprendra à mieux apprécier la valeur de la paille, comme secours pour la nourriture du bétail en hiver, comme surrogat du foin. Toujours reste-t-il reconnu déjà que, pour un cultivateur qui n'est pas favorisé sous le rapport de la production des fourrages naturels, la paille est une notable économie, quand même il ne s'en servirait que pour quelques mois d'hiver, afin de réserver son foin pour la nourriture de printemps.

La paille ne saurait être considérée, il est vrai, comme contenant autant de matière nutritive que le foin, et elle a encore contre elle l'état desséché et ligneux dans lequel sa substance se présente. Par cette raison, il est nécessaire d'employer avec la paille une plus grande proportion de breuvages, et de rendre à la paille elle-même, soit par aspersion, soit par cuisson, un certain degré d'humidité.

Il y a beaucoup de pays, et j'en ai moi-même habité un fort longtemps, où les bêtes à cornes et les moutons ne savent pas ce que c'est que le foin, où le bétail n'en a jamais goûté, et où cependant il ne manque pas de force vitale, pour peu que la paille, qui fait le fonds de sa nourriture, ait été récoltée et conservée avec soin, et qu'il y ait été ajouté, même avec parcimonie, d'autres substances qui en développent et soutiennent les propriétés nutritives.

Il est bon de démontrer la vérité de ce que nous venons de dire par l'expérience et par des exemples appliqués aux trois principales espèces d'animaux domestiques, les vaches, les chevaux et les moutons.

a. *Nourriture des vaches.*

Sans m'appuyer sur une expérience que j'ai eue sous les yeux pendant plus de vingt ans, qui m'a été propre pendant les dernières de ces vingt années, je me bornerai à en rapporter quelques autres, anticipant ainsi sur ce que j'aurai à dire, dans les volumes suivants, et si Dieu me prête vie, sur le traitement des bestiaux.

Chez un de mes amis, dans les Pays-Bas, douze belles vaches, dont les veaux, enlevés à la mère après deux ou trois semaines, étaient régulièrement vendus, ne recevaient, outre de la bonne paille d'avoine, que de la soupe. Cette soupe n'était pas très-substantielle, car elle ne se faisait qu'avec un sac de balle, appartenant de sa nature à la paille, et avec deux tourteaux d'huile. Hors cette soupe, toute la sustentation était fournie par la paille, et cette paille même n'était pas donnée à discrétion : vers le temps du part seulement, les vaches recevaient deux portions de soupe. Ces vaches passèrent parfaitement l'hiver, tandis que les miennes le passèrent moins bien, quoique mieux traitées. La cause de cette différence tenait à ce que les vaches de mon ami cessaient d'être traites aussitôt qu'elles cessaient d'être nourries au vert, tandis qu'on continuait à traire les miennes. Cependant chacune des vaches de mon ami donnait en moyenne par année kilogr. 77 $\frac{3}{4}$ de beurre, et en aurait donné au moins 90, si elles avaient eu une meilleure nourriture d'été.

Dans une partie du pays de Munster, on fait passer l'hiver aux bêtes à cornes en ne leur donnant que de la paille hachée et une certaine proportion de paille entière. Quelque peu compréhensible que me parût d'abord cette pratique, m'écrit le docteur Meyer, il me faut reconnaître aujourd'hui que les grandes vaches de frise, que j'avais amenées dans ce pays, et qui étaient accoutumées au foin comme nourriture d'hiver, ont mieux encore passé l'hiver, avec une abondante nourriture en paille, qu'auparavant avec du foin; elles ne recevaient, d'ailleurs, que du breuvage froid.

Dans les grandes vacheries du Mecklembourg, les

bêtes à cornes passent l'hiver avec de la paille seulement.

Et lorsque enfin Arthur Young a écrit qu'aussi longtemps que la livre de beurre ne vaut pas un florin on a tort de donner aux vaches en hiver autre chose que de la paille, il admettait certainement la possibilité de cette nourriture à la paille ; autrement son assertion n'aurait été qu'une raillerie.

Les Belges, n'ayant pas de foin, ne peuvent donner à leurs vaches, outre la soupe, que de la paille.

b. Nourriture des bœufs d'attelage.

Dans deux des grandes exploitations d'ici, écrit Koppe, les bœufs d'attelage ne reçoivent, pendant tout l'hiver, que de la paille de seigle et d'orge, à parties égales, hachée, et avec addition de balle et d'épis vides. Avec cette nourriture, les bœufs d'attelage ne restent pas oisifs ; on les emploie au charriage du fumier, des pierres, aux travaux d'améliorations. Lorsque commencent les travaux de labourage, on ajoute à la nourriture d'hiver une certaine quantité de pommes de terre. Avec 49 bœufs et 4 chevaux, dans chaque ferme, nourris de la sorte, j'ai fait les labours de 250 morgen de céréales d'été et pourvu au transport d'une grande quantité de matériaux. A ce régime, les bœufs n'ont pas, il est vrai, une très-belle apparence, mais ils remplissent parfaitement le but pour lequel on les entretient, et je ne leur demande pas autre chose.

La possibilité d'atteindre, même pour l'engraissement, des résultats très-remarquables, de la nourriture à la paille, sans foin, avec addition seulement de pommes de terre, est constatée par l'exemple que rapporte Koppe, d'une commune qui engraisse ainsi, chaque année, 4 à 500 bœufs.

c. Nourriture des chevaux.

Au témoignage de Marshall, les chevaux ne reçoivent, dans le Norfolk, d'autre nourriture d'hiver que de la paille d'orge, et au temps seulement des labours pour les céréales d'été, on y ajoute du foin de trèfle, qu'on réserve pour cet usage.

« Je recommande, écrit Koppe, à l'appréciation de ceux qui ne connaissent pas la nourriture du cheval sans foin, ce qui se passe dans ma localité; dans des fermes de quarante chevaux, où l'on n'a pas de foin, où l'on ne donne que 12 à 13 livres d'avoine, et pas plus de 15 à 16, lorsque le travail est très-actif, les chevaux sont en très-bon état et les maladies extrêmement rares. Je connais un exemple décisif, celui d'une exploitation où les chevaux sont élevés à la paille, atteignent quatorze ans et onze ans au moins de service rural, et se vendent encore, à cet âge, comme très-aptes au travail, n'ayant jamais mangé un brin de foin. Ainsi se trouve particulièrement sanctionné le proverbe français : Cheval de paille, cheval de bataille. »

d. *Nourriture des moutons.*

Nous croyons encore devoir laisser parler ici l'expérience éclairée de M. Koppe.

Dans beaucoup de bergeries, dit-il, les moutons ne reçoivent, pendant tout l'hiver, d'autre fourrage que de la paille de seigle. En admettant qu'avec cette nourriture ils donnent un produit en laine un peu moins considérable, il est évident que ce produit, quelque peu diminué, est assuré, ainsi que l'existence des troupeaux. La paille a donc, dans ce cas encore, une valeur comme fourrage. Dans les grandes bergeries la production d'une assez grande quantité de paille d'avoine est d'une haute importance pour la nourriture d'hiver. On n'arrive à calculer à bon marché l'hivernage des troupeaux et à élever le produit net du produit, déduction faite des frais, qu'en négligeant de tenir compte de la valeur de la paille.

D'après Block, c'est seulement aux épis vides et aux extrémités de la paille de seigle qu'il faut en attribuer la propriété nutritive; si on les sépare, il ne reste au tube de la paille aucune propriété nutritive, et cela résulterait d'un certain nombre d'expériences. Mais le tout étant donné ensemble, comme il tombe sous le sens que cela doit avoir lieu, cette nourriture peut suffire, bien que très-rigoureusement, à la sustentation des moutons, bien entendu que ce tout est donné en assez grande quantité pour que le mouton puisse choisir les épis vides, les pointes et les feuilles. Il faut admettre encore ce qui existe en fait ; c'est que la paille se rencontre très-rarement sans mélange de mauvaises herbes , qu'il reste toujours quelque peu de grain dans les épis , qui contribue à la sustentation des moutons. Aussi a-t-on communément, dans les pays où la nourriture à la paille est en usage, des râteliers dont les échelons sont assez distants entre eux , pour que le mouton puisse y passer la tête et fouiller à l'aise dans le fourrage. Si donc l'on objecte que le tube de la paille n'a pas ou n'a que très-peu de propriétés nutritives, cela peut être admis ; mais il faut considérer la paille à l'état où elle se trouve dans la grange du cultivateur et non pas à l'état où s'emploie le couvreur en chaume ; c'est l'ensemble du produit du champ, tel qu'il reste après le battage, qu'il faut considérer.

EMPLOIS ET UTILITÉ EN GÉNÉRAL.

A ce qu'on entend ordinairement sous la dénomination de paille, il faut joindre la paille mêlée et brisée , la balle, qui appartiennent à ce fourrage, et qui le rendent égal en valeur au foin de moyenne qualité et supérieur au foin de mauvaise qualité ; mais ces accessoires de la paille sont , autant que je sache , généralement réservés pour les chevaux et les bêtes à cornes.

Que la mauvaise paille soit dépourvue des propriétés de la bonne, et que, sans addition de quelque autre substance plus nutritive, elle ne puisse que soutenir la vie animale, sans contribuer à produire soit du lait, soit des forces pour le travail, c'est ce qui vaut tout au plus la peine d'être dit. C'est l'application la plus triviale de l'adage : Qui donne peu ne peut prétendre que peu. Mais ce serait exagérer que de prendre la propriété nutritive de la bonne paille comme égale à celle du bon foin, même à celle du foin de moyenne qualité. Il n'est pas douteux pour le cultivateur pratique que la bonne paille vaille mieux que le mauvais foin, et cette question serait, au besoin, tranchée à l'instant par le bétail même.

Enfin la valeur d'une substance nutritive dépend beaucoup de la manière de l'employer. Le pain, pour si sain et si nutritif qu'il soit par lui-même, employé tout seul, ne produit pas les mêmes effets qu'employé en combinaison avec d'autres substances ; à plus forte raison, la paille donnée aux bestiaux. Bien que l'action immédiate que la paille exerce par elle-même sur les forces vitales des animaux ne soit pas du tout insignifiante, elle n'est pas d'une telle puissance, que son emploi, sans aucune addition de telle autre substance nutritive, puisse, en général, être prôné, encore moins qu'on puisse lui attribuer de la sorte de grands avantages. La faible proportion de propriété nutritive inhérente à la paille doit être compensée par une plus grande proportion de masse ; ce qui ne peut avoir lieu qu'aux dépens de la production d'engrais, parce qu'il reste d'autant moins de paille pour la litière, qu'on en emploie une plus grande quantité à la nourriture. La nourriture à la paille toute seule est un pis aller, qu'il est bon de connaître, mais dont l'emploi ne doit pas être regardé comme normal, et qui, dans beaucoup de cas, mérite bien plus d'être blâmé que d'être recommandé.

L'avantage de l'emploi de la paille comme fourrage est bien plus considérable, lorsqu'il est combiné avec celui d'une autre substance nutritive. Lorsque, dit Block, la paille hachée est mêlée, pour en augmenter la masse, à des substances plus humides, plus remplies de séve, plus nutritives, sous un moindre volume, ou bien donnée entière, du moins en partie, après ces substances, elle agit puissamment et d'une manière très-sensible sur la bonne et économique sustentation du bétail. La paille est, après le foin, le meilleur moyen de donner à d'autres substances, plus nutritives sous un moindre volume, la faculté d'exercer leur propriété nutritive dans toute sa puissance ; car la substance la plus nutritive ne produit tout son effet que dans des conditions données, par exemple, quand la forme, ou telle autre circonstance, se trouve en rapport avec la force et les besoins des animaux. La proportion convenable du volume, l'état le plus approprié entre la siccité et la fluidité, sont, après la substantialité et la pesanteur spécifique, les conditions principales d'une complète consommation et d'une bonne application du fourrage. Je ne suis pas de l'opinion que le hache-paille peut être considéré comme un instrument superflu dans une exploita-

tion, pourvu qu'on donne au bétail, après les substances plus juteuses, une quantité suffisante de paille
entière. Je suis certain, il est vrai, que le bétail peut
être très-bien entretenu de cette manière ; mais,
d'après une expérience de longues années, je ne puis
admettre cette pratique comme économique.

D'accord en ce point avec ce qui précède, Koppe
écrit que l'emploi qui donne la plus grande valeur à
la paille a lieu lorsqu'on présente à chaque animal
une proportion convenable de nourriture sèche et
de nourriture humide. Lorsque le foin et la paille
sont donnés seuls, il ne peut être fait assimilation,
par le bétail, de toutes les parties nutritives d'un
fourrage sec. D'un autre côté, les substances fluides
ou humides affaiblissent les organes digestifs du
bétail quand elles sont données seules, lorsqu'on n'y
ajoute pas une proportion convenable de foin ou de
paille. Même en été, lorsque les bêtes à cornes sont
au fourrage vert, on les voit, surtout dans les temps
humides, et poussés par leur instinct, rechercher et
manger avec empressement la longue paille de seigle
qu'on leur donne.

D'après des observations nombreuses et soigneusement recueillies dans mes exploitations, je suis
convaincu qu'on peut admettre qu'un animal qui
reçoit sa principale nourriture en racines, et lorsqu'on lui en donne jusqu'à satiété, doit recevoir en
paille, balle et épis vides compris, la moitié du
poids des racines, si l'on veut un résultat complet et
économique et la production de bon fumier. Lors-

qu'on donne, par exemple, 25 kilogrammes de pommes de terre à un bœuf à l'engrais, il convient de lui donner en même temps 12 kilogrammes et demi de fourrage sec et de litière.

Avec une telle consommation de paille, on s'assure, ainsi que j'en ai l'expérience, la production d'un bon engrais. De ces observations, on peut conclure à l'importance de la production de paille nécessaire, dans toute exploitation qui cultive beaucoup de racines, pour compenser sa pénurie de foin. Ce n'est qu'avec une quantité suffisante de paille qu'il est possible d'engraisser et même de bien entretenir du bétail avec des racines et sans foin.

Je dois terminer ici cet examen important en citant encore les paroles de Block : « Le hache-paille est toujours utile dans la plupart des exploitations; on ne saurait s'en passer sans dommage, partout où il s'agit de donner à chaque produit sa plus grande valeur ; avantageux qu'il est particulièrement dans les exploitations cultivant beaucoup de plantes sarclées, nourrissant le bétail avec des substances humides et très - nutritives ; quelque nécessaire que soit la paille comme litière, là même où le bétail est en trop forte proportion, où la proportion convenable n'existe pas entre la paille et les autres fourrages, entre la culture des céréales et les autres, là même où une nourriture plus fluide rend nécessaire une plus forte proportion de litière ; là même il faut songer à tout autre moyen qu'à la suppression du hache-paille. Là où manque la litière manque aussi la matière principale de l'engrais, celle qui lui assure ses plus importantes propriétés; et ainsi la paille, comme nécessaire à la production de l'engrais et comme nécessaire à la sustentation du bétail, doit jouer, en général et quelque peu de propriété nutritive qu'on veuille lui attribuer, un rôle très-important en économie rurale. — « La voie « moyenne, la voie dorée dans laquelle le cultiva- « teur économe et intelligent doit chercher la pro- « portion convenable entre les céréales, les racines, « les prairies artificielles et naturelles, entre son bé- « tail et ses différents produits, n'est pas cette voie « directe, prompte, que la théorie montre si sédui- « sante et si facile à la jeunesse, mais cette voie « lente et pénible que l'expérience enseigne à la ma- « turité. »

PROPRIÉTÉS DES DIFFÉRENTES ESPÈCES DE PAILLE COMME FOURRAGES, ET RÈGLES POUR LEUR EMPLOI.

La paille de seigle est, à cause de sa dureté, plus généralement employée comme litière que comme fourrage; cependant les bêtes à cornes ne la refusent pas comme fourrage. La paille de seigle brisée par le battage, la paille mêlée, est généralement employée ainsi; l'usage en devient plus profitable lorsqu'on la coupe, et le hache-paille lui donne une valeur égale à celle de la paille des autres céréales.

Lorsque le froment n'a pas poussé un tube trop gros, et lorsqu'il n'a pas été atteint de la rouille ou du charbon, sa paille constitue un bon fourrage, de valeur nutritive égale à celle de la paille d'avoine ; hachée, elle est très-nourrissante. Dans les pays, comme celui que j'ai habité vingt ans, où la nourriture d'hiver est la paille, on alterne, d'un repas à l'autre, entre la paille de froment et la paille d'avoine.

La paille de l'épeautre est aussi volontiers mangée par le bétail ; mais, comme elle est plus dure que la paille de froment, on lui préfère cette dernière ; et il est de mon devoir de démentir formellement, d'après mon expérience, quelques économistes qui ont écrit ou copié de confiance que la paille d'épeautre ne pouvait pas être employée comme fourrage.

Comme fourrage, la plus grande valeur doit être attribuée, entre toutes les autres, à la paille de l'orge. Elle est douce, ne devient pas ligneuse et se laisse toujours facilement broyer sous la dent. Elle ne céderait que très-peu en valeur au foin même, si elle n'était pas souvent versée et si l'on n'avait pas l'habitude de la laisser trop longtemps sur les champs. Mais il est rare qu'elle soit engrangée sans avoir souffert d'avarie, et elle est ainsi toujours d'une conservation difficile. D'après un proverbe allemand, la paille d'orge, donnée en litière aux porcs, leur donne des poux.

Nous avons déjà dit que, dans le Norfolk, la nourriture d'hiver des chevaux consistait généralement en paille d'orge ; mais nous devons dire encore qu'au témoignage de Marshall la balle de l'orge qu'on jette ailleurs est aussi donnée aux chevaux dans le même pays et qu'on l'y préfère à la balle de l'avoine. Les épis vides des céréales, dit Sinclair, et principalement les écales de l'orge, contiennent indubitablement beaucoup de substance nutritive; cependant il est nécessaire de les amollir dans de l'eau froide, ou de les échauder, avant de les donner au bétail. Les vachers payent un prix plus élevé pour les écales de l'orge que pour celles vides du froment.

La paille d'avoine est celle qui se donne le plus comme fourrage long. Comme toutes les pailles, elle perd beaucoup par l'action de l'air et de la pluie, et la plupart des cultivateurs exposent leurs récoltes d'avoine à cette dépréciation. La pratique belge mérite d'être recommandée sous ce rapport. Lorsque l'avoine n'est pas mêlée de trèfle, elle est, aussitôt fauchée, liée en petites gerbes, qu'on met debout, appuyées six par six les unes contre les autres. Si la paille d'avoine donnée au gros bétail, hors le temps de la gelée, lui attire de la vermine, ainsi que le dit un proverbe, ce n'est pas parce qu'elle est paille d'avoine, c'est parce qu'elle est avariée et parce que le bétail auquel on la donne est d'ailleurs maigrement nourri. De bonne paille d'avoine, dit Koppe, peut être souvent un meilleur fourrage que la paille de pois et de vesces, lorsque les dernières ont été laissées trop longtemps sur les champs et ont été avariées. La balle et les écales de l'avoine, qui sont dans une proportion considérable pour l'avoine, sont regardées partout comme équivalentes, à poids égal, au foin de qualité ordinaire.

La paille des fèves, bonne selon les uns, est sans valeur selon les autres ; les uns et les autres pouvant avoir raison. Il est rare que la paille de fèves soit exempte de rouille ou d'une ordure noire et repoussante à laquelle elle est sujette. Il est rare aussi qu'il y ait du beau temps pour sa dessiccation, telle qu'on la pratique sur les champs, et pour sa maturité, pour lesquelles il faut trois à quatre semaines d'une saison soumise à de grandes variations de température. De ces conditions, et non de sa nature, résultent les mauvaises qualités de cette paille. Et, en effet, qu'on traite de la même manière de bon foin de prairies naturelles, et on verra s'il en résultera un fourrage meilleur.

Il est certain qu'un champ de fèves dont il n'a pas fallu attendre trop longtemps la maturité, qui n'a pas été atteint de rouille ou d'ordure noire, dont la récolte est rentrée bien sèche, donne une paille-fourrage très-bonne, que les chevaux de labour, les bœufs et même les moutons mangent volontiers et qui leur profite bien. Dans les Pays-Bas, on donne aux chevaux et aux moutons tout à la fois les fèves avec leur paille, et les moutons n'en laissent rien, pas même les parties les plus ligneuses de l'extrémité des tiges. D'après l'opinion générale, en Flandre, la paille de fèves améliore la qualité de la viande de mouton ; il n'y a que les chevaux de selle et de carrosse pour lesquels on ne la regarde pas comme profitable.

Lorsque la paille de fèves a été bien récoltée, dit Arthur Young, elle est une nourriture d'hiver saine et substantielle ; les bœufs et les chevaux s'en engraissent, lorsqu'ils sont sans travail. Les moutons sont friands des cosses et la balle des fèves est une bonne nourriture pour eux. L'importance de semer les fèves de bonne heure, pour n'avoir pas à récolter tard, ressort de l'assurance que je suis à même de donner qu'une récolte de paille bien rentrée vaut à elle seule 2 à 3 livres sterling par acre, 50 à 75 florins par hectare. Les attelages d'Arbuthnot, toujours employés à des travaux pénibles, ne recevaient pas un brin de foin, tant que durait la provision de paille de fèves.

La valeur de la paille des pois et des vesces, lorsque la récolte a été bien faite, condition nécessaire pour toute les pailles, surpasse celle des céréales, surtout pour les moutons : pour les chevaux et les bœufs, il est plus profitable de la donner coupée, parce que cette paille, et en particulier celle des pois, donnée entière, émousse, amollit, pour ainsi dire, la dent de ces animaux ; mais, lorsque la paille des plantes à cosses a souffert de l'humidité, elle vaut moins que celle des céréales.

Il sera intéressant pour le lecteur de trouver ici, resserré dans un cadre étroit, le résultat de recherches faites par le vénérable conseiller Block, avec

une patience et un esprit d'observation admirables,
sur la valeur relative des divers produits de l'exploitation agricole. Quand même les valeurs reconnues
ne se trouveraient pas parfaitement exactes pour
toutes les localités, ne cadreraient pas parfaitement
avec toutes les conditions d'exploitation, à raison des
procédés de récolte de la paille et du foin, de la
qualité locale de ce dernier, de la pratique d'emploi
de l'un et de l'autre, leur rapport aurait toujours encore un degré suffisant de proportion et d'exactitude.

VALEURS COMPARÉES.

D'après les observations de Block, sont égaux en valeur
nutritive

600 kilog.	de paille de froment ;
600	paille de seigle ;
600	paille d'avoine ;
580	paille d'orge ;
550	paille de trèfle ayant porté graine ;
550	balle d'orge et de seigle ;
500	paille de pois ;
480	paille de vesces ;
480	balle de froment et de pois ;
325	regain de trèfle ;
325	regain de prairies naturelles ;
300	foin de trèfle coupé dans sa fleur ;
300	foin de prairies naturelles ;
280	très-bon regain de prairies naturelles ;
250	très-bon foin de prairies naturelles ;
250	foin de trèfle avant la fleur ;
118	grain d'avoine ;

100	grain d'orge ;
100	grain de seigle ;
89	pois ;
80	grain de froment.

Par conséquent, deux kilog. de paille de céréale auraient une valeur nutritive égale à un kilog. de foin ordinaire, ou à un kilog. de foin de trèfle coupé dans la fleur, et ainsi de suite. Mais, pour que la paille ait la valeur nutritive assignée dans cette échelle, ou une valeur nutritive quelconque, il faut, je le répète, qu'elle soit bonne, qu'elle ait été bien récoltée, bien conservée, et qu'elle soit donnée avec intelligence.

Quelques préceptes encore et quelques faits d'expérience sur ce sujet.

a. La paille perd à la conservation pendant un long temps, quelque soin qu'on apporte à la conserver : de là l'avantage de la faire consommer le plus tôt possible après le battage. Lorsqu'elle est conservée dans des lieux trop renfermés, elle prend un goût qui répugne au bétail, et qui la lui fait rejeter. Conservée dans des lieux trop ouverts, elle perd beaucoup de sa propriété nutritive, surtout pendant les vents desséchants du printemps, elle devient plus dure et plus ligneuse; et le mois de mars arrivant, elle n'est presque plus nutritive du tout.

b. La paille se tient mieux, lorsqu'elle a été liée en petites gerbes après la récolte, et en fortes gerbes après le battage, et qu'elle est conservée, bien tassée, dans un lieu sec et à l'abri de l'action trop vive de l'air.

c. La paille ferme se conserve plus longtemps que la paille molle ; ainsi la paille des céréales plus longtemps que celle des plantes à cosses, celle des céréales d'hiver plus longtemps que celle des céréales d'été ; la bonne plus longtemps que la mauvaise. Règle d'après laquelle il faut calculer la consommation de chacune.

d. Lorsqu'on est pourvu de foin, mais qu'on n'en a pas assez, on commence par la paille et on réserve le foin qui, à raison de son tassement, donne moins d'accès à l'air et perd moins de ses propriétés nutritives, pour la fin de l'hiver. Cette pratique est d'autant plus profitable pour le cultivateur, que la condition de conservation est la même pour les racines que pour la paille. Si un kilogramme de pommes de terre, à l'avant-hiver, est égal à un demi-kilogr. de foin, il n'est plus égal, comme nous le verrons plus loin, à un quart de foin, à l'arrière-hiver. D'un autre côté, la paille n'est jamais consommée d'une manière plus profitable que lorsqu'on la donne avec les racines. Il est donc avantageux, sous un double rapport, et de la donner de bonne heure et de la donner avec cette espèce de fourrage.

e. Que l'amollissement de la paille hachée, soit par immersion, soit par addition et mélange de substance fluide, soit par échaudement, le plus énergique des différents moyens, augmente la propriété nutritive en augmentant la solubilité, c'est ce qui n'a pas besoin de démonstration ; que la paille, donnée entière, sèche, il soit nécessaire d'abreuver soigneusement le bétail pour faciliter sa digestion, c'est ce qui est également évident.

f. La balle et les déchets de même nature ne doivent jamais être donnés qu'échaudés, tant à cause de la poussière qu'ils contiennent qu'à cause des grains de mauvaises herbes qui s'y mêlent dans le battage et le nettoyage des grains. Si on néglige d'échauder la balle, on peut compter qu'on rapportera aux champs, avec le fumier, les mauvaises graines, dont on n'aura fait qu'activer la faculté germinative.

Et à ce propos, je crois devoir le répéter, il ne faut jamais jeter sur le fumier la poussière de l'aire et le balayage des granges ; il faut les répandre sur les prés ou les faire macérer pendant plusieurs années dans des fosses particulières. Je ne reviendrais pas sur ce principe si élémentaire, si je n'avais vu tout à l'heure encore répandre de cette balayure sur un champ labouré, pour une semaille d'orge. — Mais que ne voit-on pas dans ce monde?

La mauvaise influence de la paille avariée, employée à la nourriture des vaches, a été le sujet d'une expérience faite par l'auteur en 1801, expérience coûteuse et fâcheuse sous tous les rapports, qu'il cite, à sa honte, pour servir aux cultivateurs inattentifs et aux commençants.

Exploitant dans une contrée où l'on n'a ni foin

de prés, ni foin de trèfle, au delà de la quantité
absolument nécessaire pour les chevaux, la nourriture du bétail de sa petite ferme ne consistait, à
son début, qu'en paille, balle, et en quelques tourteaux d'huile, parcimonieusement employés, pour
empêcher que la soupe ne s'arrêtât dans le gosier
des vaches. J'ai déjà dit que, de cette manière, on
pouvait très-bien faire passer l'hiver aux vaches,
mais seulement à deux conditions : la première et la
principale, que la paille soit d'espèce appropriée et
de bonne qualité ; la seconde, de ne demander aux
vaches que peu, et mieux encore pas de lait. De ces
deux conditions aucune ne fut remplie. L'avoine
avait été rentrée humide, ce qui était, il est vrai,
du fait de son prédécesseur, et ce dont l'auteur devait porter la peine. Il n'avait donc que de la paille
d'avoine, et elle était noire et moitié gâtée. Les
vaches la mangèrent cependant ; car la faim fait tout
trouver mangeable. Avec cela elles furent traites à
fond, aussi longtemps qu'il leur resta une goutte de
lait. Quel fut le résultat ? Sur quinze squelettes
couverts d'une peau de vache, neuf seulement firent
veau, et quels veaux ? Le premier qui vit le jour
laissa son poil au passage, et le peu qu'il en garda
s'enlevait en passant la main sur son corps. Les
suivants ressemblèrent au premier, et furent, dans
toute l'acception du mot, de véritables sans-culottes.
Leurs mères mangèrent au printemps deux fois
autant de fourrage qu'il en aurait fallu à des vaches

bien tenues, et furent pour leur propriétaire la cause de beaucoup de désagréments.

Comme nous avons vu tout à l'heure la valeur de la paille, proportionnellement aux autres produits agricoles, suivant les intéressantes tables de Block, nous devons compléter la lumière sur ce sujet ; nous devons suivre encore son appréciation, en recherchant, toujours d'après les observations si consciencieuses de Block, le rapport du produit en paille d'un champ avec son produit en grains. Nous trouvons, d'après ce que j'ai indiqué plus haut pour chaque espèce de céréales, que la valeur de paille est égale, pour chaque hectare,

à 7 hectolitres de grain de froment,
15 — d'épeautre,
8 — de seigle,
7 — d'orge,
13 — d'avoine;

et, comme nous verrons plus loin que le produit en grains, par hectare, est de

22 hectolitres de froment,
48 d'épeautre,
22 de seigle,
28 d'orge,
42 d'avoine,

il s'ensuit que la paille entre en moyenne pour un quart dans le produit total d'un champ donné, c'est-à-dire que la récolte d'un champ, qui donnerait, par exemple, six scheffels de grain, peut être évaluée au total, paille comprise, à la valeur de huit scheffels de grain ; en d'autres termes, que le produit en paille de trois morgen a une valeur égale au produit d'un morgen en grain. Si l'on prend à part l'avoine et l'orge, on trouve la proportion plus forte pour la première et plus faible pour la seconde. Pour l'orge, quatre morgen de paille valent un morgen de grains. Selon les localités, la valeur de la paille des céréales d'hiver est un peu plus grande dans son rapport avec le grain que celle que nous venons d'indiquer. Ainsi, dans les environs d'Anvers, la paille de deux morgen et demi est égale à un morgen de grain.

Il ne faut pas supposer ou préjuger, mais
rechercher et étudier comment agit la nature
et ce qu'on en peut attendre.

BACON.

AGRICULTURE PRATIQUE.

PREMIÈRE DIVISION.

CULTURE DES GRAINS FARINEUX.

PREMIÈRE SUBDIVISION.

CULTURE DES CÉRÉALES.

Les plantes cultivées sous la dénomination usuelle de céréales appartiennent à la famille des graminées.

Elles se distinguent des herbes proprement dites en ce qu'elles ne sont pas vivaces, mais seulement annuelles, et en partie seulement bisannuelles, parce qu'on leur laisse porter graine ; en ce qu'elles donnent des grains plus volumineux et plus farineux ; en ce qu'on ne les trouve pas, du moins en Europe, à l'état sauvage, et qu'elles ne s'y reproduisent que par la culture.

Comme la plupart des autres graminées, les

céréales ont des feuilles longues et étroites, des tiges garnies de nœuds et généralement creuses.

Comme les unes ont et les autres n'ont pas la propriété de supporter nos hivers, on les distingue en céréales d'hiver et d'été.

Les céréales d'hiver sont généralement plus productives que les céréales d'été ; et c'est une des admirables combinaisons de la providence que les céréales qui donnent le pain, qui font la base de la nourriture de l'homme, sont les plus résistantes aux rigueurs de nos climats.

Cette différence de propriété des espèces de céréales offre encore au cultivateur le moyen de distribuer et de faciliter par conséquent beaucoup ses travaux ; car, s'il n'y avait que des céréales d'hiver ou que des céréales d'été, les labours et les travaux du printemps et de l'automne deviendraient si considérables, qu'ils ne pourraient être qu'imparfaitement exécutés, presque toujours hors du temps opportun, et qu'ils deviendraient même souvent impossibles.

Aux céréales d'hiver, dont nous avons à décrire les procédés et les règles de culture, appartiennent le froment, l'épeautre, le froment-locar, le seigle, l'orge ; aux céréales d'été, appartiennent le froment, l'épeautre, le seigle, l'orge, l'avoine, le millet, le maïs.

Naturellement, ou originairement, toutes les céréales sont céréales d'été. Dans les climats chauds, en effet, l'intervalle du printemps à l'automne suffit à leur entier développement. Transplantées dans les climats tempérés, le même espace de temps suffit encore pour qu'elles puissent atteindre leur maturité, mais non pour qu'elles puissent atteindre à leur plus parfait développement, surtout pour celles destinées à la panification. L'homme chercha, en conséquence, à augmenter le temps donné à leur végétation, et essaya, avec succès, de semer ces céréales dès l'automne. La providence voulut que la réussite fût complète pour les espèces les plus précieuses, le froment, l'épeautre, le seigle.

Vraisemblablement, ces succès ne furent obtenus que progressivement et de proche en proche ; de même que la culture des plantes s'est étendue et a gagné les climats plus septentrionaux, les plantes elles-mêmes, s'accoutumant par degrés à une température plus rigoureuse, sont devenues tellement indigènes à ces climats, qu'une progression contraire serait indispensable à leur réussite dans leur climat originaire. Il est, en effet, plus facile aujourd'hui, à l'exception de l'avoine, du millet et du maïs, de changer les céréales d'été en céréales d'hiver, que d'opérer le changement contraire.

En général, les céréales d'hiver, poussant plus de racines, tallant davantage, ayant plus de temps pour se développer, moins hasardées, rendent plus de grain et un grain plus lourd que les céréales d'été. Aussi, dans l'usage, on appelle souvent les uns grains lourds, et les autres grains légers.

Les différences de procédés de culture, de climat,

de sol, de circonstances accidentelles, ont fait naître, en outre, une infinité d'espèces et de variétés plus ou moins fixes et plus ou moins utiles. Je suis, par ce motif, très-éloigné de croire qu'il soit impossible d'obtenir mieux encore que ce que nous avons aujourd'hui ; mais, avant de vouloir se jeter dans le nouveau, la sagesse veut qu'on comprenne assez bien le vieux pour pouvoir comparer avec certitude l'un à l'autre ; que le nouveau soit expérimenté, sur une petite échelle, non pas une fois, mais plusieurs, avant d'être appliqué en grand ; car ce qui réussit dans le jardin ne réussit pas toujours dans les champs et ce qui réussit dans une contrée ne réussit pas toujours dans une autre.

Si le lecteur ne trouve pas ici une revue de toutes les variétés de céréales, mais seulement des préceptes appliqués aux espèces principales, c'est que l'espace nécessaire n'eût pas été compensé par l'utilité.

Chaque céréale, comme chaque plante quelconque, a un sol, une exposition, dans lesquels elle se plaît, comme des conditions sans lesquelles elle ne saurait prospérer. Vouloir produire de force une plante dans des conditions contraires à celles qui lui conviennent, c'est toujours une entreprise hasardeuse et qui ne peut promettre de bénéfice. *Vouloir contrarier la marche de la nature, c'est folie ; l'étudier et la suivre pour lui venir en aide, c'est sagesse.*

Ce précepte, que le cultivateur doit produire lui-même tout ce dont il a besoin, pour n'avoir jamais à dépenser d'argent, est un mauvais précepte. Il arrive souvent que telle denrée produite revient plus cher que la même denrée achetée. Le cultivateur doit étudier ce à quoi son sol est le plus propre, ce qui l'entretient le plus longtemps en bon état ; ce qu'il peut produire au moins de frais et avec le plus de profit ; ce qui trouve un placement facile et avantageux ; ce qui occupe le plus utilement et le plus constamment ses bras et ses attelages ; que ce soit le seigle ou le froment, le millet ou l'avoine, peu importe ; il doit se décider sur ces seules données, sauf à vendre ses produits, pour acheter ce qui lui manque.

Il ne faut pas qu'il s'obstine à demander du froment au sol qui ne peut donner que du seigle. Il ne faut pas qu'il demande de l'orge à une terre à avoine, et encore moins de la navette à un sol épuisé, de l'esparcette à un sol dépourvu de chaux ; de la spergule à un sol argileux ; il faut qu'il s'applique à reconnaître ce que sa terre peut produire et qu'il ne lui demande que cela : *Inveniat quid natura faciat aut ferat.*

CHAPITRE PREMIER.

—

CULTURE DU FROMENT.

Entre toutes les céréales le premier rang appartient au froment. C'est le froment qui fournit la farine du meilleur goût et la plus nourrissante, et qui, dans tous les pays, à très-peu d'exceptions près, se place au meilleur prix. En France et en Angleterre on ne cultive guère, pour faire le pain, que du froment.

§ 1. *Variétés.*

M. de Wetten, sans y comprendre les épeautres, ne compte pas moins de quarante espèces ou variétés de froment dans son excellent traité de la culture des espèces nouvelles de céréales, et, certainement, il aura bien mérité de l'humanité, lorsqu'après de longues années, par des expériences faites sur une grande échelle, il aura fait connaître avec certitude les variétés de froment qui, dans des circonstances locales données, dans tel sol, avec telle culture et tel assolement, sont les plus productives et conservent mieux leurs caractères. Il mérite dès à présent même la reconnaissance des cultivateurs, celui qui se condamne à des études pénibles et à des essais coûteux. Un seul de ces essais dût-il réussir, dussent-ils être tous sans résultat, eût-il rêvé de bien public et consacré ses forces à réaliser ce rêve, sa tentative, même inutile, serait encore méritoire.

S'il est vrai, pour les plantes, comme pour les animaux, que le climat et le sol font naître et développent des modifications qui forment petit à petit des variétés, qui restent fixes tant que durent les circonstances qui les ont fait naître, il ne saurait être mis en doute que des modifications de cette nature ont dû être subies par une espèce céréale aussi précieuse que le froment, à la production de laquelle l'homme applique nécessairement tous ses soins : car, non-seulement sous les climats brûlants du Midi, mais sous les climats plus tempérés, sous les climats froids du Nord; non-seulement dans les sols compactes, mais encore dans l'argile sablonneuse, même dans le sol argileux; non-seulement dans une exposition humide, mais encore dans une situation élevée; dans des sols humeux, comme dans des sols épuisés; partout, on a cherché à produire du froment, et ainsi ont dû se former, avec le temps et dans beaucoup de localités, des variétés en rapport avec leurs principales circonstances.

On sait presque partout qu'il y a du froment d'hiver barbu et non barbu, comme aussi du froment d'été barbu et non barbu. On sait moins généralement que les froments barbus peuvent perdre ce caractère, et que ceux qui ne l'ont pas peuvent le prendre. Suivant Reichart, le froment barbu de Bohême, porté à peu de distance, perd, au bout de deux ans de culture, plus de la moitié de ses barbes; lorsqu'on le sème pour la troisième fois, le produit est déjà tout à fait sans barbes. L'auteur français Duhamel nous donne un exemple du même phénomène, en sens inverse. « Il y a, dit-il, du froment blanc barbu et non barbu : l'un donne plus de farine que l'autre; tous deux ne sont cependant que des variétés d'une même espèce. Lorsqu'on sème du grain barbu dans les environs de Pithiviers, il perd ses barbes, dès la troisième récolte; au contraire, lorsqu'on sème du grain non barbu dans les fortes terres des environs d'Orléans, il devient barbu dans un temps également court. »

Nous voyons ainsi déjà quelle influence évidente le sol exerce sur les caractères extérieurs de cette céréale, et probablement aussi sur ses propriétés. Cette influence doit être d'autant plus grande, toutes les fois que le sol dans lequel on transporte la semence n'est pas, par sa constitution même, une terre à blé, et que, par conséquent, il faut l'y faire prospérer, en quelque sorte, artificiellement, ainsi que cela a lieu dans le comté sablonneux de Norfolk : on y cultive d'ordinaire un froment rouge, *red wheat;* on le tient pour plus lourd que tout autre, bien que son apparence n'indique pas cette propriété, parce que son grain est long, étroit, et bien plus ressemblant au seigle qu'au froment. Qui ne se souvient que le sol sablonneux est précisément la terre à seigle, et qui ne conçoit que, dans un pareil sol, le froment doit affecter, jusqu'à un certain point, les caractéres extérieurs, sinon les propriétés du seigle? Outre ce froment rouge, on a introduit encore dans la même province une espéce de froment blanc, *kentish white cosh*, qui, à cause de la grosseur de son grain, rend plus que le premier, mais qui est moins prisé, à raison de ses propriétés; mais, lorsqu'on ressème pendant un certain temps ce froment blanc, il perd progressivement ses caractéres, pour prendre ceux du froment rouge, et finit par devenir tout à fait froment rouge, quelque soin qu'on prenne d'en séparer la culture de celle de ce dernier.

Cependant cette dégénérescence n'a pas lieu dans les Pays-Bas, où l'on cultive en même temps le froment rouge et le froment blanc. Il est remarquable que, dans ce pays, sous de certaines conditions, on peut faire succéder l'une des espéces à l'autre, tandis qu'il n'est pas possible de faire succéder la même espéce à elle-même.

Le blé barbu passe pour être moins sujet à la rouille et au charbon, et pour mûrir un peu plus tôt que le non barbu; sa paille est plus roide, il verse par conséquent moins facilement, et, à cause de ses barbes, il est plus à l'abri de la voracité des oiseaux; par contre, ses épis offrent une plus grande prise à l'action du vent, qui les sépare plus facilement de la paille; en outre, son grain est un peu plus petit, moins farineux, donnant plus de profit à la distillation qu'à la monture, quand il s'agit de faire de la farine de première qualité.

Ce que dit Burger de ses essais de culture des espèces nouvelles de froment est tellement le résumé de ce qui arrive à tous ceux qui s'occupent de pareils essais, que ses paroles méritent d'être rapportées. « Il y a longues années, dit-il, que j'ai essayé de cultiver, dans mon jardin, un très-grand nombre d'espèces de froment tirées de pays éloignés, et toujours j'ai obtenu ainsi les plus belles espèces; mais, toujours aussi, lorsque j'ai transporté dans les champs la culture des grains obtenus dans le jardin, j'ai vu disparaître, souvent dès la première année, plus souvent dans la seconde et la troisième, les avantages de ces belles espèces; et souvent il m'a été démontré qu'elles ne pouvaient supporter, soit nos longs hivers, soit les vents froids de nord-est de nos printemps, aussi bien que nos espèces aujourd'hui indigènes, ce qui est particulier surtout aux espèces à grain jaune-blanchâtre. »

§ 2. *Sol.*

Mieux les propriétés du sol, mieux les substances nutritives qui s'y rencontrent et les propriétés du climat répondent à une espèce donnée, plus elle devient parfaite, moins sa réussite court de chances, et plus son produit est considérable. Là où ces conditions ne se trouvent pas réunies, il arrive souvent que l'absence de l'une soit jusqu'à un certain point compensée par la présence des autres.

Le froment se plaît particulièrement dans un sol lié, frais, non acide, riche et médiocrement calcaire. Il ne réussit pas dans un sol léger, sec, acide, maigre; il ne réussit que médiocrement dans un sol glaiseux ordinaire, non calcaire et peu riche. Il réussit mal dans une argile tenace, contraire aux autres cultures, à moins que, dans ce cas, comme dans les autres, on ne veuille acheter une certaine proportion de produits, au prix d'une application tout à fait exagérée d'engrais, ou bien dans des sols de sable, à moins de jachères parquées, à la manière des Anglais.

Plus le climat sous lequel il s'agit de cultiver le froment est chaud et sec, plus il lui faut un sol lié; au contraire, il pourra se contenter d'un sol d'autant moins lié, qu'il sera favorisé, dans ce cas, par un climat plus humide, en même temps que par un sous-sol moins perméable. Par cette raison, il réussit, en Angleterre, avec une culture appropriée, même dans un sable argileux.

Il est difficile d'apprécier la convenance du sol à la culture du froment par la proportion d'argile qu'il contient, soit par les raisons qui précèdent, soit surtout parce que le moins dans la proportion d'argile peut être compensé jusqu'à un certain point par la ténuité du sable.

L'industrie peut aussi, jusqu'à un certain point, remédier au défaut de propriétés inhérentes au sol pour la culture du froment. Ainsi l'on obvie à la légèreté du sol et à la sécheresse qui en résulte, par l'emploi d'un rouleau très-lourd, par une culture précédente bien choisie; à la pauvreté, par une forte fumure; à l'acidité, par l'application de la chaux ou de la marne; à l'humidité, par des saignées; à la ténacité et à la production des plantes parasites, par une bonne préparation jachère.

Toujours sera-t-il plus sage pour le cultivateur de ne demander à un sol, de sa nature plutôt terre à seigle que terre à blé, que du seigle ou de l'orge, à moins que des circonstances indépendantes de sa volonté ne l'obligent absolument à en agir autrement.

Dans le Norfolk et dans beaucoup d'autres localités, dit Marshall, les cultivateurs sèment du froment dans tous les sols; mais, la récolte arrivée, il ressort très-souvent qu'ils auraient eu beaucoup plus de profit à une belle récolte d'orge qu'à une demi-récolte de froment; aussi ceux d'entre eux qui réfléchissent et observent consacrent-ils leurs terres les plus légères à la culture de l'orge.

Là où l'on veut, à toute force, faire produire du froment à un terrain contenant une forte proportion de sable, il serait toujours plus sûr et, par conséquent, plus profitable de recourir au mélange du seigle au froment que de s'obstiner à la culture du froment seul. Il faut encore ne pas négliger cette observation que, dans les contrées où on cultive très-peu de froment, les champs de cette céréale sont dévastés par la voracité des moineaux, et que leur réussite est presque impossible, surtout dans le voisinage des habitations.

§ 3. *Tour de rotation.*

On sème le froment soit sur la jachére complète, soit après les plantes jachères, c'est-à-dire après les fourragères pâturées, le trèfle, les fèves, les pois, le sarrasin, les choux, les pommes de terre, les navets, la navette, le tabac, le maïs, le chanvre et le lin; ou bien encore, après des céréales, c'est-à-dire, après de l'avoine, de l'orge d'hiver et du froment.

Il est difficile de déterminer absolument laquelle de ces plantes est le meilleur précédent pour le froment, parce que la nature du sol, le climat, l'état d'engrais du champ, le système de culture, l'assolement et l'état de prospérité de la plante précédente elle-même doivent entrer pour beaucoup dans cette appréciation. En général, on peut admettre comme règle que, plus le sol est meuble, plus s'étend le cercle dans lequel on peut choisir les précédents du froment.

Pour l'*argile forte*, qui absorbe beaucoup d'humidité pendant la pluie et ne s'en décharge que très-lentement, qui se durcit, par conséquent, sous l'influence de la sécheresse, et dont la surface ne peut être brisée en grumeaux, encore assez volumineux, qu'avec de grands efforts, la jachère entière est le seul précédent satisfaisant pour la culture du froment; mais, lorsque les inconvénients d'un pareil sol sont atténués par une addition de chaux, de marne ou d'engrais, la préparation par une jachère complète devient moins nécessaire, en proportion de l'effet de ces additions.

Les fèves, semées drues et bien fumées, sont, en terre forte, le meilleur précédent après la jachère complète, mais ne peuvent, quoi qu'on en ait dit, être regardées comme l'équivalent de cette préparation.

Dans l'*argile consistante*, mais qui se ressuie et se délite promptement après la pluie, et particulièrement propre à la production de la grande orge, le tabac et le chanvre sont de très-bons précédents pour le froment.

Pour les sols de cette espèce, le tabac surtout est unanimement regardé comme le meilleur précédent; la forte et bonne fumure, les binages soignés et répétés qu'il exige font, surtout lorsqu'on laisse profiter le champ du dépôt des tronçons de tabac, que le froment rend, en Alsace, par exemple, un septième de plus, après le tabac, même dans des étés frais et malgré la récolte tardive du tabac, qu'après toute autre plante.

Comme le chanvre demande une fumure plus forte encore que le tabac et comme il étouffe les mauvaises herbes, il constitue un précédent pour le froment, qui ne le cède que très-peu au tabac même.

Après les choux, le froment rend, il est vrai, assez bien au boisseau; mais, comme il produit moins de paille, l'ensemble du produit du froment, après les choux, est sensiblement inférieur à ce produit après le tabac. La récolte tardive des choux et du tabac, dans les pays où il convient de semer le froment de bonne heure, diminue les avantages de ces deux précédents.

Il y a des contrées, l'Alsace, par exemple, où, dans les bonnes terres, on regarde le maïs comme un mauvais précédent pour le froment. En conséquence, les cultivateurs de ces contrées placent le maïs dans la sole d'été, et cultivent l'année jachère en tabac ou en fèves binées, auxquels seulement ils font succéder le froment. D'un autre côté, on peut citer des contrées de la France méridionale et des terres d'alluvion de la Hongrie, où l'on fait se succéder alternativement et d'année à l'autre le froment et le maïs.

Dans les sols dont nous nous occupons, le froment verse volontiers, lorsqu'on le fait succéder au trèfle.

Dans les terres à blé, riches et meubles, les pois et les vesces précèdent utilement le froment, et très-souvent on observe difficilement une différence entre les effets de ces précédents et ceux de la jachère. En outre, il est difficile de se décider à soumettre un pareil sol à la jachère complète; souvent même on trouvera un pareil sol trop précieux pour la culture de ces deux plantes à cosses, et on leur préférera les fèves, comme on le fait en Alsace.

La mise en herbage, pour plusieurs années, d'une terre à blé, encore en bon état d'engrais, est

un bon précédent, et le froment peut y être semé
immédiatement et sans nouvelle fumure.

Sur un sol argileux plus lié, frais et profond,
particulièrement propre au trèfle, le gazon annuel
et le chaume du trèfle sont la meilleure préparation pour le froment, à condition que le trèfle lui-
même aura été d'une venue vigoureuse. Sur un trèfle
maigre et infesté de chiendent, il ne peut venir que
du froment proportionnellement maigre et chétif.

Les plantes à cosses, les vesces, les pois sont de
passables, et les fèves binées sont d'excellents précédents pour le froment; les vesces, même pâturées
en vert, ne sont pas un aussi bon précédent que le
trèfle. Dans les étés froids, dit Koppe, les plantes à
cosses mûrissent tardivement et retardent beaucoup
la préparation du sol pour la semaille du froment,
et il en résulte ordinairement une perte notable sur
la récolte du froment qui leur a succédé : il n'est,
par conséquent, pas sage, dans l'exploitation d'un
bien d'une grande étendue, de disposer une forte
partie des semailles de froment de manière à les faire
succéder à des plantes à cosses semées à la volée.
Les fèves semées en lignes ne sont pas, il est vrai,
dans une condition plus favorable quant au temps
de la maturité; mais, à raison du binage, le froment peut, après les fèves ainsi cultivées, comme
après le tabac, être semé sur un seul labour.

Les vesces vertes sont, en tous cas, un meilleur
précédent pour le froment que les vesces arrivées à
maturité; mais aussi il y a une grande différence

entre celles qui ont été séchées ou pâturées de bonne heure ou tardivement. Dans le dernier cas, on peut reconnaitre facilement, à la croissance du froment, les effets de la tardiveté.

Pour l'espèce de terrains qui nous occupe en ce moment, la navette est, sans contredit, le meilleur de tous les précédents pour le froment, bien entendu que la navette n'aura pas été semée dans un sol incapable de la faire complétement prospérer. La récolte de la navette arrivant de bonne heure et donnant le moyen de préparer bien convenablement la terre, c'est dans cette propriété principalement qu'il faut chercher la cause de la réussite du froment qu'on sème après elle. « Dans tous les sols, dit Koppe, où il arrive au froment de verser sans qu'il y ait de la faute de la saison, la navette est un meilleur précédent pour le froment que la jachère même, parce que le grain du froment est plus lourd et plus beau après la navette. »

Dans l'*argile sablonneuse* et plus encore dans *le sable argileux*, les cultivateurs des Pays-Bas regardent la pomme de terre comme un très-bon précédent pour le froment, bien entendu, avec une fumure suffisante des pommes de terre. En Belgique, dans l'Altenbourg et le long du Rhin, on a reconnu depuis longtemps les avantages des pommes de terre sous ce rapport. Le froment, succédant aux pommes de terre, donne, il est vrai, un peu moins de gerbes, mais non pas moins de grain que le froment sur jachères, et il est moins sujet à verser.

Le docteur Schweitzer remarque que beaucoup de cultivateurs altenbourgeois tiennent pour avantageux de semer le froment après la pomme de terre; et y trouvent surtout plus d'avantage qu'à faire succéder le seigle, d'où il résulte que la pratique de semer le froment après la pomme de terre est devenue de jour en jour plus générale.

Ce n'est pas chose extraordinaire, dans l'Altenbourg et dans le Norfolk, de voir le froment suivre les navets; cependant je me garderai bien de donner ce fait comme un exemple à suivre.

Même dans du sable léger on peut semer du froment après la garance, lorsque la garance a laissé le sol assez gras. J'ai trouvé en Alsace des exemples de cette pratique.

Dans les sables argileux du Norfolk, le froment ne succède guère qu'exceptionnellement au trèfle de l'année; la succession habituelle des bonnes cultures, dans cette province, amène invariablement, dit Marshall, le froment dans la seconde année des fourragères, et l'on peut compter que les neuf dixièmes de tout le froment cultivé dans le Norfolk est semé dans des herbages rompus la seconde année. Bien qu'il arrive quelquefois qu'en raison de circonstances imprévues on soit obligé de rompre un trèfle dès la première année, la méthode de ne le rompre que la seconde n'en est pas moins regardée comme la règle. Ici, toutefois, faut-il se souvenir qu'en Angleterre, et particulièrement dans le Norfolk, on sème toujours du ray-grass avec le trèfle, qu'on s'en sert, la seconde année, comme pâturage, dans la première partie de l'été, et qu'on prépare ensuite le sol à peu près comme une jachère.

Enfin, dans quelques contrées, entre autres en Belgique, il n'est pas extraordinaire de voir semer du froment après de l'avoine et même du froment après du froment. Pour supporter cette dernière succession, il faut surtout une très-bonne terre à blé. On a remarqué que le froment rouge était celui qui s'arrangeait le mieux de revenir après du froment dans le même sol : l'avoine n'est pas absolument un mauvais précédent pour le froment. Lorsque le sol est trop actif et qu'on a à craindre d'y voir verser le froment succédant au trèfle, il y a de l'avantage à semer de l'avoine dans le trèfle rompu et à ne mettre le froment qu'après l'avoine.

Semer du froment après de l'avoine fortement fumée est, au rapport de Burger, une pratique très-suivie en Carinthie et en Silésie. Le froment ainsi produit est très-pur; sa paille est, il est vrai, plus courte, mais il mûrit plus tôt, et il est moins souvent atteint par la rouille.

Le lin n'est qu'un mauvais précédent pour le froment, à moins, cependant, qu'il n'ait été semé dans un trèfle rompu.

Le trèfle étant un bon précédent, on en peut conclure naturellement que, dans un sol convenable, le froment doit bien venir aussi après l'esparcette et la luzerne. Dans le midi de la France, on sème, jusqu'à deux et trois ans de suite, du froment sur les vieilles luzernes rompues.

Les observations qui précèdent peuvent se résumer dans les préceptes suivants.

Il convient de donner pour précédents au froment :

1° Dans un sol sablonneux, par conséquent peu substantiel, un herbage artificiel de plusieurs années ;

2° Dans un sol un peu plus lié et fortement fumé, des pommes de terre, ou un herbage artificiel de deux ans ;

3° Dans une forte terre d'alluvion, des fèves binées ;

4° Dans une bonne terre moyenne, un trèfle d'un an, et, si le terrain est infesté de mauvaises herbes, la jachère, ou du sarrasin ;

5° Dans une terre argileuse, lourde, une jachère complète ;

6° Dans une terre où le versage est probable, jamais de froment immédiatement après le trèfle, mais intercaler des fèves ;

7° Après un trèfle mal réussi et, par conséquent, infesté de chiendent, il ne faut jamais semer du froment, mais seulement de l'avoine ;

8° Dans les terrains qui, à raison de leur proportion de silice et d'une situation élevée, conviennent mieux au seigle qu'au froment, il convient de s'en tenir au seigle ;

9° Dans tous les sols qui manquent d'ancienne force, de vieil engrais, il ne faut jamais semer de froment.

§ 4. *Préparations du sol.*

Si le froment exige un sol plus lié et plus riche, il exige, sous le rapport de la préparation de ce sol, moins de soins que les autres céréales. « On récolte, dit Arthur Young, d'autant moins de froment, qu'on s'est donné plus de peine pour en récolter davantage. » Dans la régle, on laboure moins profondément et moins soigneusement, on herse moins parfaitement pour le froment que pour le seigle. Pourvu que le fond des sillons se lie, on ne prend pas garde aux grumeaux qui restent à la surface aprés la semaille. On tient même à l'existence de ces grumeaux, comme offrant un abri au froment pendant l'hiver, et comme répandant de la terre fraiche en se délitant au printemps.

Il importe moins de choisir une température favorable pour les labours. Si l'on a à semer du seigle et du froment, on peut hardiment profiter du beau temps pour préparer les terres à seigle.

Toutefois les travaux de préparations du sol pour le froment subissent de notables modifications suivant les diverses conditions de sol, de culture précédente, de temps et de circonstances particuliéres, que nous allons essayer d'exposer avec le détail et les considérations pratiques indispensables pour le cultivateur.

a. *Après la jachère.*

Comme la conduite de la jachère, en général, doit être développée lorsqu'il sera question des assolements et des labours, nous nous bornerons ici à quelques exemples appliqués au cas particulier qui nous occupe.

Dans l'Altenbourg, suivant Schmalz, on donne, pour le froment, trois et jusqu'à quatre labours sur la jachère. Dans le dernier cas, le premier labour doit avoir été donné avant l'hiver. Vers la Saint-Jean on donne le fumier, qu'on n'enfouit pas profondément, pour qu'il puisse être repris en dessous par le labour suivant. Le champ reste en sillons jusqu'au mois d'août, qu'on herse et laboure de nouveau. Autant que possible, ce labour doit croiser les précédents, pour incorporer d'autant mieux la fumure avec le sol et pour bien ameublir. On laisse ensuite reposer le terrain pendant quelque temps et on ne herse à nouveau que lorsque les mauvaises herbes ont assez levé. Le labour pour la semaille doit être donné avec le plus grand soin et trois semaines ou un mois avant la semaille même. Il est très-rare qu'on donne jusqu'à cinq labours, et cela n'a lieu que dans des champs très-infestés de chiendent. Dans ce cas, on ne néglige pas de herser après chaque labour, une ou plusieurs fois, en croisant les traits de herse, afin de détruire les mauvaises herbes.

Dans le Norfolk, on ne fait que très-peu de jachères complètes, et on cherche ordinairement à les remplacer par la culture des navets binés. Cependant, dit Marshall, lorsqu'un sol a été gâté ou énervé par une mauvaise rotation, c'est-à-dire par des retours trop rapprochés des céréales, ou lorsque les mauvaises herbes y ont pris le dessus, les meilleurs cultivateurs regardent une jachère complète d'été comme le meilleur moyen de remettre un pareil sol en bon état.

Il sera question de la jachère tardive du Norfolk lorsque nous parlerons de froment après les herbages artificiels pâturés.

b. Après le tabac.

Un sol aussi bien préparé que celui qui a porté du tabac n'a besoin que d'un labour pour la semaille du froment. Aussitôt le tabac effeuillé, on en déchausse les tronçons, afin qu'ils ne continuent pas à végéter et à prendre des sucs dans le sol. On détache, avec un rouleau léger ou avec une herse renversée, la terre retenue par les racines, on jette de côté les tronçons, afin qu'ils n'embarrassent pas la marche de la charrue, et, après avoir semé le froment, on les répand de nouveau sur le sol ; on les y laisse jusqu'au printemps. On tient pour certain que le séjour des tronçons de tabac sur le froment lui est favorable. Lorsque les tronçons ne sont pas trop forts, il est plus avantageux de les enfouir ; mais il convient alors de les déposer avec soin dans les sillons, afin qu'ils soient bien couverts par la charrue et ne puissent pas être ramenés à la surface par la herse.

c. *Après les pommes de terre, les choux et les navets.*

Après la récolte des pommes de terre, on herse en long et en large, tant pour ramener à la surface les pommes de terre laissées dans le sol que pour faire disparaître les buttes et aplanir le terrain. Les fanes enlevées, on laboure et on sème, en faisant marcher une herse devant et une autre derrière le semeur. Si les pommes de terre n'avaient pas reçu une forte fumure, il faut fumer encore pour le froment. Dans ce cas même, les cultivateurs des Pays-Bas ne donnent qu'un seul labour. La même règle est suivie en Alsace. Cependant, dans le même cas, la pratique de fumer le froment par-dessus est de beaucoup préférable à celle d'enfouir le supplément d'engrais par le labour de semaille.

Après les choux et les navets binés, il ne faut également qu'un seul labour. Seulement, alors qu'un champ de navets a été négligé et lorsqu'il se trouve très-infesté de mauvaises herbes, on donne, comme dans le Norfolk, un premier labour très-superficiel, on herse énergiquement, et on enfouit la semaille par un second labour. Dans tout autre cas, on ne donne qu'un labour de moyenne profondeur, on sème dans les sillons et on enfouit la semence à la herse.

d. *Après diverses cultures.*

Après l'avoine et le lin, on donne d'abord un labour superficiel, on herse, on répand le fumier lorsqu'il n'a pas été fumé pour ces précédents, on enfouit la fumure, puis on donne encore un labour profond ; mais il n'y a jamais de profit à attendre de la culture du froment succédant à l'avoine dans un sol épuisé.

Après les fèves et le chanvre, il est toujours bon de donner deux et jusqu'à trois labours.

Après le maïs et après les vesces pâturées en vert, il suffit d'un labour.

Après une mauvaise récolte de pois ou de vesces, il ne peut guère venir qu'une mauvaise récolte de froment, et, dans ce cas, il sera toujours plus profitable de recourir à une jachère, ou de semer plutôt de l'avoine que du froment. Le nombre des labours à donner après les pois dépend du temps, des circonstances et de l'état du sol. En Norfolk, on ne recule pas devant l'idée de donner trois et jusqu'à quatre labours, et cependant on s'arrête souvent au premier. Là où l'on peut retarder les semailles, il ne faut pas épargner les labours.

c. Après le sarrasin.

Après une plante dont la récolte est ordinairement si tardive que celle du sarrasin, on ne fait pas, pour le froment, ce qu'on veut, mais seulement ce qu'on peut. En Norfolk, on donne un et tout au plus deux labours. Lorsqu'on ne peut donner qu'un labour, on étend la fumure sur le chaume du sarrasin et on enterre à la fois le fumier et le chaume. Lorsqu'on peut donner deux labours, on enfouit d'abord le fumier par un labour superficiel, on passe le rouleau; plus tard, on sème et on couvre la semence par le second labour.

Quelque bon précédent que soit le sarrasin pour le froment, on lui reconnaît, en Angleterre, cet inconvénient, que sa récolte laisse beaucoup de ses graines, qui lèvent au printemps et qui nuisent au développement du froment. Sous le climat plus rude de l'Allemagne, on peut avoir moins à craindre, il est vrai, de la pousse printanière de ces graines.

f. *Après le trèfle.*

On rompt le trèfle par une simple, une double ou même une triple tranche.

Dans les pays où le trèfle réussit ordinairement et dont le climat n'est pas par trop sec, le trèfle d'un an, lorsqu'il n'est pas trop infesté de chiendent, se rompt, par un seul labour, sur lequel on sème le froment. L'expérience générale constate les avantages de cette pratique dans les circonstances indiquées. Une condition cependant, c'est que le trèfle puisse être rompu de bonne heure, c'est-à-dire trois semaines à un mois avant la semaille, pour que le sol ait le temps de se relier, et que la surface puisse se déliter de bonne heure. Pour favoriser l'un et l'autre, il faut que le chaume du trèfle soit bien complétement retourné par le labour. Pour rendre la liaison du sol suffisante et pulvériser la surface, l'emploi du rouleau est un bon moyen. Lorsque le temps est très-sec, l'emploi du rouleau devient indispensable.

Dans cette préparation, on doit s'appliquer à donner le trait de charrue de façon à ce que la tranche retournée puisse fournir assez de terre pour que la semence puisse être enfouie à la herse, sans que la herse ramène du trèfle à la surface. Lorsqu'on a semé, on herse et on roule ; puis on herse de nouveau énergiquement, on roule pour la seconde fois, et on herse énergiquement pour la troisième fois. Si des cultivateurs ne se sont pas bien trouvés de cette préparation par un seul labour, cela ne tenait, bien probablement, qu'à deux causes : à un labour donné trop peu de temps avant la semaille, ou au défaut de hersages répétés, deux conditions indispensables d'une bonne réussite.

Les Anglais, dit M. de Vitten, ont coutume de faire pâturer, par des moutons, les champs de froment semés en terrains légers, sur chaumes de trèfles ou d'herbages, rompus par un seul labour. Ainsi, non-seulement le sol reçoit une notable addition d'engrais, qui augmente sa fertilité, mais la semence est enfoncée par le piétinement, le sol est tassé et les racines du froment sont garanties de tout accident. Les troupeaux sont conduits sur les champs aussitôt après la semaille, et on les y laisse aussi longtemps que le temps le permet. On y est persuadé que les moutons, dussent-ils arracher quelques plantes de froment déjà levées, compensent largement ce petit dégât par le grand bienfait de leurs déjections.

Il y a encore une autre pratique de préparation par un seul labour, qui est suivie dans quelques localités de l'Alsace. Le labour ne fait que peler le chaume de trèfle; on sème sur ce labour, tout superficiel, avec la herse, et tout en enfouissant la semence, on déchire le chaume, et on travaille, on mêle, autant que possible, la surface. Dans ces localités, on se loue beaucoup de cette pratique, sans aucun doute très-utile et très-appropriée au terrain, un peu léger, pour la production du froment.

Tout ce qui a été dit de la préparation pour le froment après le trèfle, par un seul labour, est applicable seulement lorsque le trèfle est bien venu, et surtout lorsqu'il n'est pas infesté de chiendent. Lorsque le trèfle est dans cet état, il devient nécessaire de recourir à plusieurs labours. Dans ce cas, on donne le premier labour très-superficiel, et, après un hersage énergique, un labour profond : on tient pour meilleure encore, dans ce cas, la préparation par trois labours, dont on doit alors augmenter successivement la profondeur. On prétend que le froment sur un seul labour produit plus en paille, et le froment sur trois labours plus en grain; par conséquent, que la dernière pratique n'est pas seulement profitable sur un trèfle en mauvais état, mais qu'elle l'est encore sur un trèfle bien venu, lorsqu'on a le temps et les moyens de s'y astreindre.

Ni Koppe, ni M. de Knobelsdorf ne se montrent partisans de la préparation par un seul labour. « La rupture des trèfles par un seul labour, dit le premier, donne souvent, il est vrai, de magnifiques récoltes de froment; mais celui qui connaît les difficultés de bien retourner, au mois d'août ou dans les premiers jours de septembre, par un seul labour, une croûte de gazon de trèfle durcie par l'ardeur du soleil, ne saurait conseiller de faire dépendre la réussite d'une récolte aussi précieuse que le froment d'une préparation aussi imparfaite et aussi incertaine. » « Il arrive souvent, dit le second, et dans le Norfolk et dans le monde entier, que de mauvais froment soit la conséquence de la préparation par un seul labour, si le sol n'était pas auparavant dans le meilleur état de culture, et dans quelque état florissant qu'ait d'ailleurs été le trèfle. » — C'est pourquoi ce point de la préparation par un seul labour est un des plus difficiles à trancher dans l'économie rurale, et un assolement consacrant une de ses grandes divisions à cette pratique comporte toujours une assez forte somme de péril.

A ces opinions viennent s'opposer et mes longues et nombreuses observations dans l'Allemagne occidentale et dans les Pays-Bas et celles du docteur Burger. « Employer, dit-il, plus d'un labour pour rompre les trèfles est une dilapidation de forces et de temps; mais cela présente, de plus, l'inconvénient de déchausser les racines du trèfle, de les briser avec la herse, de les ramener nues à la surface ; tandis que, restant ensevelies, elles équivalent à une demi-fumure, et sont la cause principale, peut-être unique, de la prospérité du froment après le trèfle. »

Si ces observations, recueillies dans le sud et l'ouest de l'Allemagne et dans les Pays-Bas, ne concordent pas avec celles de l'Allemagne septentrionale, ce n'est, sans doute, que dans les différences de sol et de climat qu'il faut chercher les causes de cette discordance. Quant à la difficulté de rompre une surface durcie par le soleil et un chaume fortement lié, il ne faut en chercher la cause que dans la mauvaise construction de la charrue. Je puis l'affirmer en conscience et sur mon honneur, pendant tout le temps que j'ai exploité, sur les bords de la Meuse, un sol argileux, tenace, très-propre à faire de la brique, je n'ai jamais été retardé d'un seul jour par la difficulté de rompre, avec une charrue à deux chevaux, des trèfles durcis par la plus grande sécheresse ; tandis que mes voisins étaient obligés d'attendre l'action d'une pluie pour attaquer et pouvoir accomplir la même besogne avec une charrue à quatre chevaux.

La pratique du labour double, assez usitée en Belgique, tient un bon milieu entre les préparations par un et par plusieurs labours. Celui à qui il importe de bien couvrir le trèfle et de faire de la besogne achevée ne peut employer un moyen qui réponde mieux à son but : pour les trèfles mêlés d'herbes et de chiendent, cette pratique est très-recommandable. Pour les trèfles bien venus, je n'ai pu reconnaître, par l'examen des effets sur le froment, aucune différence entre la préparation par un seul labour et celle par le labour double. Autant que j'en puis juger, le labour double couvre mieux le chaume de trèfle, et par conséquent, dans un sol léger, ou sous une température brûlante, il peut présenter de l'avantage. Le même avantage peut lui appartenir dans les préparations tardives, lorsqu'il ne reste pas au labour simple le temps de se lier et de fermer suffisamment la surface avant la semaille. Le double labour est particulièrement convenable, pour les trèfles de deux ans, lorsqu'on ne veut pas traiter le chaume en jachère, ce qui serait sans doute le mieux, dans tous les cas.

Dans les Pays-Bas, le labour double s'emploie aussi, sinon toujours, du moins, très-souvent, pour les trèfles d'une année et bien venus. La première charrue pèle le gazon à six centimètres seulement d'épaisseur et verse sa tranche dans le sillon ouvert, après quoi la seconde charrue vient faire la sienne dans le même trait et à une profondeur double. De la sorte le sillon prend une profondeur de dix-huit centimètres, autant du moins que le sol peut le permettre. Pour un seul labour, je n'ai vu rompre, dans les Pays-Bas, qu'à la profondeur de douze centimètres, dans un terrain lourd et humide.

g. Après les herbages dormants.

Je ne parle ici que des herbages de deux et de trois ans, tels qu'on les fait en Angleterre, particulièrement dans le Norfolk, où l'on sème des graminées dans le trèfle, pour utiliser le produit de la seconde et même de la troisième année comme prairie artificielle, pour rompre ensuite pour le froment. Il est de règle, dans ce cas, de rompre dans la dernière année, peu après le pâturage du commencement de l'été, et de ne pas atttendre la recrue, pour pouvoir donner une jachère d'automne, appelée *Backward Summerly*.

Les cultivateurs négligents, et il y en a en Angleterre, comme chez nous, ne donnent que deux labours, le premier superficiel. Le gazon un peu effrité, on herse, on fume et on donne le second labour, aussi profond que possible. Les cultivateurs plus soigneux ajoutent un labour de plus, qui sert en même temps à la semaille du froment. Les plus attentifs, et qui ne veulent rien épargner pour une bonne préparation et pour s'assurer une belle récolte de froment, s'y prennent de la manière suivante. — En donnant ici des détails sur cette pratique, je crois devoir prévenir que je serai dans le cas d'y revenir sous un autre point de vue, lorsque nous traiterons des assolements et successions de cultures.

Au commencement de l'été, après le pâturage des prairies artificielles, et lorsque les bestiaux en ont été retirés, on donne un labour aussi superficiel que possible, et, autant que faire se peut, on saisit le moment d'une petite pluie. Le sol reste dans cet état jusqu'après la récolte des céréales sur les autres terres. On donne alors un hersage en travers et un labour profond, dans le même sens; on répand le fumier et on l'enterre par un labour peu profond. Les Anglais attribuent avec raison, à ce dernier labour superficiel, une action très-utile, de pulvériser la terre crue amenée à la surface par le labour profond précédent, et de l'améliorer par le mélange de l'engrais. Le sol repose en cet état jusqu'à la semaille. On herse alors, on passe le rouleau, on sème et on enfouit la semence par un quatrième labour. Ce n'est pas, sans doute, sur des terres ainsi préparées que M. de Knobelsdorf a trouvé les froments mal venus, qu'il se plaint d'avoir vus dans le Norfolk, en parlant de la préparation par un seul labour sur des trèfles d'une année, et l'existence de ces froments mal venus ne tient probablement qu'à une seule cause, leur culture dans un sol sablonneux, auquel ne devrait être demandé que de l'orge ou du seigle.

h. *Après l'esparcette et la luzerne.*

Lorsqu'on veut faire suivre immédiatement le froment à ces plantes, il faut labourer à d'autant plus de reprises, et avec d'autant plus de soin, qu'elles ont occupé le sol plus longtemps, et qu'il s'y est introduit une plus forte proportion de mauvaises

herbes : il ne peut, par conséquent, être question
de leur prendre au delà d'une crue dans la dernière
année, afin d'avoir le temps nécessaire pour donner
au sol toutes les façons d'une complète jachère d'été.
La même règle est applicable aux vieux trèfles.

Lorsqu'on ne laisse pas séjourner l'esparcette
plus de trois ans, il y faut aussi moins de façons.
Dans l'année choisie pour rompre, après qu'on a
rentré la première coupe, on laboure, on roule, et
on laisse en repos jusqu'à ce que le gazon ait suffisamment cessé de pousser et que la séve s'y soit
arrêtée ; alors on laboure pour la seconde fois, ramenant ainsi les racines à la surface, et on déchire
aussi complétement que possible par un hersage
énergique avec la herse en fer. Après le hersage, on
sème le froment et on enfouit la semence par un
labour serré et superficiel. On tient le froment succédant à l'esparcette pour le meilleur.

§ 5. *Engrais.*

La meilleure nourriture et la plus appropriée
pour le froment est la vieille force laissée au sol
par les fumures précédentes : c'est avilir une aussi
noble production que de la confier à un sol épuisé,
même en lui donnant une fumure, à moins qu'on
ne lui ait consacré une jachère complète. Le froment demande une nourriture abondante, déjà rendue facilement assimilable par une décomposition
assez avancée, et c'est pourquoi il n'est pas nécessaire de lui donner une fumure nouvelle, lorsqu'il

succède à des précédents tels que le chanvre, le tabac, les fèves, la navette, fortement fumés ; il n'en a pas besoin non plus après un trèfle bien venu, lorsqu'il ne lui a été pris que deux coupes et que la troisième a été enfouie au profit du froment.

Lorsque le trèfle n'est pas en bon état, il est nécessaire d'ajouter de l'engrais. Étendre le fumier sur le chaume du trèfle, laisser pousser un peu le trèfle au travers, rompre par un seul labour, est une très-bonne pratique, de beaucoup préférable à celle d'enfouir immédiatement le fumier. Là où l'on est dans l'usage de fumer les trèfles par-dessus pendant l'hiver, il n'est pas nécessaire de donner une addition d'engrais pour le froment. On peut aussi, et cette pratique n'est pas sans avantages, répandre le fumier entre deux coupes du trèfle, comme nous l'avons dit dans le premier volume, à l'article des fumures en couverture. Si l'on veut donner trois labours, on pèle le chaume par le premier, on herse, on répand le fumier, on l'enfouit très-superficiellement et on donne le troisième labour très-profond.

Lorsque le trèfle a été fumé en vue de la semaille de froment, il devient inutile de passer ensuite le rouleau ; mais si le fumier était très-peu décomposé, ou s'il est donné très-tardivement, le roulage devient très-nécessaire. Il faut faire en sorte de donner le fumier d'aussi bonne heure que possible ; après les fumures tardives, le froment coule et rend plus en paille qu'en grain.

Rien n'est plus contraire à une bonne économie

que d'enlever au trèfle, en automne, tout ce qu'il a pu produire. Sur l'utilité du trèfle comme engrais vert, je ne puis que renvoyer aux expériences de Schrœder et de Schmalz, rapportées dans la première partie de cet ouvrage.

Le froment venu sur fumier frais de mouton ou de cheval, particulièrement sur parcage, contient, suivant Thaër, une proportion très-prépondérante de gluten, qui le rend presque impropre au brassage, à la distillation et à la fabrication de l'amidon, et, par contre, très-propre à la panification. Hermbstaedt prétend avoir trouvé dans le froment depuis cinq jusqu'à trente pour cent de gluten.

Dans le Norfolk, les cultivateurs éclairés attribuent une grande valeur au sarrasin comme engrais pour le froment. Lorsque le sarrasin n'est pas par trop élevé, ils fixent une barre horizontale en avant de la charrue, qui fait baisser les tiges devant elle ; dans le cas contraire, on l'abat en passant dessus avec le rouleau, et il est ensuite facile à la charrue de l'enfoncer complétement ; après quoi, on tasse encore en passant de nouveau le rouleau. On sème le sarrasin destiné à être enfoui d'assez bonne heure pour qu'il puisse l'être avant la récolte des autres céréales. Cette récolte faite, on laboure en travers les champs dans lesquels on a enfoui le sarrasin, on herse, on roule, on sème le froment et on couvre la semence par un labour.

Celui qui n'aurait pas d'engrais à donner à un trèfle maigre et mal venu n'a rien de mieux à faire que de renoncer au froment, que de laisser là son champ jusqu'au printemps pour y semer de l'avoine, ou pour y planter des pommes de terre.

§ 6. *Choix et préparation de la semence.*

Le froment, destiné à être employé comme semence, doit être, dit de Vitten, complétement développé, lourd, arrondi et ferme, lisse, à écale fine, rempli de farine blanche et fine. La fente du grain doit être droite ; il doit rendre un son clair quand on le laisse couler d'une main dans l'autre. Plus il est maigre, allongé, léger, plus il semble d'un froid humide au toucher, plus on peut le regarder comme impropre à être semé.

Mais tous les signes extérieurs de la bonne qualité du grain ne sont pas une garantie suffisante qu'il soit exempt de maladie ou d'avarie. A quoi tient cette absence de signes certains, comment y suppléer, c'est le point des connaissances agricoles jusqu'à présent le moins éclairci, et sur lequel régnent encore une foule de théories, d'hypothèses, de présomptions, de préjugés, de recettes, de contradictions dans lesquels il est presque impossible de trouver quelque chose de satisfaisant.

Partout où se cultive le froment, on connait les fatales maladies auxquelles il est si sujet sous nos climats, le charbon, la carie, la nielle, la nielle dure ; la source seule de ces fléaux est inconnue ; et, sans doute, à raison du grand nombre des causes du mal, le remède infaillible est encore à trouver.

Tous les préservatifs jusqu'aujourd'hui prônés ont jusqu'ici manqué leur effet, et les plus répandus, les mieux expérimentés, ceux qui ont été le plus longtemps en honneur, ont perdu tout à coup leur renom d'infaillibilité. Il faut cependant convenir qu'un discrédit encore incertain, frappant un procédé longtemps reconnu efficace, ne doit pas lui enlever toute confiance et le faire proscrire ; cette observation doit prouver davantage seulement que telles circonstances peuvent intervenir, qui peuvent en diminuer ou en suspendre l'efficacité. Chacun doit, en conséquence, s'en tenir, jusqu'à découverte d'un moyen meilleur, à celui qui l'a le plus souvent et le plus constamment préservé.

J'ai reçu, d'hommes en l'autorité, en l'expérience desquels j'ai une entière confiance, auxquels je suis disposé à m'en rapporter, plus encore qu'à moi-même, communication de procédés particulièrement efficaces, et je crois devoir consigner ici quelques-uns de ces procédés, en me réservant de traiter plus tard d'une manière spéciale des maladies qui affectent les céréales.

Chez moi, dit Lobbes, qui vivait naguère dans le pays de Clèves, on choisit pour la semence les grains les plus développés, on les mêle avec de la chaux en poudre, on verse sur le mélange de la mare fermentée, après vingt-quatre heures on sème, et il arrive encore que le froment est charbonné. La même chose m'était arrivée souvent, lorsque, en 1794, je fus accidentellement empêché, pendant trois jours, de semer mon froment ainsi préparé, et, cette fois, ma semence n'arriva dans le sol qu'après avoir déjà germé sous l'influence de cette préparation. La récolte fut plus belle que toutes celles que j'avais eues jusque-là. Depuis lors, je fis à dessein ce que j'avais fait forcément : vingt-deux années se sont écoulées, pendant lesquelles je n'ai trouvé qu'une seule fois un épi charbonné dans mes champs.

Un habile cultivateur de Reinbach, pays entre Bonn et Cologne, nommé Hillebrand, choisit la fleur des plus beaux grains de froment battu à l'ombre, prend par sac de grain une pelletée de chaux éteinte, en fait un lait de chaux en ajoutant de l'eau, ajoute de la mare fermentée et quelques poignées de sel, brasse le mélange dans une cuve et y verse le grain, qu'il y laisse macérer pendant douze à quatorze heures, au bout desquelles la masse devient compacte. Pour semer, on divise, en ajoutant une petite quantité de cendre de bois. Ce cultivateur m'a positivement assuré que, depuis seize ans qu'il se sert de ce procédé, ses froments sont restés exempts de charbon ou de carie.

M***, à Ober-Cassel, sur le Rhin, choisit ses plus beaux champs de froment, qu'il laisse mûrir bien complétement ; aussitôt après avoir coupé, on lie en gerbes, qu'on place debout et qu'on ne rentre que lorsque le froment est bien sec ; on bat aussitôt, on choisit les plus beaux grains, on les étend sur l'aire, en y ajoutant une mesure de cendre de bois bien sèche, sur quatre mesures de grains ; le mélange passe ainsi quinze jours, pendant lesquels il doit être journellement remué : on le conserve ensuite jusqu'au moment de la semaille ; on passe alors au crible, p ur séparer la cendre, qui peut encore être employée à tout autre usage économique.

M. Schmitz, à Durren, pays de Juliers, prend, pour 500 livres de grains de froment, 1 livre d'alun, 1 livre de vitriol de fer, un quart de livre de salpêtre, un quart de livre de vert de gris. Les ingrédients, pulvérisés, sont mis sur le feu avec de l'eau, pour les dissoudre : leur dissolution, refroidie, est étendue avec une quantité d'eau suffisante pour humecter toute la masse de grains ; on brasse plusieurs fois cette masse et, après 24 heures de macération, on sème. Depuis le grand nombre d'années que Schmitz emploie ce procédé, ses grains n'ont jamais été charbonnés. Il a souvent offert et offre encore une prime d'un ducat pour un épi charbonné trouvé dans ses champs. — Je tiens ces détails du vénérable M. Schmitz lui-même.

Depuis que je m'occupe d'agriculture, dit Schmalz, c'est-à-dire depuis ma jeunesse, j'ai employé, pour autrui comme pour moi-même, le préservatif contre le charbon, qui m'a été enseigné par mon père, la macération du grain avec de la mare fermentée, de la chaux, de la cendre et du sel, et je ne me souviens pas que, cette préparation ayant été faite avec soin, elle ait jamais été suivie d'une récolte infestée de charbon. Dans une année où il avait été préparé de la sorte un peu moins de grain qu'il en fallait pour la semaille, un champ qui avait porté de la navette fut semé de grain non préparé. Il se montra sur la pièce semée de grain non préparé un assez grand nombre d'épis charbonnés, il ne s'en montra pas sur les terres semées de grain préparé. Schmalz regarde, toutefois, comme une condition indispensable, de ne pas laisser échauffer le grain macéré, soit en tas, soit dans des sacs, en cas d'impossibilité de semer dès le lendemain de la macération. Dans ce cas, il faut conserver le grain soigneusement étendu.

Quelques cultivateurs du Norfolk, dit Marshall, prétendent prévenir la carie (*smut*), en humectant la semence avec une forte dissolution de sel et en la saupoudrant ensuite avec de la chaux vive; ces cultivateurs prétendent même qu'en préparant ainsi des grains noircis par le charbon on peut les semer sans inconvénient, et que, au bout de trois ans, les traces de charbon disparaissent complétement du produit de grains ainsi traités.

Dans une contrée aux bords de la Meuse, que j'ai habitée pendant 24 ans, on se sert très-souvent du vitriol pour macérer la semence. On prend pour 8 kreutzers (30 cent.) de vitriol pour un hectolitre de froment, on fait dissoudre, sur le feu, dans trois litres d'eau, on arrose le tas avec le liquide chaud, on brasse plusieurs fois et on sème le lendemain. Il est surprenant de voir ce moyen, usuel depuis très-longtemps dans la contrée que je cite, donné comme une découverte nouvelle par Sinclair et recommandé par lui comme infaillible au naturaliste Prévost. Malheureusement je suis obligé de constater ici non-seulement l'ancienneté de l'emploi du vitriol, mais encore que, malgré cette pratique, que j'ai déjà appliquée en 1800 et depuis cette époque, les autres cultivateurs comme moi-même, avions des froments charbonnés, quand la nature voulait que nous en eussions. Il n'est pas impossible, cependant, que des perfectionnements dans le procédé en aient modifié les résultats; c'est pourquoi je donne encore ici ce procédé suivant Sinclair.

On fait dissoudre 90 grammes de vitriol bleu (vitriol de cuivre) dans 11 litres d'eau, proportion calculée pour la préparation de 107 litres de grain. On met dans un vase, de la contenance de 220 à 300 litres, la quantité de dissolution nécessaire pour couvrir de 13 à 16 cent. de liquide 107 à 140 litres de grain versés dans le vase après le liquide. On brasse soigneusement le grain et on enlève tout celui qui surnage. Après une demi-heure, on retire le grain du liquide, au moyen d'un panier, avec lequel on le plonge dans de l'eau fraîche pour le laver, puis on l'étend pour le sécher, et quelquefois on le saupoudre de chaux. On regarde comme une condition indispensable que les graines ainsi préparées soient séchées d'outre en outre avant la semaille.

Le lavage du meilleur grain, surtout lorsqu'il n'a pas pu être fortement venté au tarare, est toujours une très-bonne précaution, parce qu'elle permet de retirer les grains imparfaits que le lavage fait surnager, ce qui est toujours utile, que ces grains aient ou n'aient pas la propriété germinative. Dans le dernier cas, ceux qui seraient perdus dans le sol peuvent, du moins, être utilisés comme nourriture pour les bestiaux. Dans le premier cas, ils ne produisent que des plantes chétives, qui se nourrissent inutilement aux dépens des fortes. La séparation des bons et des mauvais grains s'opère plus parfaitement, quand, au lieu de verser le liquide sur le grain, on verse lentement, et en petite quantité à la fois, le grain dans le liquide, opération dans laquelle les grains parfaits sont les seuls qui se précipitent à l'instant même.

Marshall a fait l'expérience suivante sur la rouille ou miellat, maladie à laquelle le froment est particulièrement sujet en Angleterre. En 1774*, dit-il, j'essayai de faire semer du froment d'hiver au printemps; l'été fut humide et je ne récoltai qu'un grain rouillé, rabougri, si petit et si mauvais qu'aucun meunier n'en voulut et que les poules mêmes refu-

*En 1774! Ainsi il y a plus de cinquante ans, à une époque où l'on ne s'occupait guère encore, en Allemagne, de perfectionner l'agriculture. Ce n'est pas sans un sentiment pénible qu'on se reporte à ce temps passé depuis peu, où brillaient des hommes tels que Marshall, Young et Dukett, les pères de l'agriculture anglaise. Ils ne sont plus, mais il reste d'utiles, d'admirables vestiges de leur passage. Tandis que les malédictions s'attachent à la mémoire des conquérants, des dévastateurs, les bénédictions de la postérité s'attachent à celle de ces bienfaiteurs de l'humanité; ces bénédictions s'attacheront un jour aussi, dans nos contrées, aux noms des Thaër, des Jordan, des Burger : eux aussi auront bien mérité de l'humanité.

sèrent d'en manger. Dès le même automne, je fis semer de ces mauvais grains sur plusieurs pièces, à côté de graines bien venues. Cependant, lors de la récolte, il fut impossible de reconnaître à la vue aucune différence entre les produits de ces grains défectueux et ceux des grains les plus parfaits. Ce qu'il y eut de plus remarquable, c'est que, de ces mauvais grains qui avaient donné de beaux produits étant semés en automne, il n'en germa pas un seul, étant semés au printemps ; probablement parce que le peu de force vitale de ces grains défectueux existait encore en automne ; tandis que, pendant l'hiver et arrivant le printemps, elle avait passé du sommeil au néant. Je ne sais si j'ai tort de conclure de cet exemple qu'il est aussi peu économique de semer de vieux grain que du grain défectueux, parce que, pendant son long sommeil, la faculté germinative doit se perdre dans beaucoup de grains, dans lesquels elle aurait pu s'exercer s'ils avaient été semés de suite, ou dans lesquels elle aurait agi avec plus d'énergie, pour produire des plants plus robustes ; et, par la même raison, le paysan peut n'avoir pas tort non plus, en employant de préférence, pour semer son grain, le dernier récolté.

Bien que j'espère pouvoir traiter plus loin, avec le développement nécessaire, des maladies des céréales, je ne crois pas pouvoir me dispenser de remarquer, dès à présent, qu'on regarde les espèces de froment rouges et brunes comme moins sujettes à ces maladies que les espèces blanches et jaunes ; les espèces à fortes cales comme moins sujettes au charbon que celles à cale mince ; que, dans le mélange du froment avec le seigle, l'un préserve l'autre du charbon.

§ 7. *Temps de la semaille.*

En général, je devrais renvoyer ce que j'ai à dire sur le temps de semer et sur la proportion de semence pour toutes les céréales à l'un des volumes de cet ouvrage, que Dieu me permettra, j'espère, de mener à fin ; ici, quelques mots seulement sur ce qui est particulier au froment.

Dans certaines contrées, on sème le froment de très-bonne heure, dans d'autres fort tard, dans quelques-unes avant le seigle, dans d'autres encore après, ainsi que l'indiquent le sol, le climat, les provenances, les origines et surtout les habitudes. Ici on commence la semaille du froment dès les premiers jours de septembre ; là, elle n'est pas encore finie dans les derniers jours de novembre. Sous les expositions qui ne sont pas trop froides, c'est d'abord le tour du seigle, et celui du froment ne vient qu'après, parce que le dernier supporte mieux d'être mis dans un sol mouillé. On sème plus tôt sur le sol moins riche et plus tard sur le sol plus riche. Sur le premier, dit Schmalz, on regarde dans l'Altenbourg une semaille hâtive comme le plus sûr moyen de se procurer une bonne récolte ; sur un sol riche ou fortement fumé on a reconnu, au contraire, que les semailles faites de bonne heure étaient très-souvent suivies de graves inconvénients.

J'ai récolté, continue Schmalz, du froment magnifique de semailles faites seulement au commencement de décembre et qui n'avaient pas même levé avant l'hiver. Dans les sols riches, je n'ai jamais pu prévenir le versage que par des semailles tardives ; au contraire, sur des sols de moyenne fertilité, mais qui pouvaient donner et qui donnaient, en effet, de beau froment, à condition de semailles faites de bonne heure, j'ai toujours éprouvé des pertes considérables à la suite de semailles tardives, faites en novembre, par exemple, et j'ai appris à me hâter dans ce cas.

Dans les sols sablonneux du Norfolk, la majeure partie des cultivateurs ne commencent pas leurs semailles avant le 15 octobre et les continuent jusqu'en décembre ; quelquefois jusqu'à Noël : la raison qu'ils donnent de cet usage, c'est que les froments semés plus tôt sont exposés au coulage avant l'hiver, qu'ils donnent ensuite plus de paille que de grain, tandis que ces inconvénients ne se présentent pas lorsque le grain a été semé plus tard, surtout lorsque le terrain a été marné. A cette occasion, je dois cependant remarquer que la cause de ces inconvénients est moins inhérente au moment choisi pour la semaille qu'aux autres fautes commises par les cultivateurs du Norfolk. Et, en effet, dit le consciencieux Marshall, que ce soit de bonne heure ou tardivement, ils sèment invariablement trois bushels de froment par acre, sans s'inquiéter de savoir si deux bushels semés vers la mi-septembre ne sont pas suffisants, quand il en faut au moins trois vers la fin de novembre. Est-il étonnant qu'une semaille prématurée aussi forte (268 litres par hectare) produise, en automne et au printemps, un magnifique tapis vert, et, à la récolte, des épis maigres et des grains rabougris?

Dans les fortes terres d'alluvion, comme les polders des Pays-Bas, on a aussi pour pratique de semer seulement le froment vers le 20 octobre, et, lorsqu'il tombe beaucoup de pluie, ce qui empêche le travail des attelages dans ces terres, on sème encore en novembre; en cas de nécessité, même, on profite des premiers froids pour semer sur la surface gelée, pour peu que la herse puisse encore la déchirer. D'ailleurs on a remarqué, dans beaucoup de localités, que le froment semé pendant la pluie était celui qui réussissait le mieux.

Après le tabac et le chanvre le froment lève plus promptement qu'après les autres cultures; par cette raison, la semaille tardive a moins d'inconvénients après ces deux précédents. Sur le trèfle, le froment veut être semé deux à trois semaines plus tôt que sur tout autre précédent; sans quoi, selon l'expérience des Alsaciens, les épis restent vides, ou le grain devient stérile.

La période la plus commune de la semaille du froment commence huit jours après la Saint-Michel. Quoique le froment semé avant cette époque lève généralement mieux, on ne la devance pas volontiers, surtout sur des terres produisant beaucoup de mauvaises herbes, parce qu'elles se développent avec d'autant plus de facilité que la semaille a eu lieu de meilleure heure. Les semailles faites après cette période ne sont heureuses qu'à conditions d'années particulièrement favorables, parce que, quand bien même le froment semé si tard lève et pousse vigoureusement, il reste très-longtemps vert, mûrit tout d'un coup, ce qui fait tourner beaucoup de grains; de là le proverbe : *Quand réussit la semaille de la Toussaint, le père ne doit pas le dire à son fils.*

§ 8. *Quantité de semence.*

Le relevé suivant fait connaître les proportions très-diverses en usage suivant les localités.

On sème par hectare :

		hectolitres.
Brabant.	Edeghem, aussi bien sur les terres hautes que sur les basses.	1,50
	Eukern, et dans les polders, en terres fortes.	2,00
Flandre.	Voorde, très-bonnes terres moyennes.	1,80
	Melle, sol sablonneux.	1,60
	Menin, id.	1,50
	Flandre orientale, moyenne.	1,75
En Angleterre, en général		2,00
En Angleterre, proportion indiquée comme préférable par A. Young.		1,60
Autriche.	Meilleures contrées.	1,87
	Environs de Vienne.	2,67
	Terres d'alluvion (Marschfeld).	3,20

	hectolitres.
Pays-Bas wallons, fortes terres argileuses.	1,75
En Prusse, suivant Thaër.	2,67
En Alsace.	1,90
Id.	2,42
Id.	2,90
Moyenne des proportions ci-dessus.	2,00

Comment arrive-t-il que, dans la même contrée, dans deux localités souvent très-rapprochées, sous un même climat, dans des sols semblables, avec des assolements identiques, on sème, en Alsace, par exemple, ici 290 litres, tandis que là on croit en avoir assez de 190, c'est ce qui ne peut s'expliquer que par le préjugé héréditaire du cultivateur. Que la proportion exagérée rapportée dans cet exemple ne saurait se rattacher à une autre cause, c'est ce que prouvent les essais de deux cultivateurs exploitant le sol même où l'usage est d'employer 290 litres de semence par hectare, dont l'un réduisit cette quantité à 145 litres et l'autre la fit descendre à 97. J'ai vu les champs du dernier; ils étaient drus et bien venus, tandis que sur les champs contigus, semés selon l'usage local, le froment était en grande partie couché. Je suis loin cependant de recommander la dernière proportion de semence, et je voulais seulement faire voir comment l'irréflexion et la routine pouvaient conduire à dilapider son grain et les inconvénients d'une imitation aveugle des usages établis.

On observe, en Alsace, la règle de semer un tiers

de froment de plus après le trèfle qu'après le tabac.

On enfouit la semence soit à la herse , soit à la charrue. La première pratique est avantageuse dans les terres lourdes et humides , la seconde pour les sols secs et légers. En Alsace , on observe de semer et de couvrir d'abord la moitié de la semence à la charrue, pour semer et couvrir ensuite la seconde moitié à la herse. En couvrant la semence à la herse , on observe également de ne pas trop pulvériser la surface, et l'on aime qu'elle reste grumeuse , parce qu'elle se ferme moins pendant l'hiver.

§ 9. *Hersage au printemps.*

Lorsqu'un printemps sec succède à un hiver pluvieux, la surface d'un sol lié se durcit tellement , qu'il est impossible aux radicules qui se forment au nœud supérieur de pénétrer et de s'étendre , et la plante prend une couleur pâle et jaunâtre et une attitude maladive. Dans ce cas, un ou deux hersages produisent d'excellents effets.

Ce hersage du froment est regardé , dans beaucoup de contrées, comme une opération capitale , nécessaire à la réussite , dans le cas surtout où les pluies de l'hiver ont fortement tassé la surface et où elle a été ensuite durcie et crevassée par la sécheresse : il en arrive ainsi lorsque , la terre étant assez ressuyée au mois d'avril , la chaleur commence à la pénétrer ; les plantes se réveillent du long sommeil de l'hiver. Si l'on peut avoir pour ce hersage un temps humide et chaud, il ne faut pas craindre de le donner très-énergique, parce que ce n'est qu'à cette condition qu'il peut produire tout son effet. C'est la herse de fer qu'il faut préférer pour cette opération.

Dans le pays de Juliers, il n'est pas rare qu'on répète plusieurs fois ce hersage et, pour lui donner plus d'action, on aiguise les pointes des herses en bois. Pour l'ordinaire, on herse deux fois en croisant le trait de la herse. Plus on découvre de mauvaises herbes dans un champ, plus souvent et plus énergiquement on le herse. Je n'ai trouvé qu'une voix dans le pays pour louer les avantages de cette pratique. Vient-il à pleuvoir peu après le hersage, ses bons effets sont assurés ; lorsque la sécheresse vient à persister après cette opération, il devient nécessaire de passer le rouleau.

Thaër recommande également de donner ce hersage très-énergique : « Lorsque, dit-il, le champ « ressemble, après cette opération, à un champ nou- « vellement retourné, lorsqu'on y aperçoit à peine « quelques tiges et quelques feuilles vertes encore « debout, lorsqu'il ne se montre à la surface que « de la terre ameublie, cette opération a bien « réussi. »

Dans le Mecklembourg, également, on répète le hersage jusqu'à ce que la surface soit complétement ameublie.

Le hersage n'est pas seulement applicable lorsque

le froment a levé très-épais, mais encore lorsqu'il se présente clair-semé, et bien plus dans le dernier cas que dans le premier, afin de favoriser le tallement. C'est très-souvent le moyen de sauver, et de faire renaître un champ de froment, déjà condamné à être retourné.

Dans certaines contrées, c'est le hasard qui a fait découvrir les bons effets du hersage et reconnaître son utilité. Sentant la nécessité de donner un peu de terre meuble, une légère couverture au trèfle semé dans le froment, quelques-uns tentèrent d'y faire passer la herse avec beaucoup de précaution ; bientôt on se convainquit tellement des bons effets de cette façon, que, par la suite, on y recourut, non-seulement au profit du trèfle, mais encore et particulièrement au profit du froment.

Au moyen du hersage, me dit un bon paysan de Westphalie, nous rapportons de la terre meuble aux racines dénudées par les gelées et les grands vents, et nous leur donnons une espèce de buttage ; c'est alors seulement que le froment commence à pousser avec vigueur et à s'étendre en produisant de nouvelles talles.

Dans les environs de Kempen, frontières de Clèves, où l'on cultive du froment dans un sol qui ne lui est pas très-approprié, il n'est pas rare de le voir, au printemps, très-clair-semé et généralement jauni. Dans ce cas, on répand, par-dessus, de l'engrais liquide et on herse ; cependant on attribue des effets moins marqués au hersage du froment succédant au trèfle qu'à celui du froment succédant au sarrasin.

Il peut cependant y avoir des cas où le hersage ne soit pas une pratique recommandable. « Ainsi, « dit Marshall, c'est un fait reconnu que, par le « hersage du froment, au printemps, on multiplie le « chardon et le coquelicot, *klatschrose*, *papaver* « *rhœas*. Moi-même, j'ai remarqué souvent que le « chardon se montrait dans les champs hersés au « printemps, tandis qu'il ne se montrait pas sur « les champs contigus non hersés. Le hersage du « froment au printemps pourrait donc n'être pas « une bonne pratique, hors les cas où le durcisse- « ment de la surface en fait une nécessité. Je fis « herser au printemps, dit encore le même observa- « teur, une partie de mes vesces d'hiver, et cette par- « tie se couvrit ensuite de mauvaises herbes, tandis « que l'autre partie, non hersée, en resta exempte. »

Là où, comme dans les Pays-Bas, on ne herse pas le froment, on est dans l'usage de le rouler au printemps, pour diviser les grumeaux qu'on a eu soin de laisser après le hersage de la semaille, pour aplanir le sol et donner ainsi de la terre fraîche aux jeunes plantes.

Lorsque la gelée a arraché ou déchaussé le fro-ment, ce n'est pas la herse, c'est le rouleau qu'il faut appliquer.

§ 10. *Sarclage.*

Partout où l'usage du sarclage s'est introduit, il est d'une application très-utile au froment. Il n'a pas seulement pour résultat la pureté du grain récolté, mais encore un tallement plus complet, et ces deux résultats sont également certains. Dans des pays comme la Belgique et le pays de Clèves, où le froment se succède à lui-même ou revient au moins alternativement, où, par conséquent, on ne saurait avoir le loisir de détruire autrement les mauvaises herbes, le sarclage du froment est indispensable, si l'on ne veut pas que le sol soit complétement envahi par les plantes parasites. On entreprend ce travail quand le froment a atteint 21 à 24 centim. de hauteur, et plus tard encore dans certains cas; seulement il ne faut pas le tenter par un temps pluvieux.

Les Anglais remplissent l'objet du sarclage au moyen du binage, pratique qui n'est cependant générale que dans quelques contrées. Les meilleurs cultivateurs vont même jusqu'à donner deux binages. Le premier binage a lieu avant même que le froment commence à taller, et le second suit très-peu de temps après. On emploie des houes ou binettes, larges de seize centim. et plus, suivant l'espacement des sillons et le plus ou moins dru de la venue du froment. Le travail d'un double binage, qui semble, au premier coup d'œil, si considérable, ne coûte cependant, dans l'Essex et le Glocester, pas plus de quinze francs par hectare; dans certaines circonstances, cependant, ces frais peuvent s'élever au triple et au quadruple de ce prix. C'est probablement la coutume de biner le froment à la main, et la difficulté de ce travail dans beau-

coup de circonstances , qui ont conduit à la pensée
de semer le froment en lignes pour rendre applicable , en remplacement de ce binage , l'emploi de la
houe à cheval.

Nous traiterons plus loin du sarclage des champs
en général. — Il doit nous suffire ici d'énoncer notre
conviction que tout cultivateur qui aura une fois
reconnu les effets du sarclage ne renoncera plus à
cette utile pratique. Jamais un cultivateur qui vou.
dra mériter ce nom ne négligera de faire arracher
et extirper, au printemps, les chardons et les mauvaises herbes de ses champs de froment..

§ 11. *Saupoudrement de la semaille.*

L'état du froment au printemps promet souvent
trop et souvent trop peu. Dans le premier cas, on
a à craindre une crue trop forte, par conséquent le
versage; dans le second, une crue trop faible; et,
dans les deux cas, une moyenne, sinon une mauvaise récolte.

Pour prévenir le versage qui suit une crue trop
active , on répand sur la semaille de la chaux , de la
cendre ou de la suie , dont l'action est d'endurcir la
paille et de la rapprocher des conditions du roseau.
Il convient d'appliquer ce saupoudrement au moment
du hersage , au printemps , ou à celui du roulage
donné pour briser les grumeaux du sol , dans les
contrées où le hersage n'est pas usité. On pourrait
peut-être , aussi , tempérer la crue trop active par
l'application d'un rouleau très-lourd.

Le saupoudrement avec de la fiente de pigeon, ou avec un mélange de fiente de pigeon et de cendre, est un moyen, connu et constaté par l'expérience, de remettre un champ de froment malade ou faiblement venu, tellement efficace, que le champ devient méconnaissable bientôt après son application; on attend, pour l'appliquer, une température un peu humide, dans le mois de mai. Ceux qui ont à leur disposition des engrais de cette espèce ne sauraient mieux faire que de les réserver pour cette application. On peut atteindre le même but en répandant du purin ou de la mare fermentée.

Toutefois il ne faut pas se laisser effrayer facilement par la mauvaise apparence du froment au printemps, quelque froid ou humide qu'ait été l'hiver. *Le mois de mai fait le froment ;* et, si, à cette époque, les plants ne sont pas assez rares pour qu'on ne puisse pas en atteindre deux du bout des doigts de la main étendue, il en existe assez pour couvrir la surface d'un sol riche, et il y a d'autant moins de danger de versage.

§ 12. *Effiolage.*

Sur un sol riche, même sur un sol peu fertile, lorsque le printemps est favorable, il n'est pas rare que les tiges du froment poussent des feuilles tellement grasses, qu'elles peuvent occasionner le versage. S'il était possible de tout prévoir, il serait facile de prévenir un pareil inconvénient, en passant, dès la fin de l'hiver, un rouleau très-lourd, ou en faisant pâturer par des moutons jusqu'à la mi-avril ; mais les prévisions humaines sont si bornées, que nous sommes presque toujours obligés d'attendre l'événement pour le juger, et que nous ne pouvons qu'appliquer le remède quand le mal est là, et bien rarement le prévenir. Du moins, si nous ne pouvons pas toujours remédier, nous le pouvons le plus souvent.

Dès que le vert foncé des feuilles, leur apparence de réplétion, leur défaut de force pour se soutenir après une pluie douce, viennent dénoncer le mal, il faut recourir à l'effiolage. Il consiste à couper les feuilles, sans toucher au cœur de la plante, soit avec la faucille, soit avec la faux, si les faucheurs sont assez adroits. Je ne crois pas, pour mon compte, qu'il faille procéder à cette opération avec une aussi craintive précaution que cela est recommandé par les préceptes écrits. Cette opinion s'est formée chez moi, à la suite d'une expérience involontaire.

Au commencement de l'automne 1822, j'avais semé une pièce de seigle, destinée à être consommée comme fourrage vert. A côté se trouvait une bande étroite de blé de Talavera, qui avait été semé et avait été cultivé à l'ordinaire, et qui était destiné naturellement à être récolté en grain. L'emploi du seigle comme fourrage au printemps fut tellement retardé, qu'il était déjà complétement en épis, lorsque j'y fis mettre la faux. Le froment contigu n'était pas encore en épis, mais il avait déjà atteint 65 cent.

de haut. La faux de mon inintelligent ou indifférent ouvrier abattit, à mon grand regret, une grande partie du froment sans le distinguer du seigle. Cependant les tiges étêtées du froment se remirent à pousser, produisirent de nouvelles tiges et des épis, qui ne parvinrent à maturité qu'une quinzaine de jours plus tard que la partie non fauchée. Ses grains étaient parfaits, seulement un peu plus petits et la paille un peu plus courte. Si la faux avait passé quinze jours plus tôt, sans doute cette différence même n'aurait pas existé entre ce froment et les autres. Cette opinion fut confirmée pour moi, par l'expérience et l'observation faite sur quelques pieds de froment levés, au printemps de 1824, dans les seigles destinés à être fauchés. Deux de ces plants ayant repoussé me donnèrent, l'un huit épis parfaits, l'autre dix épis parfaits et trois épis manqués.

L'effiolage ne peut pas, il est vrai, s'opérer sans quelques frais, mais on ne doit pas s'en laisser détourner par cette raison, parce que le produit de l'effiolage donne un fourrage vert, précieux surtout pour les vaches laitières, et qui compense ces frais. Si l'opération, au moyen de la faux, était assise sur une expérience suffisante, les frais seraient payés au double ou au triple même par la valeur du fourrage ainsi obtenu.

Il ne faut procéder à l'effiolage que par un temps doux, et jamais pendant les vents d'est et du nord, qui font jaunir le froment effiolé. Si les froids devaient reprendre après l'effiolage, il vaudrait mieux aussi qu'il n'eût pas eu lieu ; car, dans ce cas, la plante coupée ne repousse que des tiges faibles, et les lourdes pluies de juin et de juillet le renversent cependant, et quelquefois même plus facilement que le froment non effiolé. Aussi le cultivateur ne doit-il pas recourir à cette opération lorsque la nécessité n'en est pas suffisamment indiquée.

§ 13. *Pâturage.*

Un autre moyen de tempérer la végétation trop active du froment, ou de prévenir le versage de celui qui menace de cet inconvénient, consiste dans le pâturage, d'abord par les moutons, ou bien encore par les chevaux, mais jamais par les vaches.

Le pâturage par les chevaux est en usage dans les bons cantons de l'Alsace. J'ai vu, en 1842, à Benfeld, un magnifique champ de froment, qui, après avoir été pâturé pendant quinze jours par des chevaux, avait encore été effiolé.

Le pâturage par les moutons a, comme toutes choses, ses avantages et ses inconvénients. Les avantages sont très-considérables, lorsque la température entre le pâturage et la récolte est favorable. Si les circonstances atmosphériques pouvaient se prévoir, il n'y aurait pas de pratique agricole plus utile et plus profitable que le pâturage par les moutons ; mais, comme l'avenir, même le plus rapproché, est hors des limites de nos prévisions, nous ne pouvons agir à son égard qu'en aveugles, et nos prévisions doivent être souvent trompées. Pour être sûr que le pâturage des moutons soit exempt d'inconvénients, il ne faut pas le permettre plus tard que les premiers jours de mai. Il faut que la dent du mouton tonde de près et promptement, et, par conséquent, que leur nombre soit calculé pour que la coupe faite ainsi le soit *en une fois*. Mais, malheureusement, les bergers, qui servent très-volontiers d'instruments à cette opération, ne s'inquiètent guère du bien qu'elle peut faire à la récolte, et bien davantage de celui qu'elle peut faire aux moutons, et ce qui devrait être un bien pour la culture devient souvent un mal, quand les moutons et les champs n'ont pas un même propriétaire.

Sur les sols riches le pâturage du froment peut avoir lieu régulièrement et sans inconvénient, mais seulement par les agneaux et jusqu'au 1er avril.

Pour éloigner les souris, pour écraser les vers et les insectes, pour affermir un sol trop meuble, le passage d'un troupeau de moutons sur une semaille de froment est un très-bon moyen.

§ 14. *Temps de la récolte.*

La période de végétation du froment est de quelques semaines plus longue que celle du seigle, ce qui tient à ce qu'il a besoin d'un degré plus élevé de chaleur au printemps, et qu'il lui faut un sol plus lié, dont l'action est, par conséquent, plus lente, à ce qu'on le sème un peu plus tard que le seigle , et enfin à ce qu'il talle plus fortement au printemps.

Semé à la fin d'octobre , le froment lève après huit à douze jours, selon que la température a été plus ou moins favorable , faisant paraître des feuilles étroites , effilées, reposant sur le sol et assez semblables à celles du chiendent. Au printemps, il talle davantage en terrain gras qu'en terrain maigre , plus fortement sous une température printanière douce et humide que sous une température sèche et froide. Après que le froment a couvert le sol de cette manière , ses tiges se relèvent vers la fin de mai , et , prenant la forme de tubes , se couronnent d'épis vers le milieu de juin , et présentent le riche aspect de la plus belle des céréales.

Cette plante, d'origine méridionale, est très-sensible à la température en même temps froide et humide ; mais , ayant souffert , se rétablit très-promptement sous l'influence d'une température favorable. Elle aime donc , de préférence , une température chaude mêlée de pluie , du moins jusqu'à la floraison , époque à laquelle elle se passe volontiers de la pluie et demande un temps chaud et sec. Plus tard , le développement du grain demande plutôt une température modérément humide qu'une température trop sèche , qui fait mûrir le grain trop promptement et s'oppose ainsi à son complet développement. On regarde , par cette raison , en Alsace, une récolte de froment un peu tardive comme la meilleure.

La récolte se fait ordinairement vers la fin de juillet, ainsi après que le froment a occupé le sol pendant neuf mois. Ainsi le sol, le climat, la température ayant une si longue influence à exercer, le moment de la récolte ne peut se marquer d'avance sur le calendrier. Le moment de la récolte ne se détermine que par celui de la maturité. La maturité arrivée, si la récolte tarde, le grain devient corné et perd ainsi beaucoup de sa valeur aux yeux de l'acheteur, parce qu'il ne donne plus une farine aussi belle et aussi blanche. Retarder la récolte après la maturité, surtout sous l'influence d'un temps sec et venteux, c'est s'exposer à une perte considérable, parce qu'alors les épis s'égrènent sur pied. Le cultivateur qui a une récolte très-considérable à faire doit commencer quelques jours trop tôt, *pour ne pas risquer de finir quelques jours trop tard.*

Il ne faut pas s'en rapporter seulement à l'apparence de la paille, mais consulter attentivement l'état du grain. Le lait qu'il contient s'est-il solidifié au point de résister au même degré que la cire à la pression des doigts, le moment est venu, pourvu que le temps soit favorable ; s'il était contraire, il y aurait d'autant plus lieu à retarder que le froment prématurément coupé coule plus facilement pendant la pluie, et que, dans ces circonstances, il s'égrène moins facilement sur pied.

En me fondant sur ma longue expérience , je crois devoir tenter ici de prémunir les cultivateurs contre les conseils de leurs alentours, et particulièrement de leurs valets , qui ne veulent jamais mettre la main à la faucille que tout ne soit mûr à l'excès, et qui ne voient jamais que le moment présent, et n'ont aucun souci des suites ; de les déterminer à saisir, sans s'arrêter à leurs représentations, le meilleur moment pour l'ensemble de la récolte, et à le devancer plutôt un peu qu'à le retarder jamais. On sait le temps qu'on a , on ne peut jamais savoir celui qu'on aura.

Le froment destiné à être employé comme semence doit cependant , mais seul , faire une exception à la règle générale , hâter plutôt que retarder la récolte.

§ 15. *Rendement.*

Il est superflu , sans doute , que je revienne ici ni sur l'influence qu'exercent la nature du sol , le système de culture et la température des saisons sur le rendement du froment et de tous les végétaux , ni sur les données existantes des proportions de ce rendement et leurs exagérations en plus ou en moins. Je dois avouer, d'ailleurs, que, dans la crainte d'être trompé et , par suite , de tromper à mon tour, c'est le sujet duquel je me suis occupé avec le plus de timidité et de défiance dans mes longs voyages et dans mes nombreuses recherches, ayant pour but unique l'étude de l'agriculture et de l'économie rurale.

Cependant il est indispensable de se créer une échelle aussi vraie que possible pour apprécier le rendement des différents objets de culture et en faire la comparaison, afin qu'un cultivateur puisse, du moins approximativement, reconnaître s'il peut retirer de ses cultures des produits en rapport avec ses besoins. Je ne chercherai donc ici, comme pour les autres céréales, qu'à réunir les données qui méritent le plus de confiance. J'ai réduit les mesures locales pou ́ arriver à donner les proportions en hectolitres par hectares.

	hectolitres.
Le comte de Podewils accuse pour ses terres en pays haut.	18,13
Le même, terres basses.	19,25
Le conseiller Thaër (dans ses Principes d'agriculture).	
Produit inférieur.	17,00
Produit moyen.	25,56
Le même, dans son exploitation de Mœgelin.	21,30
Docteur Burger, moyenne de quatre années.	19,50
Le même, dans une autre exploitation, moyenne de trois années.	19,00
Le même, dans une troisième exploitation, moyenne de trois années.	17,11
Le même, son plus fort rendement après du trèfle non fumé.	31,28
Lurzer, à Saalfelden, moyenne de vingt années.	16,10
Rendement ordinaire à Saint-Florian, en Autriche.	19,25
Dans la même localité, terres les mieux cultivées.	25,67
Arthur Young, pour l'Angleterre, les meilleurs sols, les mieux cultivés.	30,00

	hectolitres.
Arthur Young, sols ordinaires bien cultivés.	21,40
Le même, voyage à l'est.	20,53
Le même, voyage au midi.	21,00
Le même, voyage au nord.	20,00
Dans l'Altenbourg, d'après Schmalz, faible rende- ment.	17,00
Le même, rendement meilleur.	21,00
Le même, très-souvent.	34,00
Schmalz lui-même, à Ponitz, rendement ordinaire.	21,00
Schwetz, moyenne de sept observations dans le Bra- bant et la Flandre.	25,16
Le même, en Alsace, sol riche, après du tabac forte- ment fumé.	26,00

Ainsi la moyenne de toutes les données ci-dessus serait un rendement d'un peu plus de 22 hectolitres de froment par hectare.

La limite du plus fort rendement peut s'élever beaucoup plus haut, et nous en trouvons un exemple dans les observations annuelles continuées, pendant un grand nombre d'années, par le comte de Podewils, où figure un rendement de 36 hectolitres 1/3. De bons cultivateurs de l'Altenbourg, dignes de toute confiance, ont accusé à Schmalz avoir obtenu, rarement, il est vrai, un rendement de 38 hectolitres 1/3 par hectare.

En France, on estime le rendement des meilleures terres à blé à 34, celui des bonnes à 22, et, par contre, le rendement moyen de tout le pays à 9 hectolitres par hectare. Cette dernière évaluation ne saurait mériter de confiance, appliquée à un pays dont le sol est généralement fertile et où la jachère est encore en honneur.

En comparant la moyenne de rendement résultant de la série d'observations que nous avons rapportées avec la moyenne de quantité de semence que nous avons précédemment trouvée, il en résulte une multiplication du grain de près de dix pour un.

L'hectolitre pèse 77 kilogrammes, un peu plus, un peu moins. Quatre kilogrammes de froment étant égaux en valeur à cinq kilogrammes de seigle, il en résulte que l'hectolitre de froment est égal en valeur à 96,25 kilogrammes de seigle. L'hectolitre de seigle, pesant 72 kilogrammes, il s'ensuit encore qu'un hectolitre de froment équivaut à 1,33 hectolitre de seigle ; en d'autres termes, que 100 scheffels de froment sont à valeur égale avec 133 scheffels de seigle. Je n'ai pas besoin, sans doute, de faire remarquer qu'il n'est question ici que de la valeur intrinsèque et non de la valeur vénale qui s'attache aux différentes espèces de céréales suivant les lieux et les circonstances.

§ 16. *Valeur comparée.*

Dans une contrée, sur la Meuse, que j'ai longtemps habitée, on tient pour égaux en valeur :

4 scheffels de seigle *.
3   —   de froment *.

* Ce rapport est identique avec celui de 100 scheffels de froment à 133 scheffels de seigle. Cette concordance imprévue, mais si par-

8 scheffels d'épeautre.
6   —   d'orge.
8   —   d'avoine (un peu moins).
5   —   de fèves.
4   —   de vesces.
4   —   de pois blancs.
3   —   de pois verts.
6   —   de pois gris.

Dans la même localité , le prix moyen de l'hecto-litre de seigle , pendant tout un siècle , de 1695 à 1795 , a été de 4 florins * sur le pied de 24 , et les valeurs vénales ont ainsi été dans les proportions suivantes :

L'hectolitre de seigle ,	florins 4
de froment ,	5,3
d'épeautre ,	2
d'orge ,	2,65
d'avoine (un peu moins),	2
de fèves ,	3,2
de vesces ,	4
de pois jaunes ,	5,3
de pois verts ,	5,3
de pois gris.	2,65

faite avec les rapports précédemment déduits d'après le poids et la valeur des grains, suivant Block , est une preuve convaincante de l'exactitude des différentes données prises comme éléments des calculs.

* Un kreutzer , ou 1/240 de moins , fraction minime négligée pour faciliter le calcul et arrondir les chiffres.

CHAPITRE II.

—

ÉPEAUTRE; FROMENT-LOCAR; SEIGLE BLANC;
(TRITICUM SPELTA).

Comme l'épeautre est réellement une espéce de froment, tout ce que nous avons dit de l'un est généralement applicable à l'autre, et je n'aurai qu'à faire remarquer des exceptions et des particularités.

Dès le moment où il léve, l'épeautre se distingue du froment par ses feuilles plus étroites et d'un vert plus vif; plus tard, il s'en distingue d'une maniére encore plus tranchée, par ses écales déprimées, dans lesquelles le grain est si fortement enfermé, qu'il ne peut en être détaché par le battage, qui ne fait que séparer les écales de l'épi. Un épi bien développé porte de 19 à 23 paires d'écales ou cosses, et par conséquent de 38 à 46 grains.

§ 1. *Variétés.*

Comme le froment, l'épeautre est tantôt barbu, tantôt non barbu; le grain est tantôt rude, tantôt lisse; et, comme pour le froment, la présence des barbes est accidentelle et dépendante du climat, du sol et de la culture. Lorsqu'on sème de l'épeautre sur un sol non approprié, trop léger, ou épuisé, si on lui donne une mauvaise culture, l'épeautre non barbu devient barbu avec le temps, et, dans les circonstances contraires, l'épeautre barbu perd ses barbes. En Souabe, l'épeautre blanc n'est regardé que comme un très-mauvais grain.

On a, dans le Wurtemberg, deux variétés d'épeautre non barbu, qui ne se distinguent qu'à l'état de maturité; un épeautre rouge et un épeautre blanc. La variété rouge mérite la préférence, parce qu'elle résiste mieux à l'humidité et au froid, talle mieux, pousse des tiges plus fortes et plus hautes, porte des épis plus développés, rend mieux au boisseau et, ce qui la rend particulièrement préférable dans beaucoup de contrées, elle est moins sujette au miellat et au charbon; enfin, selon l'opinion de quelques-uns, elle donne une farine plus belle et plus liante que la variété blanche. Pour maintenir cette variété, il faut apporter le plus grand soin au choix de la semence, ou chercher à se la procurer de cultivateurs reconnus pour la produire pure, parce qu'elle dégénère promptement; aussi on trouve souvent, dans le Wurtemberg, les deux variétés mêlées sur le même champ : toutes deux, d'ailleurs, passent, dans ce pays, pour une très-bonne culture d'hiver.

§ 2. *Climat.*

L'opinion générale est que l'épeautre convient mieux aux climats tempérés qu'aux climats rigoureux. L'hiver de 1815 à 1816, écrit M. de Witten, a détruit toutes les récoltes d'épeautre, même celles confiées à des sols abrités.

Le siége principal de cette culture est la Souabe, la Franconie, la Suisse et les bords du Rhin. Dans les dernières contrées, la culture commence aux environs de Landau et s'étend jusqu'au-dessous de Coblentz. On cultive encore l'épeautre sur les bords de la Meuse, si l'on peut donner le nom de culture aux pratiques barbares que l'on applique à ce précieux produit. L'épeautre est inconnu dans les Pays-Bas.

Il paraîtrait que la culture de l'épeautre a été anciennement beaucoup plus étendue dans les contrées du nord-ouest de l'Allemagne, et qu'il y a été même la céréale principalement affectée à la panification, parce que les anciennes rentes foncières et même les fermages temporaires étaient et sont même encore stipulés *en épeautre*. Mais, comme cette culture a généralement ou complétement disparu, l'usage légal s'est établi de payer l'équivalent de la rente ou du fermage, soit en une autre céréale, soit en argent.

Suivant le manuel d'économie rurale et domestique de Schnee, ouvrage utile et consciencieux, l'épeautre est une des céréales le plus anciennement connues, dont il est déjà question dans la Bible, dans Hérodote, Columelle, et qui doit avoir été la plus usuelle, sinon la seule dans l'ancienne Égypte.

§ 3. *Sol.*

Comme toutes les céréales, l'épeautre se plaît dans les sols propres au froment ; mais il se contente aussi de terrains trop peu riches, trop légers et trop secs pour le froment, ainsi que j'ai pu l'observer dans une partie du Palatinat d'outre-Rhin. Près de Spire, je l'ai trouvé dans un sol sablonneux, faisant partie d'assolements anciens et réguliers, comme succédant au trèfle, et ce climat ne peut être regardé comme humide.

Dans les terres fortes, l'épeautre produit plus de paille ; dans les sols légers, et particulièrement dans les sols calcaires, son grain devient meilleur, plus farineux et ses écales restent plus minces. La même différence résulte de la situation basse ou élevée.

§ 4. *Tour de rotation.*

Aucune céréale n'est plus accommodante que l'épeautre pour les précédents et ne se succède plus facilement à elle-même. Toutes les plantes, à l'exception peut-être du froment, peuvent venir sans inconvénients après l'épeautre, et, comme il supporte une semaille tardive, l'épeautre peut aussi succéder à presque toutes les autres plantes, avec plus ou moins d'avantage, sans doute, ainsi que cela se conçoit facilement. Ainsi l'épeautre, succédant à la pomme de terre et au lin, ne viendra pas aussi bien que celui succédant au trèfle et surtout à la jachère complète.

Les principaux précédents pour l'épeautre sont donc la jachère complète, le trèfle, l'esparcette, la luzerne, le tabac et la navette ; puis les choux, la pomme de terre, les navets, le maïs, le lin, le seigle et le chanvre. Seulement, lorsque le trèfle est en mauvais état, comme en 1822, on fait mieux de ne pas y mettre l'épeautre, à moins qu'on ne puisse donner au moins trois labours et une fumure.

Malheureusement la réputation d'être très-endurant, attribuée à l'épeautre, a été cause, dans quelques contrées, particulièrement sur le Rhin inférieur et la Meuse, que les cultivateurs ont par trop maltraité cette précieuse plante, en se fondant sur le proverbe, qu'il faut charger beaucoup qui peut porter lourd ; aussi, dans ces deux contrées, lorsqu'un champ ne veut plus produire autre chose, le paysan, qui veut user le peu de force qui peut lui rester encore, se dit : semons-y encore de l'épeautre ; cela vaudra mieux que rien. Le résultat ne manque pas de se trouver en rapport avec une pareille pratique et vient réagir sur l'opinion qu'on a de cette céréale, généralement si mal appréciée. Il arrive ainsi qu'on reproche à la plante la mauvaise culture qu'on lui a donnée. Mais dans quel pays le cultivateur est-il assez clairvoyant pour s'accuser lui-même des mécomptes qu'il se prépare ?

Toutes les mauvaises récoltes de céréales sont un malheur, dit Hergen ; mais une mauvaise récolte d'épeautre surpasse toutes les autres en inconvénients, parce qu'elle laisse le sol dans le plus pitoyable état.

§ 5. *Préparation du sol.*

Dans le Palatinat, on répand la semence de l'épeautre sur le chaume du trèfle et l'on enfouit l'un et l'autre par un seul labour superficiel. Le sol reste dans cet état jusqu'au printemps, époque à laquelle on passe le rouleau, ce qui est indispensable après une préparation aussi commode. Lorsque la température de l'automne est trop humide ou trop sèche, on renverse d'abord le chaume du trèfle, on sème sur ce labour et on enfouit la semence à la herse; cette préparation est d'autant meilleure que la saison est plus humide. Le labour pour renverser le trèfle peut être très-superficiel, de manière à ce que la herse puisse déchirer le chaume et le mêler avec la semence, ainsi que nous l'avons dit en parlant du froment.

Lorsque la luzerne doit être remplacée par l'épeautre, il ne faut pas la faucher plus de deux fois la dernière année. On laboure deux à trois fois et très-profondément la première. Le hersage doit être très-énergique et jouer un grand rôle dans cette préparation. L'épeautre ne doit pas être semé dru, et encore faut-il que le sol ne soit pas riche de sa nature, sans quoi l'épeautre ne conviendrait pas et ne pourrait que verser.

L'épeautre devant succéder aux pommes de terre, on unit seulement le sol à la herse, on répand la semence et on l'enfouit, soit à la herse, soit à la charrue. Lorsqu'il est nécessaire de donner une addition d'engrais à un champ maigre, ayant porté des pommes de terre, on répand l'engrais avant la semence, et l'on enfouit d'un seul trait de charrue la semence et le fumier; mieux vaut cependant ne répandre le fumier que lorsque l'épeautre a déjà levé, ainsi que cela se pratique dans le Wurtemberg.

Après la navette semée, on donne deux ou trois labours; mais, sur la navette repiquée, on se contente de herser, on sème et on enfouit par un seul trait de charrue.

En général, les préparations pour l'épeautre sont les mêmes que celles pour le froment, et l'on peut consulter ce qui en a été dit.

§ 6. *Engrais.*

L'épeautre aime un sol en vigueur, mais non trop poussé d'engrais; sur ce dernier, il verse infailliblement. Il supporte la fumure récente, et la fumure par-dessus lui convient également bien, sinon mieux, lorsqu'il a dépassé le sol de trois centimètres environ. On retire aussi de grands avantages du pâturage par les moutons, pendant deux à trois semaines, sur les champs semés d'épeautre. Bien qu'on tienne le temps sec pour particuliérement favorable à ce pâturage, l'expérience a démontré plus d'une fois que ce pâturage, en temps humide, piétinant le sol et le rendant aussi dur que l'aire d'une grange, est suivi des meilleurs résultats.

§ 7. *Temps de la semaille et semence.*

L'époque de la semaille de l'épeautre coïncide à peu près avec celle du froment. La période la plus ordinaire commence huit jours avant et finit huit jours après la Saint-Michel. Dans quelques pays de montagnes, on sème immédiatement après la récolte, et même avant la récolte, lorsqu'elle est tardive. Sur les Alpes wurtembergeoises, on sème une grande partie de l'épeautre vers la Saint-Jacques, pour ne récolter que vers la Saint-Michel.

Cependant, et surtout dans les bons pays, les semailles très-tardives peuvent avoir de très-bons résultats; il n'est pas du tout extraordinaire de voir semer encore de l'épeautre au commencement de février. M. de Varnbühler rapporte, dans ses annales, un exemple d'épeautre d'hiver, semé seulement le 14 mars 1817, qui a parfaitement réussi, et qui n'est arrivé à maturité que quinze jours plus tard que ceux semés en temps ordinaire.

Comme l'épeautre se sème avec les écales, il faut une beaucoup plus forte quantité de semence ou, du moins, un plus grand volume; on en prend à peu près le double en mesure que des céréales nues. Divers préjugés augmentent ou diminuent aussi cette proportion ; sinsi, dans le Wurtemberg, on sème par hectare :

a. Dans les grands bailliages de Vaihinguen et Léonberg,   3,50
b. Dans d'autres contrées,   4,22
c. Dans les plaines,   5,62
d. Dans l'Oberland, en terres lourdes,   11,24

ou bien 5-6-8-16 simri par morgen. On observe généralement d'augmenter la quantité de semence en proportion que la semence est plus lourde.

Nous semons en moyenne, à Hohenheim, dans les parties basses, 7 simri ou 4,90 hectolitres par hectare. Cependant, après la navette, cette quantité est trop grande, et 6 simri ou 4 hectolitres sont largement suffisants. Moellinger suit, à peu de chose près, la proportion de Vaihinguen, c'est-à-dire 3,84 hectolitres. Si nous écartons la proportion indiquée pour l'Oberland, les cinq autres données nous fournissent une moyenne de 4,42 hectolitres par hectare.

Les cultivateurs réfléchis, nous dit M. de Varnbühler, se règlent encore sur l'état de développement du grain : comme, pour l'épeautre, les écales produisent un effet sensible en augmentation de volume du grain, le semeur doit prendre les poignées d'autant plus fortes que le grain est plus gros, parce qu'il y a une plus forte proportion d'écales.

Il est d'usage d'employer moins de semence après la navette, davantage après la jachère, la plus forte proportion après le trèfle, dans le rapport, à peu près, de 6 à 7 et de 7 à 8.

Sur les sols qui ne sont pas particulièrement appropriés à l'épeautre, qui manquent de richesse et de cohésion, il est avantageux de semer du seigle en mélange avec l'épeautre; la proportion ordinaire est de 1/5 de seigle sur 4/5 d'épeautre. Cependant il ne faut pas oublier que, dans un simri de seigle, il se trouve largement une fois plus de grains que dans un simri d'épeautre. Ainsi celui qui a coutume de semer six simri d'épeautre pur par morgen ne doit prendre, à la place de cette quantité, que cinq simri de mélange. Là où l'on prend 8 simri d'épeautre, il n'en faut prendre que 6 1/2 de mélange : ainsi cinq parties d'épeautre et 1 1/2 de seigle. Je ne regarde pas comme admissible une plus forte addition de seigle, parce que le seigle, croissant plus vite et s'élevant plus haut, comprimerait trop facilement le développement de l'épeautre.

Ce mélange offre une plus grande sécurité que la semence pure, lorsque les circonstances ne sont pas favorables. Lorsque l'une des graines ne réussit pas, l'autre gagne plus d'espace et réussit ordinairement d'autant mieux. Ce mélange a aussi des avantages particuliers pour les sols qui se gercent facilement par la gelée. Par suite de cette remarque, l'usage s'est établi dans le Hundsruck, pays élevé entre la Moselle et la Nah, où domine la culture du seigle, d'ajouter à la semence de celui-ci un cinquième d'épeautre. On attribue aussi à ce mélange la propriété de garantir l'épeautre du charbon ; du reste, la séparation de l'épeautre et du seigle après le battage est très-facile, et c'est une raison de préférer l'addition de l'épeautre à celle du froment , dont la séparation du seigle est extrêmement difficile, sinon impossible.

§ 8. *Soins et façons.*

Le hersage au printemps ne fait autant de bien à aucune céréale qu'à l'épeautre , particulièrement lorsqu'il est très-rempli de mauvaises herbes et, bien entendu, lorsqu'on procède au hersage comme si on voulait tout détruire ; comme le commun des cultivateurs ne se défie de rien tant que de cette pratique, qu'on ne saurait trop lui recommander, il me sera permis de rapporter ici quelques-uns des exemples qui sont à ma connaissance et qui constatent ses bons effets.

M. Vacano, maître de poste à Simmern, trouva, au printemps de 1847, un de ses champs d'épeautre tellement infesté de mauvaises herbes, qu'il fut tenté de désespérer de la récolte; il eut l'idée de le faire herser , et cela avec la herse de fer. Le valet chargé de l'opération ne voulut consentir à la faire qu'après qu'on lui eut assuré que le champ devait ensuite être labouré et semé d'orge ; il agit en conséquence et fit fonctionner la herse dans l'intention de tout détruire. Quelques jours après , la pluie survint , et , quelques semaines plus tard , lorsque le même valet revit le champ d'épeautre , il fut tout étonné de le trouver superbe, et courut chercher son maître pour lui faire partager son admiration et le prier de n'y pas mettre la charrue. J'ai vu moi-même ce champ d'épeautre en été, il était réellement magnifique.

En 1818, la carie ayant détruit un seigle dans lequel on avait semé du trèfle, M. Hergen, propriétaire près Coblentz, attendit la fin de l'automne pour faire déchirer le trèfle à la herse, semer de l'épeautre et enfouir par un trait de charrue. Au printemps suivant, les feuilles de l'épeautre ne se montrèrent pas nombreuses; cependant il fit passer la herse de fer, de manière à briser toutes les mottes de gazon et tous les grumeaux qui existaient encore, et cette opération, inusitée dans le pays, donna lieu à de vives discussions entre les cultivateurs, blâmant, pour la plupart, ce procédé; mais l'été arriva et donna un démenti aux critiques et un triomphe éclatant à l'emploi de la herse.

Quelque unanimes que soient les auteurs qui n'écrivent pas toujours ce qu'ils savent pas expérience, pour assurer que l'épeautre n'est pas sujet à verser, c'est par expérience, c'est après une longue pratique dans la culture de cette céréale, que je suis malheureusement obligé de les contredire. Là, sans doute, où on ne donne à l'épeautre que ce qu'il lui faut pour vivre, il ne peut pas verser par réplétion, pas plus que le seigle sur un sable aride; mais, sous de bonnes conditions, il ne verse pas plus rarement que le froment et l'orge. Le danger du versage est, au contraire, si particulier à l'épeautre, qu'il y a peu d'années dans lesquelles il n'y soit pas exposé, raison pour laquelle on l'effiole tous les ans. En 1823, à Hohenheim, un champ d'épeautre qui n'était pas extrêmement dru, mais venu dans un sol très-approprié, fut effiolé deux fois, et la première lorsque les tiges commençaient à se former en tubes, et cependant cela ne l'empêcha pas de verser. L'effiolage, comme moyen d'empêcher l'épeautre de verser, est si généralement répandu, qu'on dit en allemand *dinkelen* (épeautrer), pour effioler.

Suivant M. de Varnbühler, lorsque les plants d'épeautre se présentent trop drus au printemps, lorsqu'ils tallent fortement et affectent une couleur verte foncée, il faut effioler, si l'on ne veut pas être sûr de les voir verser. On fait ordinairement cette opération en avril et, au plus tard, au commencement de mai. Lorsque les tiges se sont formées en tubes, il faut que l'opération soit faite avec beaucoup de précaution. Le produit de l'effiolage est le premier fourrage vert pour les bêtes à cornes, et on doit le donner coupé avec de la paille de vesces ou d'avoine.

L'épeautre n'a pas de maladie qui lui soit propre; le charbon ne l'atteint pas aussi souvent que le froment. Les grains charbonnés, d'une belle apparence extérieure, contiennent une poussière brune d'une odeur tellement fétide, que, lorsque plusieurs épis charbonnés sont voisins les uns des autres, on en est averti par cette odeur en passant près du champ.

§ 9. *Récolte.*

La maturité de l'épeautre arrive dans la première quinzaine d'août. On coupe dès que la paille a blanchi, même quand l'épi n'est pas encore complétement mûr. Comme les épis parfaitement mûrs s'égrènent facilement, on ne peut pas retarder la récolte, quand la maturité est suffisante. L'épeautre coupé achève de mûrir en javelles par l'influence de l'air, et le grain y gagne en qualité; cependant l'épeautre germe aussi plus facilement que toute autre céréale sous l'influence d'une température humide.

On peut couper l'épeautre aussi bien à la faux qu'à la faucille. J'ai vu, par une température sèche et chaude, rentrer, le soir, de l'épeautre coupé le matin. Dans le Palatinat, on lie en gerbes et on rentre, à mesure qu'on a coupé. Seulement, lorsque les épis sont trop peu mûrs, ou lorsque la paille est mêlée de beaucoup d'herbes, on laisse mûrir et sécher pendant quelques jours avant de lier et de rentrer. Pour éviter la perte du grain, on fait bien de garnir les chariots de grandes toiles, précaution négligée dans beaucoup de localités, mais toujours observée dans le Palatinat. On peut battre l'épeautre aussitôt arrivé à la grange. Il se conserve des années, étendu sur le plancher des greniers, même sur de bonnes aires, probablement parce que ses cosses le garantissent des avaries.

Quatre hommes peuvent battre en six jours le produit d'un hectare. Le battage ne fait que séparer de l'épi les grains avec leurs capsules, et c'est dans cet état que l'épeautre se vend ; cependant quelques capsules se brisent, et une petite proportion de grains est mise à nu ; quelques cosses aussi ne contiennent qu'un seul grain. On sépare ce déchet en passant au crible à épeautre. Le battage de l'épeautre donne encore ce qu'on appelle des pointes, qui consistent en capsules vides ou ne contenant que des grains très-petits ; on les retrouve dans la poussière après avoir passé au tarare, ou en recriblant après le battage ; ces pointes sont destinées aux bestiaux. Les pointes et le déchet peuvent s'élever de $2\frac{1}{4}$ à 3 hectolitres par hectare.

§ 10. *Rendement.*

hectolitres.

Moellinger, à Pfeddersdorf, en Palatinat, moyenne des années 1803 à 1812, par hectare.   46

Plus petit rendement, en 1814, $49\frac{1}{2}$ hectolitres, plus fort rendement, en 1812, 86 hectolitres.

M. de Varnbühler donne pour plus fort rendement, dans le Wurtemberg, pour des pièces séparées, n'ayant jamais été atteint par l'ensemble de ses soles, 15 scheffels par morgen, ou 84 hectolitres par hectare.

Dans de bonnes récoltes, dit-il, et sur de bons terrains, on obtient ordinairement 9 à 10 scheffels, ce qui revient moyennement, par hectare, à   53,60 hectolitres

Pour tout le Wurtemberg pris ensemble, il ne pense pas néanmoins qu'on puisse compter plus de 5 ½ scheffels, ce qui tient à une forte proportion des mauvais terrains montueux, par hectare. — 31,00

Dans un canton sur la Meuse, où l'on ne sème de l'épeautre que dans les champs qui ne veulent plus rendre autre chose, on obtient encore 32 hectolitres par hectare ; mais nous ne mettons pas en ligne ce rendement, parce qu'il est le résultat d'une détestable pratique.

A Hohenheim, 1820, 7 scheffels, 5 ¼ simri par morgen, par hectare. — 43,24

Idem, 1821, 10 scheffels, 2 ⅜ simri par morgen, par hectare. — 56,27

Idem, 1822, 9 scheffels, 7 ½ simri par morgen, par hectare. — 55,90

Idem, 1823, 9 scheffels par morgen, par hectare. — 50,63

Dans le canton de Berne, d'après Tschiffeli, en moyenne. — 54,26

Moyenne des données ci-dessus. — 48,47

Cette moyenne ne doit se prendre cependant que pour les terres appropriées à l'épeautre et avec une bonne culture. Comme moyenne générale, il ne faudrait prendre que 40 hectolitres par hectare.

§ 11. *Valeur.*

On a donné à l'épeautre le nom de demi-céréale, parce que le battage le laisse dans ses cosses et qu'il se mesure dans cet état, parce qu'ainsi il se présente, comme nous l'avons déjà remarqué, sous un volume relatif beaucoup plus considérable que toutes les autres céréales. Pour savoir ce qu'il contient en grain net, il faut le broyer et séparer l'écale, opération après laquelle il ne reste guère que la moitié de la masse en grain.

Cette opération se fait avec des meules plus rudes que celles employées aux moutures ordinaires ; dans le Wurtemberg, tous les moulins sont pourvus de ces sortes de meules, et du mécanisme nécessaire pour opérer la séparation. On décale ainsi environ sept hectolitres d'épeautre par heure. Le commerce n'admet que l'épeautre décalé ; les marchés ordinaires l'admettent dans les deux états.

Pour faire connaître la proportion de grains et de farine qu'on peut attendre d'un scheffel d'épeautre, égal à 177,22 litres, je produis les tables de mouture qui suivent, dont les sept premières observations sont tirées des annales agricoles du Wurtemberg et les deux dernières ont été faites avec le plus grand soin au moulin même de l'établissement de Hohenheim.

ANNÉES.	Kilogramm. d'épeautre.	Kilogramm. de coses.	Kilogramm. de déchet.	Kilogramm. de grain.	Litres de grain.	Kilogramm. de farine.	Kilogramm. de son.
1800	74,00	20,56	5,44	48,00	69,13	43,00	5,00
1801	77,00	17,75	3,25	56,00	76,34	51,00	5,00
1801	74,00	17,00	2,80	54,20	75,18	48,60	5,60
1817	74,76			58,40			
1817	76,40	15,65	4,00	56,77	77,52	51,42	3,72
1817	71,50	16,82	3,27	51,40	74,75	46,73	3,27
1818	74,76	15,30	3,04	56,42	83,00	55,00	1,40
1821	73,36	20,00	1,66	51,70	68,45	45,17	6,53
1822	78,00	18,53	0,75	58,72	72,65	52,50	5,00
Moyenne par scheffel.	74,86	17,66	3,50	54,62	74,63	49,18	5,00
Moyenne par hectolitre.	42,24	10,00	2,00	30,82	42,11	27,75	3,00

D'après ces tables, le poids d'un scheffel wurtembergeois d'épeautre non décalé, ou de 127,22 litres, comporte :

Au moins.	71,5 kil.
Au plus.	78,0
En moyenne.	74,86
Poids moyen de l'hectolitre.	42,24

L'épeautre décalé donne par scheffel :

Au moins.	68,45 litres.
Au plus.	77,52
En moyenne.	74,63
En moyenne par hectolitre.	42,11

Ainsi on peut regarder un kilogramme d'épeautre comme donnant un litre de grain ; en d'autres termes, on peut attendre, en moyenne, d'un sac d'épeautre, pesant un quintal métrique, un hectolitre de grain.

Comme, suivant notre table, la moyenne en poids de l'épeautre en cosse est à la moyenne en poids de l'épeautre décalé :: 74 : 54, il s'ensuit qu'on doit attendre 20 kilogrammes de moins que le poids du scheffel d'épeautre, et environ 100 litres de moins en mesure. Il s'entend que cette proportion peut être un peu plus ou un peu moins forte, selon l'influence des sols et des saisons.

Dans les 20 kilogrammes de cosses on peut compter 2 kilogrammes de poussière et, par conséquent, 18 kilogrammes de balle nette. Si l'on prend, pour rendement de l'hectare, 48 hectolitres d'épeautre, ils donnent au broyage 480 kilogrammes de cosses, plus 150 kilogrammes de pointes et de barbes ou déchet, qui ont été recueillis au battage sur l'aire de la grange. L'hectare donne ainsi 630 kilogrammes de balle, applicables à la nourriture du bétail et qu'il convient de comprendre dans le produit en paille.

Valeur comparée.

Pour apprécier plus exactement la valeur de l'épeautre, il convient de comparer ses produits en grain et en farine avec ceux du froment : d'après les données rapportées au § 9, l'hectare d'épeautre donne en moyenne 48 hectolitres, pesant 2027, 5 kilogrammes, donnant 20 , 21 hectolitres de grain net, au poids de 1479,4 kilogrammes; le grain donne 1332 kilogrammes de farine. Je remarque que ces données en poids concordent parfaitement, ainsi que celles de rendement en farine, avec les données de Lurzer, rapportées dans le manuel de Burger, tome II, page 22.

Au chapitre du froment, nous avons admis son rendement à 22 hectolitres par hectare : ainsi ce rendement dépasserait de $\frac{1}{11}$ celui de l'épeautre en grain net; mais il reste encore à comparer les rendements en farine, et malheureusement je manque de données suffisamment exactes pour ce rendement du froment.

D'après *la mouture économique de Paris*, l'hectolitre de froment, pesant 77 kilogrammes, rend

57,75 kilogrammes de farine ; d'après J. Syrington, il n'en rend que 60,2 ; d'après une circulaire du ministre du commerce de France, en date du 20 mai 1842, il n'en rendrait même que 53,33. Les premières de ces données me paraissent avoir été calculées au profit des meuniers ; les dernières ont été établies, sans doute, sous d'autres influences encore. L'évaluation de Syrington me paraît également au-dessous de la réalité, lorsque je la compare avec les données du manuel de Schnee, et avec celles de Lurzer, page 23 des Annales de Burger. Suivant ces données, 85 livres de froment rendent, à la mouture, 71 livres de farine : par conséquent, l'hectolitre de froment, du poids de 77 kilogrammes, rend 64,32 kilogrammes de farine, ainsi 1,52 kilogramme de moins que le grain d'épeautre ; mais le rendement en farine de l'hectare en froment est de 1445 kilogrammes, tandis que l'hectare d'épeautre n'en rend que 1332, ainsi le premier rend 83 kilogrammes de plus que le dernier. La différence entre les rendements en farine n'est donc que de $\frac{1}{17}$, tandis que la différence entre les rendements en grain est, comme nous l'avons vu plus haut, de $\frac{1}{11}$.

En ce qui touche la qualité de la farine d'épeautre, quelques personnes lui donnent la préférence sur la farine de froment, comme plus fine et plus blanche ; d'autres la regardent comme inférieure, parce que le pain qu'on en fait est plus rude et se dessèche plus vite. La vérité pourrait bien se trouver ici, comme de coutume, entre les extrêmes, et l'on se tromperait de bien peu , sans doute, en regardant les deux farines comme égales en qualité.

Si les diverses céréales trouvaient dans toutes les contrées un débouché également facile , elles obtiendraient nécessairement des valeurs relatives , qui prendraient leur expression soit en numéraire, soit en une céréale normale donnée. On a reconnu l'inconstance de l'appréciation en argent, et on a adopté comme normale celle par comparaison avec une autre céréale, comme plus fixe, quoique ne valant que pour une contrée : ainsi , par exemple , le prix du seigle , généralement adopté comme base normale dans le nord de l'Allemagne, ne se trouve ni en France , ni en Angleterre , dans un rapport même approximativement exact avec sa véritable valeur; par conséquent aussi , il ne se trouve pas non plus en rapport avec la valeur extérieure des autres céréales , et cependant c'est cette valeur extérieure, cette valeur représentative en numéraire, qui est décisive dans tous les cas pour le producteur partout et toujours, là où il peut arriver avec une partie de ses produits sur un marché quelconque. Ainsi, dans le Wurtemberg, on aurait peine à obtenir, pour un scheffel de froment, le prix qu'on obtiendrait pour un scheffel d'épeautre ; dans les Pays-Bas, au contraire , on aurait de la peine à obtenir pour douze scheffels d'épeautre la valeur de cinq scheffels de froment, bien que, comme nous l'avons déjà vu, douze scheffels d'épeautre donnent une plus grande quantité de farine d'égale qualité. Dans les

Pays-Bas, on obtient en échange deux scheffels d'é-
peautre contre un scheffel de seigle; dans le Wurtemberg, on n'en obtient guère qu'un scheffel deux tiers.

En rapportant quelques données sur le prix et la
valeur relative de l'épeautre, il est donc bien entendu
qu'elles ne peuvent se rapporter qu'au Wurtemberg
ou à quelques États voisins, et ne doivent servir di-
rectement, ou telles quelles, qu'aux cultivateurs de
ces contrées. Sous le bénéfice de cette observation,
je donne ici une table des prix des céréales dans le
Wurtemberg, de 1766 à 1815, d'après les annales
de Varnbuhler, qui pourra servir à nos cultivateurs
pour établir la proportion de leurs cultures, suivant
la faveur de prix de telle denrée relativement à telle
autre.

SCHEFFEL.	SEIGLE.		ÉPEAUTRE.		ORGE.		AVOINE.	
Périodes de 10 ans.	Florins.	Kreutzers.	Florins.	Kreutzers.	Florins.	Kreutzers.	Florins.	Kreutzers.
1766 à 1776	6	20	3	54	5	32	2	40
1776 à 1786	5	45	3	32	4	33	2	47
1786 à 1796	9	»	5	34	6	32	5	1
1796 à 1806	10	15	6	4	6	50	4	22
1906 à 1816	8	9	5	29	6	36	4	4
Moyenne par scheffel.	7	58	4	54	6	»	3	47
Moyenne par hectolitre.	4	30	2	45	3	23	2	8

Ainsi se trouveraient à peu près égaux en valeur :

611 scheffels de seigle.
818 *id.* d'orge.
1,000 *id.* d'épeautre.
1,290 *id.* d'avoine.

En d'autres termes, le rapport de valeur vénale serait :

Pour un scheffel de seigle. $= 17$
id. d'orge. $= 13$
id. d'épeautre. $= 10$
id. d'avoine. 8

Je rappelle encore toutefois que ces rapports ne doivent être regardés que comme temporaires et locaux, lorsque nous les employons pour établir une comparaison avec les rapports que nous avons énoncés dans le chapitre consacré au froment.

En ajoutant cet élément de comparaison, nous trouvons le rapport suivant.

Seigle. $= 17$
Orge. $= 11,34$
Épeautre. $= 8,50$
Avoine. $= 8,25$
Froment. $= 22,66$

Avantages et propriétés de la culture de l'épeautre.

Si nous réunissons tous les avantages et toutes les propriétés de l'épeautre pour les comparer à ceux du froment, il en résultera, après avoir écarté quelques idées erronées, légèrement admirées ou copiées par des écrivains sans expérience propre de la culture de l'épeautre :

1. Que l'épeautre semé sur un mauvais terrain, ou sur un sol tout à fait épuisé, ne peut venir que très-mal; qu'il s'accommode cependant d'un sol un peu trop léger ou trop sec pour le froment, mais qu'il ne réussit bien parfaitement que sur une véritable terre à blé.

2. Qu'il exige les mêmes préparations du sol que le froment et qu'il supporte mieux la fumure tardive et la fumure par-dessus.

3. Qu'il se contente d'une proportion moins forte d'engrais, et qu'il exige moins que le froment la présence de vieille force dans le sol.

4. Qu'il est beaucoup plus accommodant relativement à sa place dans l'assolement, et surtout qu'il se succède plus facilement à lui-même que le froment, et cela, sans doute, parce qu'il épuise moins le sol.

5. Qu'il est beaucoup moins sujet aux maladies, nommément au charbon.

6. Qu'il souffre moins de la voracité des oiseaux après la semaille.

7. Qu'il n'est pas moins que le froment exposé au versage et au bris des épis, et que, par conséquent,

il ne court pas moins de chances de pertes que le froment.

8. Que l'humidité n'est pas moins nuisible à l'épeautre coupé qu'au froment, mais qu'il supporte mieux d'être lié et engrangé immédiatement après la coupe.

9. Qu'il est plus facile à battre, qu'il tient plus de place sur les greniers, mais aussi qu'il s'y conserve mieux que le froment.

10. Que l'épeautre est, à bien peu de chose près, l'égal du froment, sous le rapport du rendement en farine.

11. Que l'épeautre fournit une farine plus fine que le froment; mais que cette farine fait un pain plus rude et qui ne se maintient pas aussi longtemps frais.

12. Que la paille d'épeautre est un peu plus roide que celle du froment; mais qu'elle n'est pas moins un excellent fourrage coupé pour les chevaux et une très-bonne paille longue pour les bêtes à cornes.

De ce qui précède on voit ressortir quels grands avantages sont attachés à la culture de l'épeautre et combien les cultivateurs de la Souabe ont raison de s'y tenir; et, si cette culture n'est pas à conseiller avec plus d'insistance à toutes les localités dont le climat lui est favorable, cela tient bien plus à l'absence des dispositions nécessaires dans les moulins existants qu'à la valeur propre et réelle de cette précieuse céréale.

CHAPITRE III.

—

PETIT ÉPEAUTRE. FROMENT-LOCULAR.
(TRITICUM MONOCOCCUM.)

Comme je n'ai cultivé cette céréale pour la première fois qu'à l'automne de 1823, comme je ne l'ai rencontrée que rarement et que je ne l'ai vue cultivée qu'en petit, enfin comme les auteurs dignes de confiance n'en parlent pas avec assez de détails, je suis obligé de me borner presque exclusivement ici à suivre, dans leurs observations, MM. Schubler et Glotz, dans les annales agricoles du Wurtemberg.

L'épi est plat, déprimé, à deux rangs, étroit et sans barbes. Les capsules alternatives sont pressées comme des écailles contre la tige et superposées successivement les unes aux autres. Dans la fleur, l'épi affecte une couleur verdâtre ou vert jaunâtre ; en maturité, une couleur brune-rougeâtre. Cette couleur verte-jaunâtre donne au froment-locular un aspect particulier qui attire les yeux à une grande distance et le fait remarquer et distinguer entre les autres céréales. Le nombre des grains est de 36 à 40. Sur trois fleurs, il n'y en a ordinairement qu'une de fertile et qui soit munie de barbes. Les grains sont très-étroitement renfermés dans les écales.

La période de végétation de cette céréale est plus longue que celle des céréales d'été, et, par cette raison, elle est cultivée dans le Wurtemberg comme céréale d'hiver. On lui donne les terrains qui ne sont pas assez substantiels pour l'épeautre, et, par cette raison encore, on la rencontre plus communément sur les sols pierreux et sur les terrains élevés. Dans la grande culture et sur les sols peu fertiles, il arrive le plus souvent que, sur trois fleurs, il ne vient qu'un seul grain à maturité, et c'est cette circonstance qui paraît avoir donné lieu à la dénomination d'Einkorn, Monococcon, bien que, même dans la grande culture, il mûrisse souvent deux grains à la partie basse des épis et dans les capsules isolées qui y sont attachées.

Les avantages du petit épeautre consistent principalement en ce qu'il talle très-fortement, ne verse pas et est moins sujet aux maladies qui affectent ordinairement les autres céréales. Il est très-accommodant sous le rapport du sol et réussit particulièrement bien sur les terrains pierreux, surtout mieux que l'épeautre, raison pour laquelle, comme nous l'avons déjà dit, on le trouve plus souvent dans les contrées montueuses. On peut le semer encore à Noël et même jusqu'en février, avec certitude de récolte satisfaisante, et il fournit une belle farine jaune, surtout excellente pour les pâtes et les mets farineux. Le pain qu'on en fait est très-léger et de couleur jaune. Le froment-locular, décalé, rend plus de grain que l'épeautre, parce que ses écales sont

de moitié moins fortes. Huit simri de froment-locular donnent quatre simri de grain : ainsi 0,50,
tandis que l'épeautre n'en donne que 0,42. Le froment-locular rend ainsi 16 pour $\frac{0}{0}$ de plus que l'é-
peautre.

Sur un sol bien préparé et convenablement fumé,
il rend seize fois la semence. On sème ordinairement
2,8 à 3,5 hectolitres par hectare, ou 4 à 5 simri par
morgen wurtembergeois. Le froment-locular, mêlé
à l'épeautre, donne ordinairement les plus belles
récoltes.

Le froment-locular produit une paille ferme,
lourde et, par conséquent, très-propre à augmenter
la masse des engrais. Lors de la moisson, il faut
avoir soin de ne pas laisser ce qui est coupé plus
d'une nuit sur le chaume et faire en sorte de pouvoir
rentrer autant que possible le même jour. Aussi,
afin de pouvoir faire la moisson plus vite, on laisse
le froment-locular arriver sur pied au dernier degré
de maturité, avant d'y mettre la faucille.

Sur des sols trop âpres pour l'épeautre, dans les
cantons où les marsages sont soumis à trop de chances contraires, le froment-locular est une précieuse
ressource. Comme il supporte une semaille très-tar-
dive, il se place très-bien, au besoin, dans les soles
d'été; il s'arrange surtout très-bien des fumures
par-dessus. En 1823, un de nos voisins en avait
semé une pièce dans sa sole d'été, de la valeur d'un
morgen wurtembergeois, et lui avait donné, pendant
l'hiver, un peu de fumier en couverture; il en ré-

colta onze scheffels de grain , ou environ 62 hectolitres par hectare, ainsi beaucoup plus qu'il n'aurait
pu attendre de la meilleure récolte d'épeautre sur
la sole d'hiver. En 1824, une expérience et des
calculs avaient été préparés à Hohenheim ; mais la
grêle est venue les déranger.

CHAPITRE IV.

—

SEIGLE.

§ 1. *Avantages du seigle.*

Le seigle constitue le principal élément de la sustentation dans toute l'Allemagne septentrionale, y compris la Belgique; sa farine n'est pas, à la vérité, aussi blanche ni aussi nutritive que celle de froment, mais elle est propre à la confection de toutes les pâtes et à tous les usages culinaires, mais elle donne un pain très-sain et savoureux, qui se maintient frais plus longtemps que celui de froment et même que celui d'épeautre. L'écale du seigle contient une substance aromatique, qui exerce une action rafraîchissante sur l'économie animale, et qui se manifeste par une odeur fortifiante pour les nerfs, qui s'exhale du pain noir de seigle fraîchement cuit. Ce pain, fait avec des écales très-finement moulues et laissées en certaine proportion dans la farine, a la propriété très-prononcée de rafraîchir les personnes habituellement échauffées par un travail sédentaire. Cette propriété va jusqu'à l'excès pour les personnes qui n'ont pas l'habitude du pain de seigle, et les Anglais surtout en ont fait souvent l'expérience.

Le seigle ne le cède pas au froment en produit en grain, et il le surpasse en produit en paille; il laisse le sol plus propre et l'épuise sensiblement moins. Son produit en grain est plus assuré, parce que le seigle n'est pas aussi sujet que le froment aux accidents et aux maladies, parce qu'il résiste mieux aux mauvaises herbes, parce qu'il s'accommode d'un sol moins riche et moins substantiel et en supporte mieux l'acidité, et que, par conséquent, il réussit mieux sur les landes et les terrains spongieux. Pourvu qu'il trouve un champ bien préparé, qu'il soit semé en saison convenable et que la semaille ait lieu surtout par un temps sec, la non-réussite du seigle peut être mise au nombre des circonstances extraordinaires et des malheurs qu'on ne peut pas prévoir.

Cette céréale mérite, par conséquent, la plus grande attention de la part du cultivateur, et elle l'a obtenue partout, si ce n'est dans quelques pays, en Angleterre, par exemple, où elle n'est pas assez connue, ou parce que la routine fait regarder comme bon ce qui est mauvais et repousser comme mauvais ce qui est le plus utile. Il est curieux d'entendre comment un fermier anglais parle du seigle à M. Knobelsdorf : « Jusqu'à présent, dit-il, les hommes ne « s'en nourrissent pas encore; mais, comme on lui « attribue quelques bonnes qualités, il ne serait « pas mal qu'on le mît à la mode. On est étonné de « le voir réussir si facilement, là où l'on a tant de « mal à faire venir du froment; on ne croit pas

« combien il donne de paille et quelle belle litière
« on en peut faire pour les bestiaux. Mais, ce qui
« m'en plait le plus, c'est qu'il n'est pas sujet à ces
« maudites maladies qui semblent s'attacher davan-
« tage d'année en année au froment. En outre, on
« peut très-bien nourrir les chevaux avec du seigle
« et on dit même qu'à Londres on en fait d'aussi
« bonne eau-de-vie que du froment. Enfin les choses
« en sont là, que nous verrons bientôt les hommes
« essayer de s'en nourrir. »

§ 2. *Sol et climat.*

Le seigle se plait dans les argiles sablonneuses,
dans les sables argileux, et il vient même dans du
sable tellement léger, qu'aucune autre céréale, même
le sarrasin, n'y peuvent prospérer. Sans lui bien
des contrées sablonneuses, telles que la Campanie
brabançonne et les bruyères de Lunebourg, ne seraient pas habitables. Avec une bonne culture, il
réussit aussi sur les sols serrés, lourds, lorsque
ces sols ne sont pas trop humides ; cependant il y
manque plus souvent, et le froment reste encore la
céréale propre à cette sorte de sols. On consacre avec
plus d'avantage au seigle les terrains plus meubles.
Dans les situations basses le seigle produit plus de
gerbes et une paille plus haute. Les sols sablonneux
lui font rendre plus de grain et un grain plus farineux, quelquefois avec des écales plus minces.
D'après M. de Witten, le seigle des situations bas-

ses rend souvent jusqu'à huit kilogrammes de moins par hectolitre que celui des parties hautes ou des sols sablonneux.

Comme de toutes les céréales, l'orge exceptée, le seigle est celle qui mûrit le plus tôt et qui supporte mieux le froid dans les premiers temps de sa croissance, sa culture est possible dans les contrées où toutes les autres ne sauraient réussir, même l'avoine, à cause de leur tardive maturité. On le rencontre, par cette raison, depuis la moyenne région des Alpes jusqu'aux limites des neiges de la Laponie.

§ 3. *Tour de rotation.*

Le seigle peut venir après la jachère complète, les herbages, le trèfle, la spergule, les vesces récoltées vertes, les pois ayant porté graine, les fèves, les pommes de terre, le millet, le tabac, la navette, le lin, le sarrasin, l'orge d'hiver, le froment, le seigle, l'avoine. Il est inutile de revenir ici sur les influences du sol et des circonstances de température sur la réussite plus ou moins complète du seigle après telle ou telle plante.

Comme le seigle aime surtout une terre bien ameublie, il ne peut guère y avoir, pour un sol fortement lié, de meilleur précédent qu'une jachère complète. Le seigle talle plus fortement, rend mieux au boisseau, sa paille est plus ferme et plus nette, son grain est plus lourd et plus développé, que la paille et le grain venus après toute autre préparation.

Lorsque la terre n'est pas très-forte, la navette, surtout la navette repiquée, ne le cède pas beaucoup à la jachère comme précédent pour le seigle, ce qu'il faut attribuer d'abord à ce que les oléagineuses sont peu épuisantes, et surtout à ce que la navette évacue le terrain d'assez bonne heure pour permettre une façon équivalente à peu près à la jachère entre la récolte de la navette et la semaille du seigle. Cependant, sur un sol substantiel et un peu lourd, il vaut mieux semer après la navette de l'orge d'hiver ou du froment, et ne faire venir le seigle qu'après l'une ou l'autre de ces céréales.

« Il est rare, dit Schmalz, que, dans l'Altenbourg, on sème du seigle d'hiver après du trèfle, de la navette, des pommes de terre, des choux et des navets, lorsque le sol n'est pas trop léger pour produire du froment ; le plus communément on y sème le seigle après les pois, les vesces, les fourrages mêlés, la navette d'hiver ou d'été, le millet, la camomille, et après la jachère complète. »

Le pois, les vesces, les fèves binées, les vesces pâturées sur pied sont de bons précédents pour le seigle, surtout lorsque ces plantes ont été bien venues et qu'elles ont évacué le terrain d'assez bonne heure. Dans de pareilles circonstances et lorsque le terrain n'est pas lourd, ces précédents peuvent équivaloir à la jachère ; mais on ne peut pas leur attribuer la même valeur, lorsqu'elles n'évacuent pas le terrain d'assez bonne heure pour que le chaume puisse être retourné dans la première quinzaine de septembre, ce dont nous expliquerous la nécessité lorsque nous parlerons du temps de la semaille; il n'y a pas même lieu à faire exception pour les vesces pâturées sur place. « Depuis qu'il est de- « venu de mode, dit Koppe, de soutenir que les « plantes consommées en vert n'épuisent pas le sol, « j'ai examiné avec une attention particulière les « seigles semés après des vesces pâturées ou fauchées « vertes, et, toutes les fois que le pâturage s'est pro- « longé, je n'ai trouvé que du seigle misérablement « venu. »

A l'article de la spergule, nous verrons pourquoi elle est un bon précédent pour le seigle; cependant cela n'est tout à fait vrai que pour les sols sablonneux et de la spergule pâturée, mais non de la spergule fauchée. Koppe pourrait, non sans raison, nier cette assertion, en tant qu'appliquée à sa localité, le nord-est de l'Allemagne; mais elle est incontestable, en tant qu'appliquée aux sols sablonneux de la Belgique et de la Westphalie, bien qu'on ne s'y occupe guère de ce qu'on est convenu d'appeler assolement rigoureux et assolement libre. Seulement est-il vrai de dire que, dans ces contrées, on peut impunément semer le seigle plus tard qu'ailleurs.

Quoique sur un bon sol sablonneux le seigle vienne très-bien après le sarrasin, on se trouvera mieux, sur un mauvais sol sablonneux, de faire succéder du seigle à du seigle, que de l'intercalation d'une plante dont la réussite est aussi chanceuse que celle du sarrasin. Là seulement où, sur un pareil sol, on ne peut ou ne veut fumer tous les ans, il peut y avoir un petit avantage à intercaler une culture de sarrasin, parce que cela produit toujours quelque allégement de l'effort demandé au sol.

Comme sur un sol assez lié il n'y a pas de meilleure rotation que 1 tabac, 2 froment, de même sur un bon sol sablonneux il n'y en a pas de meilleure que 1 tabac, 2 seigle ; bien entendu, lorsqu'on est assez abondamment pourvu d'engrais.

De tous les précédents pour le seigle, le moins avantageux, peut-être, est la pomme de terre, après laquelle il est rare de le voir réussir. L'enfouissement de la semence à la charrue et l'usage du rouleau sont bien, dit Witten, un correctif, mais non un moyen suffisant, et les champs de pommes de terre, même quand ils ont été complétement fumés, produisent souvent de si médiocres récoltes de seigle, qu'à les voir on les croirait venues sur des champs épuisés d'engrais. L'expérience des paysans wurtembergeois de la forêt Noire concorde parfaitement avec cette observation, et il est devenu proverbial, parmi eux, qu'il ne faut jamais semer le seigle après la pomme de terre.

Sur les sols de sable argileux le froment et l'avoine conviennent toujours mieux après la pomme de terre que le seigle. Ce qui conviendrait mieux encore dans ce cas, après la pomme de terre, serait le méteil, en mélange de seigle et de froment. Il est remarquable qu'après la pomme de terre le seigle

donne beaucoup de paille et peu de grain, et le froment, au contraire, beaucoup de grain et peu de
paille.

Lorsqu'on veut que le seigle réussisse bien après
un trèfle ordinaire, il ne faut pas le semer sur le
chaume seulement rompu d'un seul trait, comme
cela a lieu pour le froment ; mais on doit bien déchirer le gazon par plusieurs labours. Cette règle
générale admet cependant quelques exceptions.
Dans les sables des bords de la Meuse et dans les
environs d'Anvers on ne donne, pour le seigle, après
le trèfle, pas plus de façons que pour le froment.
Quoi qu'il en soit, et partout où le froment, l'épeautre et l'avoine réussissent, ils conviennent mieux
après le trèfle que le seigle.

Les herbages dormants, dit Koppe, lorsqu'on
leur donne plusieurs façons pendant l'été, et lorsque le sol est plus propre au seigle qu'au froment,
sont, sans doute, la préparation qui assure les meilleures récoltes de seigle, et il rend souvent encore
plus après cette préparation qu'après une fumure
fraîche.

Les défrichements à l'abri de l'humidité peuvent
être semés de seigle, bien entendu lorsque le sol a
été rompu dès le printemps et traité en jachère pendant l'été. « Quand même, dit Koppe, toutes les
« racines ne seraient pas décomposées, quand même
« le gazon ne serait pas parfaitement divisé, on
« pourrait encore compter sur une bonne récolte
« de seigle. J'ai vu assez souvent de beaux seigles

« sur des défrichements que la charrue n'avait at-
« taqués qu'au mois de juin. Il vaut cependant tou-
« jours mieux de commencer les défrichements dès
« le mois de mars. » Mais, comme les défrichements
s'accordent difficilement avec les autres travaux qui
se pressent au printemps, il sera presque toujours
plus économique de les entreprendre en automne,
pour semer, au printemps, de l'avoine ou d'autres
céréales d'été, auxquelles suffisent très-bien les
façons qu'on peut donner dans l'intervalle et auxquelles peuvent alors succéder le seigle et même le
froment.

Il ne faut pas oublier une propriété particulière
au seigle, surtout dans les sols sablonneux, celle
de pouvoir se succéder impunément à lui-même
pendant plusieurs années. Il y a beaucoup de sols
sablonneux, même des contrées entières, où, de
temps immémorial, les récoltes de seigle se succèdent,
même sans interruption, par la jachère, ou d'une
culture quelconque *. Cette propriété n'a été ac-
cordée par la nature qu'à un très-petit nombre de
plantes et aucune ne la possède au même degré que
le seigle. De cette propriété découle la grande importance de cette céréale pour les contrées sablon-

* Je ne puis souscrire à ce qui est dit, à ce sujet, dans *les Principes
d'économie rurale rationnelle*, de Thaër; mais je me réserve de développer les causes de mon dissentiment, lorsque je traiterai des
assolements, sujet auquel ces développements appartiennent plus
particulièrement.

neuses dans lesquelles le seigle et la spergule sont les seuls produits possibles.

Pour prévenir tout malentendu, je dois rappeler ici, comme je l'ai déjà fait lorsqu'il a été question du froment, ce qui doit être pris en grande considération dans l'examen des précédents plus ou moins favorables à telle ou telle plante, je veux parler des influences souvent décisives qu'exercent la constitution du sol, sa force, sa préparation, le climat et même les différences des saisons sous un même climat. Et qui oserait poser des règles invariables sur un sujet soumis aux influences de tant de circonstances ? Nous avons dit ici tout ce qui pouvait être dit en général ; c'est à chacun à en faire son profit en tenant compte des circonstances particulières dans lesquelles il se trouve placé.

§ 4. *Préparation du sol.*

Les terrains sablonneux étant ceux dans lesquels le seigle se plaît le plus, il faut en conclure que, lorsqu'on veut en faire produire à un terrain plus consistant, il convient d'ameublir, autant que possible, ce terrain, et que, dans ce cas, le seigle doit atteindre sa plus forte proportion de produits. L jachère est donc d'autant plus essentielle et nécessaire, que le sol est plus lié. Nous reviendrons, plus loin, encore sur ce point.

a. *Après la navette.*

Lorsque, après la navette, le chaume peut encore être déchiré, lorsqu'on peut encore donner deux labours, et lorsque le dernier labour peut être donné d'assez bonne heure pour qu'il reste encore au sol trois semaines à un mois pour se tasser et pour se couvrir de mauvaises herbes avant la semaille, la navette ne le cède guère, comme précédent, à la jachère, même complète. Si la récolte a fait tomber sur le sol beaucoup de graines de navette, il convient de faire passer immédiatement la herse de fer et de laisser à ces graines le temps de lever avant de rompre le chaume, parce que, sans cette précaution, la graine de navette serait ramenée à la surface par le troisième labour et lèverait infailliblement avec le seigle. Lorsqu'on est pressé et lorsqu'on ne peut pas laisser à la graine de navette le temps de lever, il faut supprimer le troisième labour et se contenter du hersage et du double labour donné dans un temps plus court.

b. *Après le trèfle.*

Après le trèfle, on pèle d'abord superficiellement le chaume, on herse et on renverse immédiatement par un labour, ou bien on rompt par un trait de charrue; après quelques jours on herse, puis on laboure en travers, on herse encore et on donne le labour de semaille; ou bien on donne un double labour, comme dans le Brabant, c'est-à-dire on rompt avec la charrue qui donne le premier trait et on couvre avec une seconde charrue qui suit immédiatement dans le sillon ouvert par la première.

Deux labours donnés de telle sorte, que l'un relève le chaume de trèfle renversé par l'autre, sont une façon qu'aucun cultivateur intelligent ne donnera pour une semaille de seigle. Si sa surveillance avait été trompée et si son trèfle, au lieu d'être écorché, avait été renversé, comme à l'ordinaire, par un labour profond, et s'il ne voulait pas recourir au froment, à l'épeautre, ou à l'avoine, il ne lui resterait qu'un parti à prendre, celui de semer à tout hasard sur le gazon renversé, après l'avoir laissé reposer assez longtemps. Sur un terrain doux et sablonneux, il y aurait encore assez de chances de réussite; mais il y en aura très-peu sur un terrain tenace et argileux.

c. Après les pommes de terre.

Lorsque, après des pommes de terre, on veut avoir du seigle, au lieu de froment, de petit épeautre, ou de marsages, dont c'est la place naturelle, ce qu'il y a de mieux, c'est de ne pas labourer du tout, de se contenter d'unir le terrain à la herse, de semer et d'enfouir à la herse. On fume alors par-dessus et on peut appliquer à cette fumure les fanes mêmes de la pomme de terre. Dans quelques localités, on n'enfouit même pas la semence et on se contente de la couvrir avec la fumure. Lorsqu'on veut avoir du trèfle après du seigle ainsi traité, ce qui est parfaitement à sa place, il suffit, au printemps, de répandre la graine sur cette fumure, sans s'inquiéter du résultat, qui est presque assuré.

d. *Après le seigle.*

Lorsque le seigle doit suivre du seigle, sans qu'on ait de fumier à donner à la seconde semaille, il faut immédiatement écorcher et herser le chaume. Lorsqu'il est un peu desséché, on donne un labour, mais beaucoup plus profond que ceux donnés pour le seigle précédent. Le mieux est de donner un double labour, en faisant marcher deux charrues de suite dans le même sillon. Cette condition d'une plus grande profondeur de labour est indispensable, suivant l'expérience des cultivateurs du pays de Clèves, à la bonne réussite du second seigle. Ayant négligé pendant quelque temps l'observation de ce principe, ils ont bientôt remarqué une diminution de produit dans leurs secondes récoltes de seigle sans fumure; la récolte même ayant souvent manqué, ils se sont hâtés d'y revenir. Lorsqu'on répand de la chaux après avoir écorché le chaume avec le scarificateur, pour l'enfouir à la herse avec la semence, le second seigle devient souvent plus beau que le premier; mais, lorsqu'on donne une fumure au second seigle et lorsque le sol est net de chiendent, on n'y met pas autant de façon; on répand le fumier sur le chaume laissé intact, on renverse le tout ensemble par un labour, et, dans les sols légers, tout est prêt pour la semaille.

Seigle sur seigle, même en terrain argileux, n'est pas toujours une aussi mauvaise succession qu'on pourrait bien le croire, et elle paye souvent, mieux encore que l'orge, sa place et ses frais. Là où le versage est à craindre pour l'orge ou pour l'avoine, le plus sûr sera encore de faire venir le seigle une seconde fois.

e. *Après le sarrasin.*

Si le seigle se trouve généralement bien d'une certaine profondeur de labour, ce principe admet des exceptions, suivant les plantes qui lui servent de précédent. Nous avons déjà vu que cette exception avait lieu pour les pommes de terre. Quant au seigle succédant au sarrasin, M. de Benninghausen s'exprime ainsi, en parlant de l'agriculture du pays de Twent. « Ordinairement, dit-il, et autant qu'on le « peut, le chaume du seigle, comme celui de toutes « les autres céréales, ne se renverse que superficiel- « lement; mais, par exception, on ne renverse pas le « chaume du sarrasin, parce qu'il laisse le sol très- « propre, et on ne donne qu'un labour pour la se- « maille, pour ne pas remuer et ameublir inutile- « ment le sol : c'est d'ailleurs une règle fondée sur « l'expérience et reconnue par tous les bons culti- « vateurs qu'il ne faut pas labourer profondément « les champs qui ont porté du sarrasin, de manière « que, l'année suivante, la charrue puisse recher- « cher et ramener à la surface le fumier resté des « cultures précédentes. »

Néanmoins, dans les parties élevées du pays de Clèves, on regarde comme nécessaire de rompre et de herser le chaume de sarrasin, et l'on attribue à ses éteules, enfouies encore vertes, une action nuisible au seigle.

f. *Après l'orge d'hiver.*

Lorsqu'on veut semer du seigle après de l'orge d'hiver dans les excellentes terres des environs de Dortmund, on donne trois labours; les deux premiers superficiels et le troisième plus profond. Comme l'effet du second labour est de ramener à la surface le chaume qui avait été renversé par le premier, ils n'ont évidemment pour but que d'opérer le déchirement et la destruction du chaume et du tissu de racines de la surface.

g. *Après le froment.*

La préparation en usage chez les cultivateurs des parties hautes du pays de Clèves paraît plus rationnelle que celle qui vient d'être indiquée, lorsque, sur leurs meilleures terres, ils font succéder le seigle au froment. La récolte à peine enlevée, le chaume est aussitôt déchiré aussi superficiellement que possible. Après quatre ou cinq jours, lorsque les mauvaises herbes sont suffisamment étiolées, on donne un labour de 8 à 11 cent. et on herse. Aussitôt que les chiendents et les éteules déchaussés sont desséchés, on passe le rouleau et on herse. On enlève alors aussi complétement que possible le chiendent;

enfin on donne le labour de semaille à 16 ou 20 centimètres de profondeur.

En Belgique, on procède ainsi qu'il suit : aussitôt le froment enlevé, on pèle superficiellement et on herse, en ayant soin de soulever et de nettoyer souvent la herse. On passe le rouleau et on herse aussitôt une seconde fois très-énergiquement ; on réunit en petits tas et on enlève ensuite les herbes et le chiendent détachés par la herse. On laboure ensuite en billons et on fume dans les séparations. On ne donne pas un double labour, comme sur les trèfles rompus ; mais on donne le trait simple, très-profond, parce qu'on regarde ce labour profond comme très-favorable à la venue du seigle. Il est bien entendu que, lorsqu'on fume toute la surface, on n'enterre pas le fumier à une aussi grande profondeur ; on le répand alors sur les billons labourés, suivant le procédé particulier à l'agriculture belge , et qui sera plus amplement décrit dans la troisième partie de cet ouvrage.

h. Après l'avoine.

Lorsqu'on veut faire succéder du seigle à de l'avoine, on n'a pas de temps à perdre ; on rompt le chaume de suite et superficiellement, on herse, on répand le fumier et on laisse un peu reposer. On attend volontiers jusqu'à ce que l'avoine produite par les grains tombés à la récolte et les mauvaises herbes commencent à percer à travers le fumier. On laboure alors et on sème le seigle. Cette pratique est regardée comme une des meilleures ; mais celui qui la tenterait sur un sol un peu fortement argileux, après une récolte retardée, par une saison humide, ou qui voudrait laisser javeler longtemps son avoine avant de mettre la main à la charrue, compterait le plus souvent sans son hôte.

Sur des terres d'alluvion, on peut, à la rigueur, semer du seigle sur le chaume de l'orge d'été, sans avoir, pour cela, une moindre récolte ; mais sur de pareilles terres on peut se permettre des tours de force impossibles sur toutes les autres.

1. *Après les pois.*

Lorsqu'on veut avoir une bonne récolte de seigle après des pois, il faut donner la préférence aux pois hâtifs et leur appliquer la fumure, pour n'avoir pas à l'appliquer au seigle. « Le plus souvent, dit « Schmalz, je n'ai labouré qu'une fois le chaume des « pois. Lorsque le temps de semer le seigle n'était « pas encore arrivé, je me suis toujours bien trouvé « d'avoir laissé reposer la terre après ce labour. » Je dois même remarquer qu'il est toujours bon, et souvent nécessaire, surtout en temps sec, de faire passer le rouleau au lieu de la herse. Aussi malavisé, aussi nuisible il serait de passer le rouleau sur une terre labourée et destinée à reposer pendant l'hiver ; aussi utile, aussi nécessaire il est de donner cette façon à une terre qui ne doit avoir qu'un repos très-court et être semée à la fin de l'été ou au commencement de l'automne.

Dans l'Altenbourg, on est également dans l'usage de ne donner qu'un seul labour après les pois. Voici ce que dit, à ce sujet, M. Schweitzer de Mosen : « J'ai « vu quelquefois donner deux labours pour le seigle « après les pois, là où c'était un véritable contre- « sens ; mais j'ai toujours vu le seigle réussir le « mieux après les pois, sur un seul labour, lorsqu'on « l'avait enfoui à l'extirpateur ou par un fort her- « sage ; mais cette façon suppose toujours que la fu- « mure a été appliquée aux pois. Dans l'Altenbourg, « je n'ai jamais vu fumer après les pois, mais tou- « jours avant. »

Schmalz recommande aussi de rompre le plus tôt possible le chaume des pois, par la raison que la surface d'un terrain un peu lourd se brise et se dé- lite plus facilement lorsqu'elle est restée un cer- tain temps renversée ; « aussi, dit-il, me suis-je « toujours hâté de mettre la charrue dans mes « chaumes de pois, et ai-je toujours obtenu de la « sorte un terrain très-bien préparé pour la semaille. « Cependant, dit encore le même auteur, il faut « s'attendre à une moindre récolte du seigle après « les pois, lorsque le sol n'est pas garni d'engrais, « ou lorsque les mauvaises herbes n'ont pas été « assez complétement extirpées, que du seigle après « une jachère complète. »

k. *Après le lin.*

Le lin est le précédent après lequel on doit at- tendre la moins bonne récolte de seigle, même à condition d'une forte fumure. Mieux vaut, dans ce cas, faire pâturer avant la semaille de seigle, ou même faire pâturer après la semaille. Sur des sols propres au froment ou à l'épeautre, ces deux céréales conviennent toujours mieux que le seigle, après le lin. De toutes les céréales, la plus convenable, en tous cas, serait le petit épeautre, qui s'arrange du moins de force qui puisse rester au sol.

§ 5. *Engrais.*

Pour quelque récolte que ce soit, ainsi que pour le seigle, celui qui, dans un sol tout à fait épuisé, s'en reposera sur une fumure fraiche, sera presque toujours trompé dans son attente. Les sols de sable font seuls exception à cet égard, pourvu qu'on puisse leur donner du fumier court. Quelque peu difficile que soit le seigle, il ne donne jamais un produit considérable en grains, sans une fumure convenable, et ce produit est d'autant plus grand, qu'il trouve la fumure dans un état plus décomposé, ou qu'il trouve plus de vieille force dans le sol. « Chez nous, dit un cultivateur du Holstein, « où il faut tout attendre du fumier frais, et où l'on « en donne une grande quantité à une couche végé- « tale très-légère, le seigle rend presque toujours « une très-grande quantité de paille, mais souvent « aussi une quantité tellement minime de grains,

« que c'est une question très-douteuse que celle de
« savoir s'il paye les frais du battage. »

« Il est reconnu, dit Schmalz, que le seigle se
« contente plus facilement que le froment d'un sol
« léger et maigre; mais on pousse l'application de
« ce principe trop loin, lorsqu'on sème du seigle
« dans un sol très-épuisé et sur lequel on pourrait
« calculer à l'avance que les produits ne couvriront
« pas les frais. Une terre maigre exige plus de fa-
« çons qu'une terre substantielle, lorsqu'on veut
« faire produire quelque effet au peu de force pro-
« ductive qui lui reste, et il faut employer une bien
« plus grande quantité de semence, parce qu'il n'y
« a pas de tallement à espérer. » Que dire, après cela,
de ces paysans allemands qui, ne pouvant espérer plus
de trois fois leur semence, n'en sèment pas moins
du seigle? Ce n'est pas ainsi qu'on entend la culture
dans les sables les plus maigres des Pays-Bas. Dans
la Campine brabançonne, comme dans les environs
de Twente, on fume tous les ans et cela en très-forte
proportion. On ne fume, il est vrai, que rarement
avec du fumier d'étable pur, qui ne conviendrait
pas très-bien; on emploie communément le fumier
de pelage, mélangé de sept parties du gazon et d'une
partie de fumier, dont nous avons décrit la préparation dans la première partie de cet ouvrage.

Dans les sols sablonneux des bords de la Meuse,
on sème le seigle sur les trèfles rompus par un seul
trait de charrue et on fume par-dessus avec des
lizées. Cette fumure fournit au seigle une première

nourriture, en attendant que la nature lui en ait préparé une autre par la décomposition des racines du trèfle.

A Hoerdt, en Alsace, ce village à culture classique et à sol de sable, on sème toujours le seigle après les pommes de terre ; mais, comme, dans un pareil sol, il n'est possible de rien produire sans fumure, et comme du fumier si tardivement donné ne profiterait pas ou pourrait même devenir nuisible au seigle, on fume avec des fanes de navets, qu'on rassemble à cet effet. Suivant l'expérience des cultivateurs de cette localité si avancée, aucun autre engrais n'est à comparer, en pareilles circonstances, à l'engrais vert. Il faut que la conviction sur ce point soit bien forte, pour qu'on se détermine non-seulement à priver ses bestiaux d'un bon fourrage, mais à aller encore acheter au loin la matière de cet engrais. Les fanes étendues, on les enterre d'un trait de charrue, on sème et on herse. Au printemps, on donne encore un hersage.

§ 6. *Temps de la semaille.*

Il importe plus qu'on ne le croit communément, et plus que pour toute autre céréale, de bien observer, pour le seigle, le temps et les circonstances les plus favorables pour la semaille : il est bientôt dit qu'elle doit avoir lieu dans l'intervalle de quinze jours avant et quinze jours après la Saint-Michel ;

mais, pour assurer une bonne récolte, il faut prendre en considération d'autres indications encore que celles du calendrier ; et cette indication, même abstraction faite de toute autre considération que celle d'époque habituelle, il ne faut pas encore la regarder comme généralement exacte. Nous allons, en conséquence, jeter un coup d'œil sur les considérations les plus importantes à examiner en concurrence avec cette indication.

Le seigle exige premièrement un sol bien préparé et très-ameubli ; secondement un sol contenant des engrais ou des substances de facile décomposition, le repos, la disposition fermentescible du sol ; troisièmement un temps sec pour la semaille ; quatrièmement une semaille faite de bonne heure. En ce qui concerne la première condition, nous avons déjà fait connaître les travaux de préparation pour le seigle, et ces travaux sont faciles dans les sols appropriés à cette culture, les sols légers. Dans des sols sablonneux, en particulier, les labours trop répétés ne sauraient produire que des effets nuisibles. « A quoi bon, disent les vieux paysans, ameublir « encore nos sables ? Ils sont déjà bien assez meu- « bles. » Et cette observation n'est pas sans fondement ; en me contentant de rapporter ici cette observation, je me réserve de revenir sur ce sujet et de rapporter le fruit de mes propres expériences lorsque je parlerai des travaux de labourage. Je ne parle ici des travaux préparatoires à la semaille du seigle que pour insister de nouveau sur la nécessité de les faire d'assez bonne heure pour que la seconde condition puisse être remplie, pour que le sol puisse se reposer le temps nécessaire après la dernière façon. Rien n'est plus contraire à la réussite du seigle que de le semer sur un sillon frais ouvert; rien ne lui convient mieux que d'être semé sur une terre ayant trois semaines à un mois de repos. Pourquoi il en est ainsi, c'est ce que nous ignorons; nous savons seulement qu'il en est ainsi, parce que l'expérience s'obstine toujours à nous l'apprendre; et, comme il s'agit d'un fait d'expérience, il me parait important de rapporter ici quelques témoignages éclairés; car, si une bonne appréciation de temps peut assurer au travail du cultivateur un salaire plus considérable, l'observation, celle surtout des hommes capables d'observer le mieux, doit être le meilleur guide.

« Dans la meilleure partie du sol de ma localité, « dit Koppe (*Examen des systèmes d'agriculture,* « page 104), deux pièces, l'une de pois, l'autre de « fourrages mêlés de vesces, se trouvaient conti- « guës l'une à l'autre : pour les pois, une faible « fumure avait été donnée en hiver; le mélange de « fourrages et de vesces avait reçu, en juin, une fu- « mure presque double de celle donnée aux pois. « Le fourrage était aussi dru, aussi haut que possi- « ble; les pois étaient également bien venus : ceux-ci « furent récoltés au mois de septembre, et la charrue « entra immédiatement dans le champ. Les fourra- « ges, pâturés en vert, laissèrent le sol libre dans le « commencement d'octobre. Il fut immédiatement

« labouré et semé en seigle le même jour que l'autre
« champ qui avait été labouré un mois plus tôt. La
« semaille leva également avant l'hiver sur les deux
« champs ; mais, sur le champ de pois, il ne tarda
« pas à se montrer plus dru et plus vigoureux. » Et
cependant les pois avaient été faiblement fumés et
les fourrages l'avaient été fortement ; les pois étaient
arrivés à maturité, avaient porté leur graine, et les
fourrages avaient été pâturés verts. La différence
dans les récoltes de seigle ne pouvait tenir qu'au
repos du sol et à sa disposition fermentescible.

Quant au seigle succédant au seigle, on trouve
les paroles suivantes à la page 106 de l'ouvrage cité
tout à l'heure. « On regarde comme indispensable,
« pour donner des chances de réussite à cette cul-
« ture, de renverser le chaume aussitôt la première
« récolte enlevée, afin de laisser reposer le sol et
« de lui laisser le temps d'agir sur les détritus qu'il
« contient. »

« Dans la Twente, dit M. de Bœnninghausen, on
« ne sème pas volontiers le seigle dans le sillon nou-
« vellement ouvert ; on ne s'y résout que par néces-
« sité, lorsque la sécheresse en fait une loi. On
« laisse au sol et autant qu'on le peut le temps de
« se reposer. » Le sol de la Twente est sablonneux.

« Il arrive souvent, dans la province que j'habite,
« dit Schmalz, qu'un arpent reste plusieurs semai-
« nes, souvent un mois et plus sur son labour, à
« sillons ouverts, et je n'en ai jamais découvert l'in-
« convénient ; j'en ai remarqué, au contraire,

« l'avantage, celui de récoltes de seigle plus abon-
« dantes et plus sûres, dans un pays très-exposé
« aux vents. La surface s'est déjà tassée, lorsque la
« semence est confiée au sol ; il est, par conséquent,
« plus en situation de retenir l'humidité, la semence
« germe plus promptement et plus parfaitement, et
« le sol se couvre plutôt d'une belle verdure. Pré-
« cédemment déjà, et lorsque je cultivais en Saxe,
« j'avais reconnu qu'il y avait avantage à labourer
« de suite et à laisser reposer pendant quelques se-
« maines le chaume renversé des pois et du trèfle,
« avant de semer le seigle. »

Sur les bords de la Meuse, que j'ai habités si longtemps, on laisse aussi les champs destinés au seigle sur leur labour pendant plusieurs semaines. On voit avec plaisir que les mauvaises herbes aient le temps de se montrer en grand nombre sur le sol en cet état. A quelque point que les mauvaises herbes, le chiendent excepté, remplissent les sillons, on re-garde comme plus avantageux de répandre la se-mence par-dessus et de faire jouer ensuite la herse d'autant plus énergiquement, que de la faire passer une fois avant la semaille.

Ainsi s'expriment des hommes qui ont fait des expériences sur une grande échelle et qui ont ob-servé des contrées entières pendant un grand nombre d'années.

Les expériences plus restreintes, mais si con-sciencieuses de M. de Witten, méritent une attention particulière. Qu'il me permette de m'emparer de ce

qu'il dit dans son excellent écrit sur la culture perfectionnée et d'en augmenter l'utilité, en élargissant,
pour cette partie du moins, le cercle de sa publicité.
« Aussi peu, dit-il, qu'on peut s'attendre à un ré-
« sultat satisfaisant d'une semaille tardive confiée
« à un sillon nouvellement ouvert, aussi peu con-
« vient-il d'ajouter foi au proverbe : un labour de
« plus, un épi de plus par graine. Mais le résultat
« est assuré lorsque le sol a été retourné, aussitôt
« après la récolte, par un seul labour donné avec
« soin dans la première quinzaine d'août ; lorsque
« le seigle est semé sur le sillon brut resté ouvert
« pendant un mois, ainsi vers le milieu de sep-
« tembre, pour être enfoui à l'extirpateur et le sol
« uni à la herse. Lorsque, dans l'intervalle entre le
« labour et le temps de la semaille, le sol n'a pas été
« tassé par des averses, le travail de l'extirpateur,
« pour enfouir la semence, peut être suppléé par
« celui de la herse. » Même dans le cas où le sol a
été tassé par des averses, l'extirpateur peut être suppléé par des herses. Dans ce cas, il faut faire pré-
céder le semeur d'une forte herse de fer, bien
chargée, attelée, au besoin, de quatre chevaux, et le
faire suivre d'une herse en bois.

« Quelques cultivateurs, dit plus loin M. de Witten,
« ne labourent les chaumes de pois et de vesces
« qu'une fois, et seulement au moment de la se-
« maille ; ainsi ils permettent à ces terres de se
« gâter extraordinairement pendant l'intervalle de
« la récolte au labour, dans quelque bon état que

« ces récoltes l'aient laissé, parce que le sol se gâte
« beaucoup plus vite qu'il ne s'améliore.

« D'autres pensent prévenir les inconvénients de
« la pratique précédente en recourant à la répétition
« des labours. Mais ce correctif ne paraît pas exer-
« cer, surtout dans les sols meubles, une influence
« favorable sur la réussite du seigle, dont il lui ar-
« rive trop souvent de retarder la semaille. Une
« pratique, plus raisonnable, est encore suivie par
« quelques cultivateurs, et consiste à faire passer
« immédiatement l'extirpateur dans les chaumes des
« pois et à labourer vingt ou trente jours après pour
« la semaille.

« L'expérience, cependant, a montré les plusgrands
« avantages attachés à la pratique de labourer aussi-
« tôt après la récolte des pois, pour semer le seigle
« sur le sillon reposé pendant trois semaines à un
« mois et enfouir à l'extirpateur. »

Pour ajouter à l'autorité de ces observations, M. de
Witten les fait suivre des résultats de l'expérience
de chacune de ces pratiques, dont voici le résumé :

a. Huit scheffels de semence, confiés immédiatement à un labour donné le 8 septembre : rendement, 45 scheffels.

b. Huit scheffels de semence ; premier labour le
8 août ; second labour le 8 septembre ; semaille :
rendement, 43 scheffels.

c. Huit scheffels de semence ; trait d'extirpateur
le 8 août ; labour le 8 septembre ; semaille : rendement, 48 scheffels.

d. Huit scheffels de semence ; labour le 8 août ; trait d'extirpateur le 8 septembre ; semaille ; trait de herse : rendement, 54 scheffels.

De ces expériences comparatives, il ressort 1° que le seigle a plus mal réussi après deux labours qu'après un seul. (Comparé, expériences *a* et *b*.)

2° Que la façon préalable à l'extirpateur a produit quelque effet (comparé, *c* et *a*); mais que cet effet est moindre que celui de la façon à l'extirpateur donnée après la semaille. (Comparé, *c* et *d*.)

3° Qu'il faut attribuer le désavantage des expériences *a*, *b*, *c* au labour donné immédiatement avant la semaille.

Dans un autre tableau, M. de Witten expose cinq expériences, dans lesquelles l'extirpateur ne parait pas avoir été employé, et qui sont destinées à démontrer plus particulièrement les inconvénients attachés à la pratique de semer le seigle sur un labour nouveau.

Ce n'est pas tout à fait sans raison cependant que, malgré les résultats de ces expériences, on objecte au principe qui recommande le labour immédiat et le repos du sol les difficultés de son exécution; et, en effet, le commun des cultivateurs est content lorsque ses travaux de façon arrivent à leur terme à l'époque des semailles. Les faibles, les négligents, les paresseux arrivent à peine à temps, et c'est le grand nombre ; les prévoyants, les actifs, les forts sont les seuls que le temps presse rarement. Une récolte retardée, une fin d'été pluvieuse, le retard forcé des travaux et d'autres circonstances imprévues viennent trop souvent déranger les meilleures prévisions ; mais faut-il renoncer au mieux , pour cela seul qu'on ne peut pas l'atteindre toujours ? C'est déjà un grand avantage que celui de connaître ce mieux et de s'efforcer, autant que possible, de l'atteindre. Et, dans le cas qui nous occupe, c'est déjà beaucoup de savoir, lorsque tant d'obstacles peuvent empêcher de les donner, que plusieurs labours ne valent pas un seul labour donné aussitôt après la récolte ; c'est déjà là du temps et du travail épargnés.

La troisième condition que nous avons indiquée comme nécessaire pour assurer un bon résultat est celle de semer de bonne heure. Lorsque cette condition ne peut pas s'accorder avec celle de laisser reposer le sol pendant quelques semaines après le labour, l'une des deux conditions, impossible à accorder, doit céder ; il faut retarder la semaille lorsque le labour a été retardé. *Mieux vaut semer quinze jours plus tard qu'à l'ordinaire dans un sol reposé que semer quinze jours plus tôt dans un sol nouvellement retourné.*

Mais ces retards ne peuvent arriver , dans des circonstances ordinaires, après la jachère complète, après le trèfle , lorsque, n'en ayant pris que deux coupes, on le défonce par un double labour ; après les pois et les vesces, lorsqu'on donne un seul labour aussitôt après la récolte. Ces retards ne peuvent être causés que par des circonstances extraordinaires ; par exemple, un été continuellement humide et pluvieux. Les règles de semer de bonne heure et de laisser reposer le sol après le labour sont donc d'une facile concordance, à laquelle des circonstances extraordinaires peuvent seules faire obstacle.

Ces principes généraux établis, il s'agit de déterminer, quant à la date, si je puis m'exprimer ainsi, le moment le plus favorable pour la semaille, en tant, du moins, que les différences des climats et des situations permettent cette détermination.

Ainsi, en Estonie, en Courlande, en Lithuanie, on sème de très-bonne heure. On commence à semer dès la mi-août, et on ne sème pas plus tard que le 10 septembre ; on finit ainsi au temps où l'on commence chez nous, parce que dans ce pays l'automne commence de bonne heure, et qu'il règne au printemps des vents du nord très-froids, à l'influence desquels ne peuvent résister que les seigles semés d'assez bonne heure pour avoir pu taller complétement avant l'hiver.

Bien qu'il ne puisse guère être question, chez nous, de semer du seigle au mois d'août, et encore qu'au témoignage de Schmalz les cultivateurs de ces provinces septentrionales puissent être taxés de quelque exagération dans l'application d'un bon principe, il n'en reste pas moins établi qu'il convient de hâter la semaille du seigle autant que possible, en tenant compte, toutefois, des considérations accessoires qu'il importe de ne pas négliger. La règle de semer de bonne heure est surtout applicable aux terrains maigres, dans lesquels une semaille hâtive peut seule permettre à la plante d'atteindre à temps utile le degré de développement et de force nécessaire pour pouvoir résister aux rigueurs de l'hiver. Dans des terrains gras, au contraire, il peut être à craindre qu'une végétation trop avancée dans l'arrière-saison n'entraine, plus tard, à sa suite de graves inconvénients. Thaër ne partage cependant pas cette dernière opinion, et il exprime sa contradiction dans les termes suivants, que nous croyons utile de rapporter :

« La crainte de voir du seigle semé trop tôt, par
« conséquent en force pour l'hiver et bien tallé, ex-
« posé à une végétation excessive dans l'arrière-sai-
« son, n'est qu'un préjugé. J'ai semé du seigle,
« dans ces conditions, dès la fin de juillet, sur un
« sol qui était encore couvert à la St-Michel, d'un
« herbage très-dru, et pas un épi n'a dépassé la
« croissance ordinaire de la saison. Les feuilles déve-
« loppées dans l'arrière-saison pourrirent pendant
« l'hiver ; mais les plants restèrent parfaitement
« sains, ainsi que toutes leurs talles, et la végéta-
« tion se rétablit très-régulièrement au printemps.
« Toutefois il peut être convenable de faire pâturer
« avant l'hiver les semailles qui se montrent les plus
« drues et les plus avancées. Je suis convaincu que
« c'est une condition capitale, pour assurer et pour
« augmenter la récolte du seigle, que de le semer
« de bonne heure, que la pratique de la Courlande
« et de la Livonie ne tient pas seulement au climat,
« et qu'elle devrait être imitée dans des climats plus
« doux. Plustôt on est en mesure de semer, et plus on

« a de marge pour choisir le temps le plus favorable
« à la semaille. *Car semer par le mauvais temps,*
« *dans le seul but d'avoir fini la semaille de bonne*
« *heure, c'est ce qu'on peut faire de plus mal.* »
Paroles d'or !

Nous avons déjà trouvé établi dans des provinces
septentrionales l'usage de semer le seigle de bonne
heure ; nous le trouvons encore dans des provinces
beaucoup plus méridionales, dont l'élévation seule
produit quelques circonstances atmosphériques et
de température, présentant quelque analogie avec
celles des premières. Voici ce que dit Burger sur sa
localité, la Carinthie :

« Le seigle d'hiver doit être semé de très-bonne
« heure en automne ; car, comme il forme ses épis
« de très-bonne heure au printemps, son rende-
« ment dépend beaucoup plus de la quantité de ra-
« cines et de talles qu'il pousse avant l'hiver que
« de celles qu'il pousse au printemps. Le seigle semé
« tard reste toujours plus clair, à moins qu'il n'ait
« été semé dans une terre très-riche et que la tem-
« pérature du printemps ne soit extraordinairement
« favorable. Dans les pays froids et pour les cantons
« élevés, l'application de la règle de semer de bonne
« heure est une nécessité. Sa transgression entraine
« moins d'inconvénient pour les terres sur lesquelles
« la neige ne séjourne pas longtemps, et dans les-
« quelles la végétation ne reste pas longtemps sus-
« pendue. Sur les hauteurs, le moment ordinaire

« de la semaille est le 25 août, sur les coteaux le 8,
« et dans la plaine le 15 septembre. »

Ce qui précède me semble nous avoir conduits à
l'appréciation des époques normales pour la semaille
du seigle et à la fixer comme elle l'est généralement
dans la pratique ; ainsi , guère plus tôt que quinze
jours avant la Saint-Michel , et guère plus tard que
huit ou quinze jours après , et, pour certaines contrées sablonneuses , jusqu'en novembre et même
jusqu'en hiver. On observe , dans l'application , de
hâter le travail sur les sols maigres et humides et
de le retarder sur les sols riches et secs. La semaille
tardive rend bien mieux même, *quand elle réussit,*
que la semaille hâtive ; la semaille hâtive est *plus
sûre ;* elle rend plus de paille et en moyenne plus
de grains que celle qui est faite peu avant ou peu
après la Toussaint , bien qu'on puisse citer de cette
dernière quelques rendements extraordinaires qu'on
ne peut pas citer de la première ; citation que le
père ne doit jamais faire devant le fils.

Cependant, comme je crois l'avoir déjà dit , le
cultivateur fait beaucoup plus souvent ce qu'il peut
que ce qu'il veut ; il fait très-souvent ainsi de nécessité vertu ; il fait des exceptions là où il ne dépend pas de lui de suivre la règle, pour ne pas abandonner le bien par la seule raison qu'il ne peut pas
arriver au mieux. Il ne faut pas perdre de vue les
sages paroles de Schmalz : « *J'aime mieux bien
« préparer et bien fumer mes champs* (il aurait
« pu ajouter : *et les laisser reposer quelque temps),*

« *sauf à semer quelques jours plus tard , que de*
« *semer des champs mal préparés et sans engrais.* »
« Les exploitations où l'on nourrit à l'étable produi-
« sent beaucoup de fumier en été , et plus peut-être
« que dans les autres saisons : dois-je, dans ce cas,
« laisser croupir mes fumiers, laisser une partie de
« mes terres non fumées , ou même ne pas les se-
« mer, seulement pour ne pas transgresser la règle?
« Non , je perdrai moins à cette transgression qu'à
« ne pas utiliser mes engrais en retardant un peu
« mes semailles. »

M. de Bœnninghausen nous rapporte aussi quelques observations d'expériences prises dans la culture de Twente. « On regarde comme le meilleur
« moment pour la semaille la semaine avant et la
« semaine après la Saint-Michel, et on se règle sur-
« tout sur l'époque à laquelle a eu lieu la récolte.
« Plus tôt la récolte a eu lieu, plus tard on sème ;
« plus tard elle a mûri , plus tôt on se croit obligé
« de semer ; et on observe cette règle aussi rigou-
« reusement que possible. La Saint-Jacques est, par
« conséquent, l'époque moyenne de la récolte, comme
« la Saint-Michel est celle de la semaille. Une ex-
« périence faite pendant un grand nombre d'années,
« par les cultivateurs les plus expérimentés, a dé-
« montré la vérité de l'adage , que l'année 1817 a
« particulièrement confirmée : *Le seigle qui a mûri*
« *lentement et qui a été récolté tard lève lentement*
« *et tardivement*, et par conséquent il faut le semer
« d'autant plus tôt. »

« Lorsque, dans la Twente, continue le même
« observateur, on se trouve dans la nécessité de
« retarder la semaille au delà de l'époque moyenne
« fixée, parce que le sol n'a pas été libre d'assez
« bonne heure, on observe particulièrement *de ne*
« *pas faire la semaille dans les jours dits* kienel-
« tage, *qui tombent vers le milieu d'octobre et durent*
« *huit jours.* On croit généralement que le seigle
« semé pendant ces jours s'élève en hauteur aussitôt
« après avoir germé, pour retomber bientôt et périr
« sur le sol. Je n'ai jamais pu avoir le cœur net sur
« le plus ou moins de fondement de cette croyance,
« bien que j'aie vu souvent périr de la sorte du sei-
« gle semé à cette époque. L'année dernière encore,
« j'ai trouvé dans mon canton, où l'on ne sait ce
« que c'est que les *kieneltage*, un champ ainsi cou-
« ché, et l'un de mes valets, élevé dans la Twente,
« n'hésita pas à accuser de ce résultat une semaille
« faite à l'époque proscrite dans son canton. Dans
« d'autres localités encore on a observé que cette
« époque était défavorable à la semaille du seigle, et
« l'on croit qu'il revient plus tard une autre époque
« favorable, sans pouvoir se rendre compte de cette
« singularité.

« Il y a incontestablement encore dans la nature
« un si grand nombre de secrets jusqu'à présent
« inexplicables ou inconnus, que nous ne devons
« pas nous étonner qu'on fasse encore, chaque jour,
« les plus singulières découvertes; et, lorsque des

« coutumes se sont établies sur des découvertes ou
« des observations sans explication, et sont généra-
« lement suivies, elles prennent, à mes yeux du
« moins, et par cela même, un grand degré de con-
« fiance. »

Il ne faut pas cependant perdre de vue que l'a-
vantage de semer de bonne heure n'est pas tout à
fait sans exception. Là, par exemple, où, à cause
d'un mauvais sous-sol, on ne peut labourer que superficiellement, et où l'habitude de ces labours est
établie, les racines du seigle ont bientôt atteint ce
sous-sol; comme elles ne peuvent pas y pénétrer,
elles changent de direction, s'étendent horizonta-
lement et vont se mêler les unes dans les autres.
Cette extension latérale des racines fait d'autant
plus de progrés, qu'il se passe un temps plus long
entre la semaille et la suspension de végétation cau-
sée par l'hiver. Il en résulte au commencement une
forte et prompte végétation, mais qui épuise si fort
et si promptement une couche végétale de peu d'é-
paisseur, qu'il ne reste plus de sucs nutritifs pour
l'époque à laquelle doit avoir lieu le principal développement de la plante, qui ne peut ainsi prospérer
sans le concours de circonstances atmosphériques
spécialement favorables. « Cette expérience, dit
« M. de Bœnninghausen, ainsi que la règle de semer
« plus tard, à laquelle elle sert de base, est générale
« dans plusieurs contrées des bords du Rhin, et
« j'en ai rencontré l'application dans un voyage jus-
« que sur des hauteurs presque arides, où la neige

« vient souvent surprendre le cultivateur occupé
« de semer son seigle. »

Dans les pays de sable, la semaille se retarde
souvent, comme nous l'avons déjà dit, jusqu'à
Noël, quelquefois même jusqu'à la Saint-Pierre en
février. Il n'y a rien à craindre, dans ce cas, pour
la semence ; fût-elle même surprise, pendant la
germination, à l'état laiteux, par une forte gelée,
elle n'en souffrirait pas davantage que celle du froment. Le seigle peut germer et lever sous la neige,
aussi bien que le froment et l'épeautre. La réussite
dépend alors des conditions climatériques du printemps. Le versage n'est pas à craindre ; mais jamais une semaille tardive n'égalera, dans des circonstances d'ailleurs égales, le rendement d'une
semaille faite de meilleure heure.

§ 7. *Quantité de semence.*

S'il faut examiner beaucoup de considérations
pour répondre à cette question : Quand faut-il semer
le seigle ? il faut en examiner presque autant et
d'également importantes pour répondre à celle-ci :
Combien faut-il prendre de semence pour telle surface ?

En général, la proportion de semence est la même
pour le seigle que pour le froment. Bien que les
grains du seigle soient sensiblement plus petits que
ceux du froment, bien qu'il en entre, par conséquent,
un nombre plus considérable au boisseau, l'équili-

bre se rétablit, parce que le seigle talle moins que le froment.

On sème par hectare :

Dans le Brabant :

A Edegheim, } Sable argileux.		1,35 hectol.
A Waarloss, }		1,50
A Eckeren, } Terres d'alluvion.		1,80
A Oordam, }		1,80
Campine, Sable.		1,50

En Flandre :

Alost, } Sable argileux riche.		1,70
Woorde, }		1,50
Melle, Sable.		1,20
Dans la Flandre occidentale :		1,65
L'Altenbourg.		1,85
Le Palatinat.		1,75
En Angleterre.		1,70
En Autriche et en Carinthie.		2,10
Dans les mêmes pays.		3,20
Docteur Burger, avec le semoir.		1,90
Le comte de Podewils, hauteurs.		1,90
Le même, bas-fonds.		2,40
A Hohenheim jusqu'à présent.		2,70

(Mais je me suis assuré que cette proportion était trop forte, et que celle de 1,75 hectolitres était suffisante.)

La moyenne de ces indications donne   1,80

Outre la moyenne des proportions les plus usitées, il n'est pas sans intérêt de connaître aussi les extrêmes , et nous croyons devoir en rapporter un exemple. « La culture du seigle dans la Twente, dit « M. de Bœnninghausen , n'offre guère , parmi les « soins particuliers dont elle est l'objet, de circons- « tance plus singulière que la forte proportion de « semence employée dans cette localité. La quantité « ordinaire est de 4,25 hectolitres par hectare , ce « qui semblerait, dans nos pays, une dilapidation au « delà de toutes les bornes. Et cependant l'expé- « rience se prononce constamment en faveur de cette « forte proportion ; quelques cultivateurs qui ont « tenté de la diminuer ont éprouvé une diminution « proportionnée de leur récolte. » Cette énorme quantité de semence est un fait d'autant plus remar- quable, qu'en Belgique et dans les pays de sable, en général, on n'emploie guère qu'une moyenne de 1,50 hectolitre de semence par hectare. Ce fait nous confirme encore l'adage qu'il n'y a pas de règle sans exception.

On ne sème ordinairement que du seigle de la dernière récolte, et ce n'est que par nécessité qu'on en sème de l'avant-dernière. Comme cet usage est général, il ne saurait être sans fondement. Du seigle de deux ans, bien mûri, bien conservé , pourrait, sans doute, être semé sans inconvénient ; mais il est toujours plus sûr de se conformer à l'usage. Dans tous les cas , il faut semer plus dru le seigle de deux ans que celui de l'année , parce qu'une partie des grains peut avoir perdu la faculté germinative. En semant du seigle de deux ans , le semeur doit raccourcir son pas, parce que la siccité du vieux seigle le rend plus difficile à empoigner. C'est par cette raison qu'on dit proverbialement que le vieux seigle se défend de sortir du sac.

Quoique le brôme séglin (*bromus secalinus*) (qu'il ne faut pas confondre avec l'ivraie, la zizanie, *lolium temulentum* ; le premier, propre à la sustentation ; la seconde ne pouvant entrer qu'abusivement dans la fabrication de la bière, qu'elle rend malsaine et enivrante) soit communément considéré comme une mauvaise herbe du seigle, il y a des pays humides dans lesquels, la récolte du seigle étant chanceuse, on sème du brome avec le seigle, parce qu'il supporte mieux l'humidité que le seigle, et qu'on préfère n'avoir qu'une récolte de brome à n'en avoir pas du tout. Dans les années sèches, le mélange du brome cause peu de dommage au seigle, parce qu'il prend facilement le dessus et étouffe son rival. Dans les années humides, le champ de bataille reste au brome. Ainsi j'ai vu, en 1816, des champs de ce mélange dans lesquels le brome entrait pour les quatre cinquièmes. Sans ce mélange, ces champs n'auraient presque rien produit. Comme addition au seigle, le brome peut entrer dans la panification ; en 1816 même, on apprit à le consommer seul et sans mélange d'aucune autre céréale, et, sans ce secours, certaines contrées de la Westphalie auraient presque absolument manqué de pain. Pour les chevaux, le brome est, à volume égal, aussi nourrissant que l'avoine ; les contrées

dans lesquelles on le cultive de la sorte ont un bon
sol, rendu humide par sa situation basse et sa surface parfaitement plane; mais ce serait le lieu de
mettre en question si, dans de telles circonstances,
il ne vaudrait pas mieux cultiver le froment que
le seigle.

Lorsque le brome prend le dessus, comme plante
parasite, dans un sol habituellement humide, il
devient presque impossible de l'extirper; il se ressème de lui-même dans une très-forte proportion
et ne lève qu'au printemps sous la protection du
seigle : on ne peut le faire disparaître qu'en renon-
çant pour quelques années à la culture du seigle et
en recourant à des cultures contraires à son développement.

§ 8. *Enfouissement de la semence.*

Le seigle ne souffre pas une couverture aussi
lourde que les autres céréales, et on ne la trouve
appliquée que par exception. Sous une température
sèche et dans un sol très-ameubli, il peut être de
quelque utilité de couvrir la semaille par un labour
très-superficiel; mais, dans tous les autres cas, il
y aurait, sans doute, plus d'inconvénients que d'avantages. Et pourquoi faire avec la charrue, sans nécessité, un travail qui se fait mieux et plus vite à la
herse? Ce n'est pas le lieu de discuter ici la question
de savoir si l'emploi de l'extirpateur ne doit pas être
substitué à celui de la herse pour ce travail, et nous

reviendrons plus loin sur cette question. En attendant, je puis rassurer complétement les cultivateurs auxquels leurs facultés ne permettent pas d'augmenter leur matériel par l'acquisition de nouveaux instruments ; mon expérience m'a convaincu que, pour le travail qui nous occupe, ils peuvent le faire tout aussi bien, tout aussi utilement, avec une bonne herse.

La règle fondamentale est de n'enfouir le seigle que superficiellement. Ainsi que le disent les paysans, la semence de seigle aime à voir le ciel. Lorsqu'on lui donne une couverture un peu épaisse, elle n'a pas la force de la percer et elle pourrit, surtout dans les terrains lourds.

Dans le pays où j'ai eu longtemps une exploitation, et dont le sol argileux est presque aussi propre à la culture du froment qu'à celle du seigle, on enfouit la semence de seigle de la manière suivante. Après le labour, on passe le rouleau et non la herse ; le sol reste dans cet état pendant trois semaines ou un mois. Plus il se montre de mauvaises herbes, pourvu que ce ne soit pas du chiendent, plus le cultivateur intelligent est satisfait. On sème sur le sol en cet état et on herse légèrement ; on passe le rouleau et on herse énergiquement ; on roule encore, et on donne encore un fort trait de herse.

Une autre règle fondamentale est d'enfouir par un temps sec, ou, pour mieux dire, de confier de la semence sèche à une terre sèche. Il ne faut pas même semer pendant que le sol est humecté par la rosée, et il faut attendre qu'elle se soit dissipée. Le brouillard est plus nuisible encore que la rosée. Lorsque le seigle a été semé à sec, la pluie peut survenir sans inconvénient.

Si quelqu'un pouvait contester l'importance de toutes les observations, de toutes les recommandations que j'ai cru devoir faire en parlant de la semaille et des soins de culture du seigle, je le renverrais aux expériences du comte de Podewils, où il verrait que, sur 82 grains de seigle, sains et choisis, semés dans un sol sablonneux, il en manque 50, et que, sur 94 semés dans un sol plus lourd, il en manque 59.

On peut résumer ainsi qu'il suit nos observations, peut-être trop étendues, et nos conseils sur la culture du seigle :

1. Préparer pour le seigle un sol bien travaillé et bien ameubli.

2. Ne jamais semer sur un nouveau labour, mais seulement sur un sol assez reposé.

3. Semer de bonne heure, plutôt que tardivement, et pour remplir cette condition, renoncer, s'il le faut, à donner une façon de plus.

4. Retarder la semaille, lorsque le dernier labour a été retardé, plutôt que de semer dans un sillon nouvellement ouvert.

5. Semer d'abord les sols humides, puis les sols secs.

6. Semer les terres maigres avant les terres grasses.

7. Celui qui sème de bonne heure a du temps à venir, celui qui sème tard n'a que du temps passé; il ne peut faire revenir les jours favorables qu'il a laissé passer, lorsque les jours défavorables arrivent pour lui.

8. Celui qui tient à semer de bonne heure ne doit pas oublier que semer par le mauvais temps, pour avoir fini de bonne heure, est la plus mauvaise besogne qu'il puisse faire.

9. Semer tard vaut encore mieux que ne pas semer et ne pas utiliser sa terre et ses engrais.

10. Ne pas semer entre le 10 et le 20 octobre. N'ayant pu semer pendant la première semaine de ce mois, il faut attendre la dernière.

11. Sur un sol peu profond et cependant actif, mieux vaut semer tard que tôt.

12. Il ne faut pas semer dru sur un sol riche; il faut encore moins semer clair sur un sol maigre, mal préparé, ou infesté de mauvaises herbes.

13. Il faut préférer la semence nouvelle à l'ancienne.

14. Ne semer que par un temps sec; éviter la rosée et surtout le brouillard.

15. Ne pas enfouir profondément.

16. Ne pas se laisser entraîner par la présence des mauvaises herbes à donner un labour de plus; semer sur ces mauvaises herbes et faire agir la herse avec d'autant plus de soin.

§ 9. *Croissance, soins et façons.*

Le seigle lève au bout de huit ou dix jours et quelquefois dans un temps plus court encore, selon la température. Lorsqu'il a été semé de bonne heure, et lorsque le temps est favorable, il talle assez fortement avant l'hiver, ce qui est d'autant plus avantageux, qu'il monte rapidement au printemps et que le tallement viendrait trop tard à cette époque. Il forme ses épis dans la première quinzaine de mai et fleurit aussitôt que les épis sont formés.

Comme toutes les plantes, le seigle a ses ennemis. L'humidité, le froid, les maladies, les insectes lui font plus ou moins de mal. Sa récolte, cependant, est, en général, beaucoup plus sûre que celle du froment et de toutes les autres céréales. Nous allons passer en revue les circonstances qui peuvent lui nuire.

Le froid, même le plus rigoureux, ne fait pas un tort immédiat au seigle ; mais il souffre des effets du froid et du dégel sur le sol, par la réaction de celui-ci en se serrant ou en se dilatant. Comme cetteré action fait le même tort à toutes les céréales, et comme elles sont, aussi bien que le seigle, soumises aux nuisibles effets de l'humidité, nous reviendrons plus loin sur ces circonstances. Le seigle éprouve un mal particulier des gelées du printemps, des fortes gelées blanches et surtout des gelées de mai, époque à laquelle il forme ses épis, ou fleurit ; frappés dans ce moment, les épis sont perdus en partie, sinon en totalité ; ils blanchissent et restent vides. Ce fléau peut s'étendre sur des cantons entiers, comme cela est arrivé en 1814 et en 1818. Il n'existe pas de moyens de prévenir un pareil malheur.

Le seigle souffre moins que le froment et l'épeautre du tassement du sol par les pluies de l'hiver, et, par cette raison, le hersage au printemps lui est moins utile qu'aux autres céréales : je l'ai appliqué avec beaucoup d'avantage aux seigles fortement tallés. Lorsque le crevassement du sol par la gelée déchausse le seigle, il faut recourir le plus promptement possible au rouleau. Le sarclage, qu'on applique, dans le Brabant, à toutes les céréales, n'a lieu que très-superficiellement pour le seigle, et il ne lui serait pas nécessaire, si on ne le faisait pas revenir plusieurs années de suite dans la même terre, ce qui ne laisse pas le temps de nettoyer le sol dans l'intervalle de la récolte à la semaille.

M. de Bœnninghausen attribue à la forte fumure et à la grande quantité de semence en usage dans la Twente cette circonstance particulière qu'un sol sablonneux annuellement cultivé en céréales ne se remplit pas de chiendent. « Lorsque ce « dangereux ennemi du seigle commence, dit-il, à « prendre possession du sol, on augmente la fumure « et on a la presque certitude de le voir disparaître « l'année suivante. Lorsque cette attente n'est pas « remplie, ou lorsque la provision de fumier n'est « pas suffisante pour cette année, on recourt, l'an-« née suivante, à une culture de sarrasin fumé, qui « nettoie le sol.

« Au nombre des plantes parasites contre les-
« quelles les cultivateurs de la Twente ont à lutter
« dans leurs champs de seigle, les plus nuisibles
« sont la surelle, l'agrostis éventé et la flouve. On
« craint surtout la première, parce qu'elle rend
« dangereux le pâturage du chaume et rend ma-
« lades les moutons qui n'y ont pas été habitués
« petit à petit. L'agrostis se multiplie surtout dans
« les années humides, détruit le seigle même et
« cause souvent ainsi de grands dommages. On at-
« tribue à la flouve une action très-nuisible en di-
« minution du rendement en grain. »

On arrête ordinairement la multiplication de ces
mauvaises herbes par l'augmentation de la quantité
d'engrais, et ce moyen est presque toujours efficace ;
dans le cas contraire, on recourt à la culture du
sarrasin.

Les inconvénients pour le seigle du voisinage de
l'épine-vinette sont si généralement reconnus, qu'il
pourrait être superflu de s'arrêter sur ce sujet. J'ai
recueilli sur ce fait un si grand nombre d'observations décisives, j'ai fait, en 1821, à Hohenheim, des
expériences si concluantes, qu'en dépit des assertions des théoriciens sur l'innocence de l'épine-vinette, je croirais plutôt au changement successif du
seigle en brome et du brome en seigle qu'à ces
assertions, et que ma raison ne peut se refuser à l'évi-
dence que les faits lui ont démontrée. Une distance
de quinze à vingt pas ne suffit pas pour mettre le

seigle à l'abri de l'influence nuisible d'un seul pied d'épine-vinette. Un plus grand éloignement même ne fait que diminuer, mais ne détruit pas cette influence. Il est impossible de poser la limite de cette action, qui dépend de l'étendue du champ de seigle, de sa position, de la force et de l'âge du plant d'épine-vinette, de la condition des vents et de l'atmosphère. Quant à son effet, cette influence ne produit aucune des maladies ordinaires du seigle. Ni la paille, ni les épis vides ne pâlissent, mais ils se couvrent d'une espèce particulière de crasse épaisse, brune, qui ressemble à une excroissance filamenteuse, ou à un amas de petits vers. Le mal disparaît dès qu'on fait disparaître la cause. Le remède est donc entre les mains du propriétaire qui peut détruire l'épine-vinette; le voisin qui ne pourrait la détruire ne doit pas cultiver de seigle.

Une saison constamment pluvieuse, à l'époque de la floraison, fait beaucoup de mal au seigle, en empêchant le développement des étamines; mais pourvu qu'il y ait intermittence de quelques beaux jours, ou seulement de quelques heures de beau temps, les parties sexuelles peuvent s'épanouir et répandre leur poussière fécondante. Les vents violents exercent aussi une influence contraire, en ce qu'ils entraînent au loin cette poussière. Peu de jours suffisent pour qu'on puisse reconnaître le mal qui a été causé par ces circonstances atmosphériques : placées entre l'œil et la lumière, les capsules fécondées paraissent transparentes et les capsules non fécondées paraissent opaques ; là où la transparence n'existe pas, suit immanquablement le vide dans l'épi.

« Il importe, sous le rapport de la fécondation, « dit M. de Bœnninghausen, que les sols de seigle « soient d'une certaine étendue, parce que les nua- « ges légers de pollen se déplacent très-facilement, « et on remarque souvent que des champs de seigle « d'une petite étendue sont incomplétement fécon- « dés. De là aussi les singularités qu'on observe dans « les années où le seigle ne produit pas une grande « quantité de poussière fécondante ; on voit souvent « alors des champs inégalement fécondés et des « soles fécondées les unes aux dépens des autres, « selon que le mouvement de l'air a déplacé les « nuages de pollen. »

Comme le seigle s'élève très-vite et forme ses épis de bonne heure au printemps, l'effiolage, dans le but de l'empêcher de verser, n'est que rarement praticable. Le seigle, d'ailleurs, supporte moins bien cette opération que le froment et l'épeautre. Le pâturage par les moutons remplirait mieux encore ce but ; mais il est toujours difficile de juger de bonne heure si cette opération est réellement nécessaire. Ce n'est guère que vers le mois de mars que cette certitude peut être reconnue, et le premier mars est le terme fatal après lequel le remède ne peut plus être appliqué qu'avec la chance presque inévitable de devenir pire que le mal.

Ce que dit à ce sujet M. de Bœnninghausen,

dans sa description de l'économie rurale de la
Twente, basée sur la culture du seigle, est assez
remarquable pour me déterminer à rapporter le
passage entier.

« Une forte quantité de semence, une se-
« maille hâtive, jointes à des fumures abondantes,
« déterminent, même avant l'hiver, un tallement
« tel que je n'en ai rencontré d'exemple nulle part ;
« cette végétation luxuriante dès l'automne, qu'on
« n'aime pas voir dans d'autres contrées, et très-
« désirée dans la Twente. Aussitôt que les gelées
« viennent, on conduit les moutons sur les champs
« de seigle, et ils restent en possession de ce pâtu-
« rage pendant tout l'hiver et quelque temps qu'il
« fasse, jusque vers le 25 mars. On devrait supposer
« qu'un piétinement continuel et des blessures tou-
« jours nouvelles, pendant la saison rigoureuse, ne
« sauraient être que très-nuisibles au jeune seigle ;
« et cependant on remarque si peu de mauvais effets
« de cette singulière pratique, que ceux mêmes qui
« n'ont pas de moutons à envoyer sur leurs seigles
« ne font aucune difficulté d'y laisser pâturer les
« moutons d'autrui, bien que cet usage ne soit fondé
« sur aucun droit. On tient, au contraire, beaucoup à
« faire pâturer son seigle, parce que cela affermit
« un terrain très-léger qui en a besoin et parce que
« cela met la récolte à l'abri des dégâts des souris *.

---

* Le dernier effet a été également remarqué dans d'autres contrées
et peut être attribué, en grande partie, à la forte odeur des déjections

« Pour mon compte je suis disposé à croire que
« c'est à cette coutume qu'il faut attribuer la grande
« quantité de semence employée, bien que l'usage
« du pays soit de ne pas l'épargner davantage pour
« les champs non pâturés. Dans quelques villages,
« où le manque de communaux a nécessité la con-
« vention de ne pas entretenir de moutons, on ne
« fait aucune difficulté de conduire et de laisser
« conduire les vaches, pendant l'hiver, sur les se-
« mailles de seigle et on n'en redoute pas plus de
« dommage que du pâturage par les moutons.

« Aussitôt le printemps arrivé, on voit disparaître
« les traces du piétinement et de la dent des ani-
« maux et l'on est étonné de la luxuriante végétation
« qui couvre le sol. C'est, en effet, une surprise bien
« agréable que celle qui saisit l'ami de l'agriculture,
« passant, à cette époque de l'année, des autres
« champs arides et nus, à ces champs de seigles, si
« beaux et si verts. Plus tard, le seigle ne ralentit pas
« cette belle végétation et il est impossible de voir
« des champs de céréales plus drus et de plus belle
« espérance. Bientôt la paille atteint une hauteur de
« deux mètres et il faut donner deux liens à chaque
« gerbe. Dans la Twente, cependant, le seigle rend
« moins au boisseau que dans d'autres contrés éga-
« lement fertiles, mais où il revient plus rarement

fraîches des moutons. Dans nos cantons, on regarde aussi le pâturage
par les moutons comme un préservatif contre la multiplication des
escargots et limaces.

« dans le même sol et où il occupe un espace moins
« étendu. »

La maladie la plus particulière au seigle et dont
il souffre plus généralement, dans les années humides, est l'ergot, ou une excroissance de couleur
foncée, qui sort de l'épi, le plus souvent sous la
forme d'une corne, ou d'un ergot de coq. C'est une
sorte d'avortement ou de monstruosité du grain
lui-même, qui se rompt facilement et contient une
substance grisâtre, farineuse, sèche, adhérente, ordinairement inodore, mais exhalant quelquefois une
odeur repoussante. Mêlé dans une certaine proportion à la nourriture de l'homme, il cause des étour-
dissements et quelques fois même du délire. Mêlé aux
substances animales privées de la vie, il y excite une
fermentation active et qui conduit promptement à la
décomposition ; il ne peut, par conséquent, qu'exercer
une influence nuisible sur l'économie animale. L'expérience de cette nuisible propriété de l'ergot a été
faite en 1846, dans les pays aux bords du Rhin. On
ne connait d'ailleurs ni la cause productive de cette
excroissance, ni les moyens de la prévenir.

Un autre ennemi, qui poursuit le seigle dans les
granges, est le charançon (*curculio fromentarius*),
qu'il ne faut pas confondre avec la teigne ou phaléne
des blés (*phalæna tinea*). Le charançon est un véritable fléau dans quelques contrées des bords du
Rhin. Dans les années humides surtout, il vide
complétement les épis, de telle sorte qu'on peut ramasser des boisseaux entiers de balle, sans se donner

la peine de battre. Nous devons le moyen de détruire cet insecte à l'expérience de mon compatriote, M. Herrchen, qu'il convient de laisser parler ici.

« Ma ferme était renommée, dit-il, pour les dégâts
« que le charançon était en possession d'y faire. Il
« n'était pas difficile d'entendre dans mes halliers le
« bruit qu'il faisait en rongeant la substance des
« grains et en s'ébattant dans l'intérieur des épis. La
« première année, je n'eus d'autre ressource que de
« faire battre aussitôt après la récolte et de me
« hâter de vendre. Plus tard je parvins à faire la
« guerre avec succès à cet ennemi acharné du seigle,
« de telle sorte que mes granges, dont les murs en
« étaient couverts, n'en offrent plus de trace. Je fis
« vider complétement mes granges avant la récolte,
« et elles furent nettoyées à fond avec le plus grand
« soin ; aussitôt quelques gerbes coupées également
« avant la récolte furent déposées dans les granges.
« Les charançons vinrent se jeter en foule sur cette
« proie ; la gerbe, enlevée avec précaution, fut portée
« dans la basse-cour, secouée, et les charançons
« livrés à l'appétit de la volaille. Cette pratique fut
« répétée jusqu'à ce qu'il ne se montrât plus de cha-
« rançons. Dès la première année, la plus grande
« quantité avait disparu ; la seconde année, il en
« resta très-peu ; la troisième année il n'en resta
« plus du tout. Quelque simple que soit ce procédé,
« je l'ai reconnu parfaitement efficace et je puis le
« recommander avec une complète certitude. »

§ 10. *Récolte et rendement.*

La récolte du seigle, comparée à celle des autres céréales, ne présente que peu de particularités. Je dois, par conséquent, renvoyer à ce que j'aurai à dire plus tard des travaux de récolte des céréales en général.

Comme le seigle ne perd pas aussi facilement son grain que les autres céréales, il y a moins d'inconvénient à le laisser mûrir plus complétement, et il ne faut pas le moissonner trop tôt, parce qu'il a moins que les autres céréales la propriété de mûrir dans la paille et de se développer encore après avoir été coupé.

Dans le Holstein, comme dans la Twente, on a la bonne habitude, malheureusement trop peu connue et trop peu répandue dans d'autres contrées, de lier le seigle aussitôt coupé et de mettre les gerbes en quintaux. « Les gerbes, liées deux fois, dit « M. de Bœnninghausen, une fois au-dessous du « milieu et une autre près des épis, sont mises de- « bout, au nombre de quatre par quintau, et liées « ensemble vers le haut, par les coupeurs. Dans le « Holstein, où cette pratique est généralement sui- « vie, on fait attention de placer les gerbes de ma- « nière à ce que les nœuds des liens se trouvent « dans l'intérieur des quintaux, pour que l'action « du soleil ne desserre pas ces nœuds. »

RENDEMENT PAR HECTARE.

Je pense que les données suivantes seront suffisantes pour établir le rendement moyen du seigle.
Il eût été à désirer sans doute que j'eusse pu joindre
à chacune l'indication de la nature du sol, de la
force de la fumure, de l'assolement et du procédé de
culture ; mais mes recherches n'ont pu me faire découvrir ce complément de données ; j'ajouterai celles
que j'ai pu me procurer. Le lecteur attentif pourra
trouver en partie ce complément dans le volume de
cet ouvrage qui traite des assolements.

		hectolitres.
Brabant.	Campine, mauvais sable, fumé et semé en seigle tous les ans.	18,00
	Waarlos, terrain sablonneux, après du trèfle ou du seigle fumé.	18,00
	Edeghem, sable argileux, après du froment, de l'orge d'hiver, du lin, du trèfle fumé.	29,00
	Edeghem (par **Dierexsen**), mêmes précédents, moyen. des années 1802 et 1803.	36,00
Brabant.	Eckeren, sable fumé.	24,00
	Oordam, sable fumé.	21,60
Flandre.	Melle, sable fumé.	24,00
	Menin, sable gras, second produit.	31,20
Marche.	Comte de Podewils, sable, premier produit.	12,00
	Le même, sable, deuxième produit.	9,00
	Thaer, moyenne de huit années, après des plantes à cosses, du sarrasin, du trèfle.	12,80

hectolitres.

Marche. { Comte de Podewils, plaine, premier produit.   **19,26**
Le même, plaine, deuxième produit.   **16,85**

Flandre. { Alost, bon terrain sablonneux ; après du lin ; deuxième produit ; après de l'orge d'hiver, troisième produit ; après du méteil, quatrième produit.   **31,00**
Voorde, même terrain, après de l'orge d'hiver et du froment, deuxième et troisième produits.   **33,00**

Bords de la Meuse, terre forte argileuse, premier produit, après une jachère ou des plantes à cosses.   **19,18**

Angleterre, en moyenne, d'après Arthur Young.   **21,63**

Palatinat, Moëllinger, argile sablonneuse, après des vesces fourrage ; moyenne de dix ans, dont les extrêmes ont été 16 et 39.   **30,00**

Altenbourg. { Partie riche, le plus souvent après jachère, mais non toujours, premier produit.   **32,00**
Bonne partie, après de la navette, du millet, deuxième produit.   **27,70**
Partie pauvre, jachère.   **15,00**
Mauvaise partie, après des pommes de terre.   **11,00**
Schmatz, à Ponitz, après jachère.   **27,60**
Le même, à Ponitz, après des pommes de terre.   **19,00**

États d'Autriche. { Basse Autriche.   **19,80**
Burger, à Lavanthole, quatrième et cinquième produits, moyenne de cinq ans.   **18,72**
Le même, deuxième produit.   **25,68**
Lurzer, à Saalfeden.   **17,65**

		hectolitres.
	1820.	19,50
Hohenheim,	1821.	23,22
argile mêlée de sable fin*	1822.	21,70
	1823.	23,90

Moyenne des indications ci-dessus.   22,25

ou environ quatre scheffels par morgen, mesure de Wurtemberg. Si on compare ce rendement à celui du froment, quant au volume, on trouve qu'il y a très-peu de différence ; la différence est plus considérable quant au poids, et, sous ce rapport, elle elle est de près d'un hectolitre par hectare et en moins pour le seigle. Comme, en outre, la valeur du froment est plus grande que celle du seigle, il est évident qu'on aurait tort de consacrer à la culture du seigle les terrains propres à produire du froment. Il en est de même, dans les mêmes circonstances, à l'égard de l'épeautre. Mais cette observation ne doit diminuer en rien la valeur du seigle dans les sols légers et les sables productifs.

Enfin, si nous calculons la valeur vénale d'un hectare d'épeautre, en nous servant du tableau que nous avons donné plus haut, nous trouvons qu'il

* Le terrain d'expériences de Hohenheim a donné, en 1824, un exemple remarquable de la proportion que peut atteindre le rendement du seigle. Un demi-morgen semé, après jachère, en seigle et en vesces d'hiver, a rendu 3,3 scheffels, ou 36,61 hectolitres, ou 2634 kilogrammes de grain et 31 quintaux métriques de paille de seigle par hectare. Du trèfle avait été semé dans ce seigle, et bien que ce seigle eût versé, le trèfle n'en vint pas moins bien.

rend une somme moyenne de 132 florins, tandis que l'hectare de seigle ne rend qu'une somme moyenne de 99 florins. L'épeautre ainsi que le froment donneraient donc en argent un quart de plus que le seigle ; mais il ne faut pas perdre de vue que le seigle se trouve, dans le Wurtemberg , au-dessous de sa valeur réelle, surtout lorsqu'on compare cette valeur à celle qu'il a dans l'Allemagne septentrionale et dans les Pays-Bas.

CHAPITRE V.

ORGE D'HIVER.

L'orge d'hiver est l'objet principal et , pour ainsi dire, le pivot de l'agriculture dans les polders , les terres d'alluvion, dans certaines contrées, et surtout dans les Pays-Bas , et elle se place particuliérement là où le froment a trop de chances de versage. Un cultivateur éclairé du Holstein a même soutenu , dans les *Annales du Mecklembourg* , que plus l'orge verse , plus elle rend. Elle ne répugne pas cependant , après un précédent convenable , à un bon sol, moyen et frais, c'est-à-dire suffisamment

humide ; mais elle veut y trouver assez de force productive , surtout du vieil engrais , ce que son fort
tallement exige. Selon l'opinion du cultivateur du
Holstein , que nous venons de citer , elle réussit
très-bien dans les sols marnés depuis un certain
temps , mais elle ne supporte pas l'action du sol frai-
chement marné ; un sol sec et léger ne saurait lui
convenir , encore moins un sol maigre : aussi le cultivateur qui manque d'engrais doit prendre son
parti en conséquence.

Le climat est aussi une des considérations principales à examiner , lorsqu'il s'agit de la culture de
l'orge. Si le climat est trop rigoureux sous le rapport de la température , ou s'il est trop sec , la culture de l'orge est chanceuse , et c'est à l'influence
du climat qu'il faut attribuer l'insuccès du grand
nombre de tentatives faites dans le nord-est de l'Allemagne.

Comme l'orge est de toutes les céréales celle qui
mûrit le plus tôt , elle est aussi la plus exposée à la
voracité des oiseaux , et il faut surtout se garder de
la semer trop près des habitations; les moineaux
lui font une guerre si obstinée , que les épouvantails , une guerre continuelle , le bruit et même les
coups de fusil ne suffisent pas pour les éloigner.

Les meilleures cultures préparatoires pour l'orge
d'hiver sont la navette , les fèves , la jachère , le
trèfle ; elle peut aussi , dans les sols gras , succéder
au seigle , à l'avoine et à elle-même.

Comme elle évacue le sol quelques semaines avant

les autres céréales et l'épuise moins que l'orge d'été,
elle peut être suivie, sans inconvénient, par le
seigle ou le méteil, et ces céréales conviennent
mieux que toutes les autres plantes après l'orge ; le
froment pur ne saurait lui succéder que dans les
terres d'alluvion. Lorsque le cultivateur du Holstein,
précédemment cité, dit que le froment et le seigle
réussissent rarement après l'orge d'hiver, il omet
de dire, comme il le devrait, que cela tient, le plus
souvent, au défaut de propriété du sol et à de mauvais procédés de culture. Dans les Pays-Bas, l'orge
d'hiver est toujours suivie d'une autre céréale
d'hiver.

Cette succession, navette, orge d'hiver, seigle,
est une des plus communes dans les Pays-Bas et une
de celles qui rapportent le plus. Pour l'orge d'hiver, aucun précédent n'équivaut à la navette. Là
même, où les conditions de sol et de climat sont
défavorables à la culture de l'orge, on peut la tenter, en lui donnant la navette pour précédent ; et,
s'il est vrai qu'il y ait une diminution des produits
de l'orge d'été succédant à l'orge d'hiver venue
après de la navette, on préviendra cette diminution
de produits en faisant venir l'orge d'hiver après la
navette et en mettant une autre céréale après
l'orge d'hiver.

Après la navette, les fèves et la jachère complète,
on donne, pour l'orge d'hiver, les mêmes façons
que pour les autres céréales d'hiver. Dans le Brabant,
lorsque l'orge d'hiver doit suivre le trèfle, sur un

sol de sable argileux, on rompt le tréfle par un simple labour, on répand le fumier et on le fixe en passant le rouleau, on dame au besoin, on herse, on sème et on enfouit à la herse. Pour éviter le damage, on enterre légèrement le fumier par un labour en sens inverse du premier, ou bien on ne donne qu'un seul labour, renversant à la fois le chaume de tréfle et enterrant le fumier répandu sur ce chaume, on sème et on passe le rouleau. En général, on cherche à rapprocher le plus possible la semence de l'engrais.

J'ai trouvé, dans les environs de Dortmund, en Westphalie, le procédé suivant, très-remarquable, appliqué à l'orge, lorsqu'on la fait succéder à une céréale. Les gerbes de froment ou de seigle aussitôt liées, on les pose debout et en lignes, on écorche le chaume à la charrue ou à l'extirpateur, on herse, on roule et on herse encore. Le sol reste en cet état jusqu'à ce que les mauvaises herbes le couvrent de verdure. On donne alors un labour aussi profond que le sol peut le permettre, et on ne herse pas. Après trois semaines ou un mois, ou après qu'une bonne pluie a ramolli la terre et que la terre s'est ressuyée, on herse à plusieurs reprises, on donne un labour et on herse encore une fois. Lorsque ces façons ont été données par un temps favorable, et lorsqu'il n'est pas survenu une forte pluie après le second labour, le sol est parfaitement préparé pour l'orge. On répand alors le fumier, de préférence, par un temps sec, et on le laisse en cet état jusqu'au moment de la semaille. Dans la dernière quinzaine d'octobre, on répand la semence sur le fumier et on enfouit l'un et l'autre par un labour. On ne herse que dans le cas où le sol reste rude et grumeux après ce labour. Tous ces travaux doivent s'exécuter dans une espace de six à sept semaines au plus , et il faut prendre ses mesures en conséquence. Il va sans dire qu'une pareille pratique ne peut s'appliquer qu'à un bon sol en bon état de culture.

Comme l'orge est sujette à souffrir en hiver, on ne herse pas beaucoup après la semaille , et on laisse volontiers quelques grumeaux , qui la protégent et empêchent le sol de se clore.

Dans les Pays-Bas , on sème un peu plus de deux hectolitres par hectare ; dans la Flandre occidentale , on sème dans la proportion de 2 hectolitres 3/4.

L'orge d'hiver doit être semée avant toutes les autres céréales , tant parce qu'un fort tallement d'automne lui donne la force nécessaire pour résister pendant l'hiver que parce que sa croissance rapide au printemps ne lui permet plus de taller beaucoup à cette époque. J'ai cependant un exemple d'orge d'hiver, semée au milieu de février, dans un sol bien préparé. Elle eut au commencement une mauvaise apparence ; on lui donna de l'engrais liquide, et bientôt un changement remarquable s'opéra dans son état ; elle talla très-fortement ; elle mûrit quelques jours plus tard seulement que celle semée en octobre et la dépassa en produit.

Le binage est plus nécessaire et plus utile à l'orge

d'hiver qu'à toutes les autres céréales ; son application est d'autant plus facile, que l'orge ne doit pas rester trop drue ; il a toujours lieu dans les Pays-Bas, surtout dans les polders. On l'exécute avec les petites houes à main représentées par les figures A 2, planche 8, des *préceptes*.

Il importe de choisir avec la plus grande attention le moment le plus favorable pour la récolte. On bat aussitôt après la récolte, et c'est le premier argent et souvent la plus forte somme qui rentre dans l'épargne du cultivateur. Plus tard l'orge d'hiver baisse de prix, par la concurrence que vient lui faire l'orge d'été, qui pèse 1/40° de plus, à volume égal ; aussi la première est-elle moins recherchée par les meûniers pour la fabrication du gruau et de la farine. En revanche, son grain plus petit et ses écales plus fines, son moindre déchet, la font rechercher pour la fabrication de l'orge dite perlée. Le gruau fait avec l'orge d'hiver est plus profitable à l'usage ; il en faut une moins grande quantité, parce qu'il gonfle plus dans l'eau et s'amollit plus promptement par la cuisson que le gruau fait avec l'orge d'été. Il en est de même pour les farines des deux orges.

Ce n'est que sur un préjugé que s'est établi le dicton : *L'orge d'hiver ne convient pas au brassage.* Si ce dicton était vrai, que feraient de leur orge les habitants des Pays-Bas, qui n'en souffrent pas dans leur pain, et où iraient-ils chercher toute celle nécessaire à leur énorme fabrication de bière ? On cul-

tive chez eux dix fois autant d'orge d'hiver que
d'orge d'été.

Le rendement de l'orge d'hiver est très-considérable dans les Pays-Bas. Dans les polders on vend
la récolte sur pied de 180 à 260 florins par hectare.

Notre cultivateur du Holstein dit que, sur un sol
gras, on peut compter, avec assez de certitude,
vingt fois la semence; que, dans des saisons favorables, il a été récolté jusqu'à 26 fois la semence, et
que 30 fois la semence est le rendement ordinaire
des terres d'alluvion.

Dans les Pays-Bas, on estime ainsi qu'il suit le
rendement par hectare :

A Edeghem.	35 hectolitres.
Eckeren.	36
Standbroek.	36
Oordam.	43
Flandre orientale*.	45
Melle.	32
M. Dierexsen, 1789.	39
Moyenne des données ci-dessus.	38

Si nous comparons ce rendement avec celui de
l'orge d'été qu'on trouvera dans le chapitre suivant,
on remarque une différence en plus de 9,4 hectolitres par hectare en faveur de l'orge d'hiver ; en

* Cette moyenne élevée m'est fournie d'une source si sûre que je
puis en garantir l'exactitude; celle du Holstein est d'ailleurs plus élevée encore.

d'autres termes, trois morgen d'orge d'hiver rendent autant de grain que quatre morgen d'orge
d'été.

L'objection contre la préférence à donner en
agriculture à l'orge d'hiver sur l'orge d'été, tirée
de ce que l'orge d'hiver exige plus de force dans le
sol, ne suffit pas pour atténuer les motifs de cette
préférence; car, si l'orge d'hiver demande à trouver
plus de force dans le sol, elle y en laisse plus aussi
que l'orge d'été; après l'orge d'hiver, on peut obtenir du sol, sans nouvelle fumure, une belle récolte
de méteil et une récolte de seigle, tandis qu'après
l'orge d'été on ne peut attendre qu'une maigre récolte de quelque céréale que ce soit. Ce n'est pas
sans raison que, dans les Pays-Bas, l'orge d'hiver a
le premier rang et l'orge d'été le second.

CHAPITRE VI.

—

ORGE D'ÉTÉ.

§ 1. *Variétés.*

Sans nous arrêter aux espèces étrangères, telles que l'orge nue, l'orge céleste, et quelques autres, nous traiterons avec détail des plus communes, et nous nous y arrêterons d'autant plus volontiers, que ce que nous en dirons pourra s'appliquer aux autres espèces, à cette différence près que, pour bien réussir, elles exigent un sol encore meilleur et plus riche que les espèces communes, d'où il résulte, sans doute, que ces espèces plus précieuses sont jusqu'à présent moins cultivées que celles plus anciennement connues. On prétend d'ailleurs avoir observé que l'orge céleste, ou la petite orge nue, dégénère en orge commune à quatre rangs, comme il est probable que la grande orge nue dégénère en orge commune à deux rangs.

Les deux espèces d'orge d'été le plus communément cultivées dans nos climats sont :

a. La grande orge à deux rangs ;

b. La petite orge à quatre rangs.

La préférence à donner à l'une ou à l'autre ne peut guère être déterminée que par les circonstances locales. Si la grande a des grains plus forts et plus farineux, la petite se contente d'un sol moins riche, supporte une semaille plus tardive, résiste mieux à la sécheresse, réussit plus sûrement, et, dans les mêmes circonstances, rend aussi bien, souvent mieux au boisseau, que la grande. Sur les sols pauvres, elle produit beaucoup plus que la grande. On la cultive aussi plus que la grande dans le nord-ouest de l'Allemagne. On trouve quelquefois les deux espèces mêlées dans le même champ.

Pour éviter des redites, nous traiterons en même temps de la culture des deux espèces, en faisant, au besoin, les remarques particulières à chacune.

§ 2. *Climat.*

De toutes les céréales, l'orge est celle qui s'arrange le mieux de toutes les températures qu'on rencontre entre le cercle polaire et les tropiques. Sa réussite est assurée dans toutes les parties de l'Allemagne, et la promptitude de sa croissance la rend partout facile. Même sur les plus hautes montagnes, c'est la céréale qu'on peut cultiver avec le plus de sécurité. Dans sa jeunesse, elle supporte un très-grand froid, qui n'affecte jamais que la pointe de ses feuilles et dont le reste de la plante ne souffre pas, circonstance sous laquelle on ne tenterait pas avec succès, en Alsace, de la semer (la grande) dès la première quinzaine de mars.

§ 3. *Sol.*

L'orge est beaucoup moins accommodante pour la nature du sol que pour le climat ; elle est, sur ce point, beaucoup plus difficile que le froment et le seigle. Ses pointes, très-délicates, ne sauraient percer une croûte dure ; un terrain sec et ténu ne lui convient pas ; elle ne saurait réussir dans un terrain maigre ; elle ne supporte pas l'aridité, d'où il suit qu'elle est très-mal placée dans les sols noyés, humides et tourbeux et dans les défrichements de bruyères ; et, lorsque le sable repose sur un sous-sol spongieux et humide, elle refuse également d'y prospérer.

La grande orge est encore plus difficile sous ce rapport que la petite ; il faut lui donner de préférence un sol plus lié : celui qu'elle préfère est la bonne terre à blé contenant une assez forte proportion de chaux.

En général, l'orge se plaît dans un sol doux, riche, chaud, meuble, ni trop sec, ni trop humide. La petite orge réussit aussi volontiers sur les sables argileux, dans les contrées dont le climat n'est pas par trop sec. « Une terre douce, dit Burger, qui « tienne le milieu entre la terre à blé et la terre à « seigle, est la véritable terre à orge. Dans l'Alle- « magne méridionale, on ne trouve l'orge que dans « les sols liés ; mais, dans les parties plus fraîches et

« vers le nord, on la trouve aussi dans les sables. »

Dans les environs de Weimar, une des plus riches contrées, on donne à l'orge les meilleures terres : terre à orge et bonne terre y sont synonymes.

On y dit habituellement : Cette terre est bonne pour le froment, ou bien : cette ferme a un si mauvais sol, qu'il n'y vient que du froment et de l'avoine! « Cette opinion, dit le docteur Schweitzer, « est fondée sur l'expérience. Dans ce pays, le seigle « réussit mieux que le froment sur les bonnes ter-« res à orge, où le froment ne produit que des grains « peu farineux et souvent charbonnés; aussi n' le « cultive-t-on que sur les terres argileuses les plus « lourdes, les plus hautes et aux expositions les plus « froides, dans lesquelles le seigle ne passerait pas « bien l'hiver. »

Un sol, continue le même auteur, qui contient « 2 à 3 pour 100 de chaux et de 3 à 4 pour 100 « d'humus doux, sans mélange pierreux, qui repose « sur un sous-sol perméable de nature fertile, qui « n'est pas humide, mais chaudement exposé, qui se « laisse facilement travailler dans tous les temps, que « la gelée et l'ardeur du soleil pulvérisent prompte-« ment, ne se lie presque jamais en croûte et n'est « cependant pas trop sec, un sol, tel que les « meilleurs des environs de Weimar, est incontes-« tablement celui qui, de sa nature et suivant l'ex-« périence, ne saurait être appliqué avec autant « d'avantage à toute autre céréale d'été qu'à l'orge,

« surtout étant en bon état d'engrais et de cul-
« ture. »

§ 4. *Tour de rotation.*

L'orge préfère encore un sol parfaitement nettoyé à un sol gras. L'agriculture triennale ne peut
guère lui assurer cet avantage qu'au moyen de jachère complète. Semée de bonne heure, comme veut
l'être surtout la grande orge, elle lutte difficilement
contre la quantité de mauvaises herbes qui lui font
la guerre et qui l'envahissent tout à fait, si l'on ne
sarcle pas avec soin, dans les années favorables à
leur multiplication. Plus que toute autre céréale,
elle veut avoir au moins pour précédent une culture
binée, et d'autant plus que c'est à sa protection
qu'on confie ordinairement le jeune trèfle. La petite
orge, qui peut se semer plus tard, est par conséquent
aussi moins difficile sous ce rapport.

Cependant il ne faut pas croire absolument que
l'orge d'été ne puisse succéder à une autre céréale,
telle que le froment, le seigle, l'orge d'hiver et
l'épeautre. Partout où le sol est en bon état d'engrais et de propreté, ces précédents ne sont pas
exclusifs de la culture de l'orge. Dans le comté de
Norfolk, si souvent cité pour la perfection de sa
culture, l'orge ne se sème pas plus souvent après les
racines qu'après le froment, et le consciencieux observateur Marshall nous assure que la dernière est
ordinairement plus belle que la première. Dans le

Palatinat on n'attend pas un plus grand produit de l'orge semée après la betterave que de celle semée après le méteil.

« Depuis longtemps, dit Koppe, je m'applique « à reconnaître, par l'observation, si la petite orge « rend moyennement davantage, après les pommes « de terre qu'après le seigle, et, d'après l'expérience « d'un grand nombre d'années, je serais tenté de « préférer comme précédent, à fumure égale, le « seigle sur jachère.

« L'expérience d'un grand nombre d'années m'a « également démontré, dit encore Koppe, que l'orge « se succède très-facilement à elle-même. J'ai eu « longtemps pour voisins des cultivateurs qui n'a- « vaient que cet assolement : 1. Pois, lin et carottes, « avec fumure ; 2. Orge ; 3. Orge. Et je puis assurer « que le rendement de l'orge était toujours très-sa- « tisfaisant. » Burger rapporte une expérience sem- blable. Mais celui qui voudra semer de l'orge après une céréale ou une plante à cosses, dans une terre infestée de tortelle ou d'autres mauvaises herbes, comptera souvent sans son hôte.

Comme succédant à une céréale d'hiver, Schmalz prétend que l'orge réussit mieux et plus sûrement après le seigle qu'après le froment, quoique les terres les plus fumées soient toujours réservées au froment. Cela tient, sans doute, à ce que le seigle laisse la terre plus propre que le froment, et il n'a pas entendu parler du froment succédant au trèfle ; car, suivant les nombreuses observations que j'ai recueillies, l'orge semée après du froment succédant à du trèfle ne réussit jamais bien et n'échappe que rarement aux ravages des vers.

Dans des sols très-légers, quelques cultivateurs du Norfolk sèment de l'orge, au lieu de froment, sur leurs prairies artificielles de deux ans.

« L'orge succédant à la pâture, dit un cultivateur « du Holstein, réussit souvent très-bien; mais elle « appauvrit extraordinairement le sol pour toutes « les plantes qu'on peut faire suivre, et ne peut, dans « ce cas, faire espérer après elle qu'une médiocre « récolte de céréales d'hiver, à moins qu'on n'inter-« cale une jachère et une forte fumure. »

Les pommes de terre appartiennent incontesta-blement aux meilleurs précédents qu'on puisse donner à l'orge; mais je crois avoir cependant re-marqué que les betteraves les égalent, si elles ne les surpassent. Dans les provinces sablonneuses de l'An-gleterre, ce sont évidemment les racines qui con-viennent le mieux; mais aussi l'on sait avec quel soin les Anglais les cultivent, quelle quantité d'en-grais ils leur donnent, quelle main-d'œuvre de bi-nage et de sarclage ils y appliquent, et enfin que les racines sont généralement consommées sur place par les troupeaux, et il ne faut pas être étonné que tout cela constitue une excellente préparation pour l'orge. Mais une telle culture ne s'établira sans doute pas de longtemps dans les grandes exploitations des sols sablonneux de l'Allemagne.

Mais le plus mauvais de tous les précédents pour

l'orge est les navets de seconde récolte qu'on sème après la récolte des céréales, ou navets sur chaume. Il n'y a dans presque tous les pays qu'une voix à ce sujet. Un bon paysan des Pays-Bas, ou de l'Alsace, ne sèmera jamais de navets sur chaume, à moins d'y être contraint par la plus grande nécessité, lorsqu'il aura dessein de faire suivre de l'orge à une céréale. « Celui qui a passé en automne avec de la graine de « navets le long d'un champ, reconnaît les traces de « son passage à ses orges. » Tel est le dicton alsacien. La raison, c'est que l'orge et les navets sont également avides d'humus; et, les navets intercalés ayant dévoré tout l'humus du sol, l'orge ne trouve plus après eux une nourriture suffisante.

§ 5. *Engrais.*

Comme à toutes les plantes qui ont une croissance très-prompte, d'anciens engrais restés dans le sol, la vieille force, lui conviennent mieux que le fumier frais. Dans une terre en très-bon état, elle réussit mieux en seconde et même en troisième culture, après la fumure, qu'immédiatement après, dans une terre précédemment épuisée ou en mauvais état. En outre, l'orge venue sur fumure fraîche et surtout avec du fumier de mouton est repoussée par les brasseurs, parce qu'elle germe moins facilement lorsqu'il s'agit d'en faire du malt. Ils se gardent autant que possible d'employer en même temps des deux espèces d'orge, parce qu'alors l'opération se fait toujours mal.

« Une seule fumure fraîche, dit Koppe, donnée à « une terre sans vieille force, ne suffit pas pour pro- « duire une récolte satisfaisante d'orge ; tandis qu'il « n'est pas rare de voir de belles récoltes d'orge dans « des terres où la fumure ne revient que tous les « neuf ans et qui sont soumises à ce système de cul- « ture. » J'engage mes lecteurs à ne pas prendre ce fait comme un bon exemple. Les exemples que je rapporte pour appuyer certaines observations n'indiquent pas toujours *ce qu'il faut faire*, mais *ce que l'on peut faire* quelquefois, exceptionnellement et en cas de nécessité. L'usage de ne fumer que tous les neuf ans ne saurait entrer dans la pensée d'un cultivateur; il n'a pu s'introduire et ne s'est introduit que dans des fermes ayant une exploitation beaucoup trop étendue pour leurs ressources. — Mais la discussion de ce point serait ici hors de propos.

Si la terre d'un champ est épuisée, qu'on veuille absolument y semer de l'orge et qu'on n'ait pas du fumier court et bien décomposé, il faut que la fumure soit donnée et enfouie avant l'automne. Au printemps, on donne un labour plus profond que celui d'automne, afin que le fumier qui s'est en partie décomposé dans la terre soit ramené à la surface.

Mieux vaut encore, comme cela se pratique dans le Palatinat, lorsqu'on sème de l'orge dans un terrain

maigre, lui donner du fumier liquide, lorsque l'orge
a déja levé.

En Angleterre on ne fume pas non plus pour
l'orge, même lorsqu'elle succède au froment en
troisième portée. Seulement, lorsque l'orge remplace le froment dans un herbage rompu, à cause
de la légèreté du sol, qui ne reproduirait pas de froment, ou répand une fumure sur le chaume avant
de le rompre; mais cette pratique n'est guère suivie
que dans le Norfolk et n'a guère pénétré dans les
autres comtés.

« Dans quelques contrées argileuses, les culti-
« vateurs suivent, au rapport d'A. Young, une pra-
« tique toute particulière. Ils donnent une jachère
« d'été et disposent le sol en billons de trois pieds de
« largeur, séparés par de bons sillons d'écoulement.
« Pendant les fortes gelées, ils déposent le fumier
« en tas sur les billons, où il reste jusqu'au temps de
« la semaille; à cette époque, ils le répandent devant
« la charrue. » Cette pratique est bonne; elle est généralement employée pour l'orge, lorsqu'elle succède
aux fèves, aux pois, aux vesces, aux pommes de
terre et aux navets. Après ces derniers cependant,
auxquels les Anglais ont coutume de donner beaucoup d'engrais, on ne voit pas pourquoi une nouvelle fumure. Aussitôt après la récolte de ces plantes
on laboure, on forme les billons et on trace les
sillons d'écoulement. Ce qui importe surtout, c'est
que la terre soit préparée de telle sorte, qu'elle n'ait

plus besoin d'autre façon que le labour pour la semaille.

Les meilleurs cultivateurs du Palatinat suivent une autre pratique très-remarquable et qui mérite d'être imitée ailleurs. Aussitôt que la céréale d'hiver, ordinairement l'épeautre, est enlevée, on sème des vesces sur le chaume et on le retourne de suite. On sème dru, pour que les tiges des vesces restent minces et que la pousse soit plus fournie ; lorsqu'elles sont hors de terre, on plâtre, afin d'en activer autant que possible la végétation. Destinées, non pas à être consommées comme fourrage, mais uniquement à engraisser le sol, le cultivateur de ces contrées ne se laisse jamais aller à la tentation de les faucher. Aussitôt qu'une gelée les a fanées et ramollies, il profite d'un temps froid et humide pour les enfouir. Même, surpris par l'hiver et n'ayant pu les enfouir, il se garde bien de les enlever au champ qui les a produites. Une riche et bonne récolte paye toujours sa persévérance et cette intelligente pratique. L'orge ainsi produite est plus pesante et surtout très-recherchée par les acheteurs. — *Cette pratique ne saurait être trop recommandée aux réflexions des cultivateurs encore attachés à la culture triennale.*

L'orge se sème au printemps, et sans autre façon, sur la tranche du labour qui a enfoui les vesces.

§ 6. *Préparation du sol.*

Si, comme nous l'avons remarqué dans le § précédent, les plantes dont la croissance est rapide ont besoin de trouver beaucoup de principes humeux assimilables dans le sol, il n'en est que plus nécessaire d'ouvrir et d'ameublir le sol qui doit les produire, pour que leurs racines puissent, dès leur naissance, s'étendre et pénétrer facilement dans toutes les directions pour chercher ces principes. Toutes les substances assimilables qui se trouvent dans le sol ne sont pas d'ailleurs en même temps et dès l'abord dans un état assez avancé de décomposition pour pouvoir être délayées par l'eau et absorbées par les organes de succion dont les plantes sont pourvues. Pour que l'humus soit amené à cet état de maturité, il faut que ses éléments soient exposés aux impressions de l'air par les labours et les binages. Ces façons répétées sont, en outre, nécessaires, parce qu'il faut un sol bien nettoyé à l'orge, moins capable que toutes les autres céréales de lutter contre l'envahissement des mauvaises herbes.

« Aucune céréale, dit Koppe, n'a besoin, autant « que l'orge, d'une terre bien travaillée. À richesse « égale du sol, elle rend jusqu'à quatre et cinq fois « de plus la semence, lorsque ce sol a été bien ameu- « bli et lorsque les circonstances atmosphériques « ont été favorables à cet ameublissement. »

Il ne s'agit donc que de savoir quand et comment les façons doivent être données aux terres à orge.

Il est peu de points de pratique agricole sur lesquels les opinions soient aussi partagées. Mais, à mon sens, cette divergence d'opinion ne fait que confirmer la règle : *Qu'il faut que les travaux préparatoires pour la culture de l'orge soient faits avant l'hiver, et que la terre soit prête à la recevoir au printemps.*

Après les pommes de terre, dont les façons constituent elles-mêmes une bonne préparation, cela va tout seul. Par l'extraction, soit à la charrue, soit à la houe, par le hersage pour glaner, par le labour pour rechercher les tubercules enfouis, la terre est assez bien travaillée pour que, au printemps suivant, un labour ne soit pas même nécessaire, et qu'il suffise d'un hersage énergique ou d'un simple trait de houe à cheval. Ce serait même une faute que de renverser par un labour une couche aussi bien ameublie, et surtout aussi bien adoucie par l'action des gelées et les influences de l'atmosphère, ce serait une dépense inutile que d'employer la charrue à ouvrir pour la semence une terre qu'on peut, dans ce cas, lui ouvrir en quatre fois moins de temps avec la houe à cheval ou avec la herse bien appliquée. Les mêmes observations s'appliquent aux sols qui ont porté des betteraves.

Le travail du sol, même après les céréales d'hiver, ne comporte que peu de modification. « A Ponitz, « dit Schmalz, j'ai obtenu de très-belle orge à deux « rangs, en faisant renverser les chaumes du seigle « par un labour superficiel dès le mois d'août, en

« faisant herser énergiquement peu après et donner
« un labour un peu profond au commencement de
« l'automne. Il suffisait ensuite d'un labour au
« printemps et d'un hersage pour préparer à la se-
« maille. J'ai essayé plusieurs fois de redoubler le
« labour d'automne et d'en donner également un
« second au printemps, mais jamais l'augmentation
« de récolte ne m'a payé de ce surcroit de travail *. »

Les expériences de Koppe sont d'accord sur ce point
avec celles de Schmalz. « En seconde portée, après
« du froment ou du seigle, l'orge rend, dit-il, au-
« tant qu'après les plantes sarclées, lorsque les chau-
« mes ont été retournés avant le mois de septembre
« et lorsque le second labour a pu être donné avant
« l'hiver. Non-seulement, dans ce cas, l'orge peut
« être semé d'aussi bonne heure qu'après les plantes
« sarclées; mais on reconnait encore qu'avec une
« pareille culture les céréales ne sont pas nuisibles
« à l'orge, comme précédent. Lorsque, cependant,
« il n'est pas possible de renverser le chaume de
« très-bonne heure, et que ce premier labour ne
« peut être donné que vers la fin d'octobre, celui
« qui veut semer de l'orge en avril ou au commen-
« cement de mai ne doit pas s'attendre à une bonne
« récolte. Après un labour si tardif, l'abaissement
« de la température ne permet plus à l'atmosphère
« d'exercer sur le sol une influence aussi favorable

* On trouvera cependant, quelques pages plus loin, l'application
d'une opinion différente dans les pratiques du Norfolk et de l'Altenbourg.

« et qui le prépare aussi bien à produire dès le com-
« mencement du printemps. Les graines alors répan-
« dues trouvent les éteules et les herbes encore en-
« tières ou très-peu décomposées. L'énergie de la
« herse peut bien diviser et pulvériser les mottes
« de terre que l'action de la chaleur et de l'hu-
« midité de l'air n'a pas pénétrées, et l'orge est con-
« fiée au printemps à un sol nouvellement ouvert que
« pénètrent alors les vents froids du nord-est. »

Aux environs de Spire, dans le Palatinat, on rompt le chaume de l'épeautre aussitôt après la récolte, après quoi on donne encore deux labours avant et pendant l'hiver. Au printemps, on ne donne plus d'autre labour que celui pour la semaille, labour remplacé par un hersage dans les sols moins sablonneux. Rompre le chaume le plus tôt possible et donner plusieurs labours avant l'hiver sont, aux yeux des habitants, des conditions indispensables pour espérer une bonne récolte d'orge. De deux expériences faites par M. Freytag, à Spire, la même étendue de terrain, labourée trois fois avant l'hiver, rendit 210 gerbes et 90 seulement sur un seul labour. Lorsque l'orge succède aux pommes de terre, on regarde un seul labour comme suffisant.

En Alsace, on regarde aussi comme une condition essentielle, pour obtenir une bonne récolte d'orge, de rompre le chaume du froment le plus tôt possible. Il suffit que cette façon soit retardée d'un mois pour qu'il soit facile de s'en apercevoir à la diminution du rendement de l'orge. On donne un second labour avant l'hiver. Le troisième et dernier labour se donne au printemps, aussitôt qu'on peut mettre la charrue dans la terre.

Dans le Palatinat, toutes les fois qu'on ne peut pas intercaler des vesces pour être enfouies comme engrais vert, on donne deux labours aux terres destinées à l'orge. Les vesces sur chaume reçoivent d'ailleurs toujours deux labours, l'un pour les semer, l'autre pour les enfouir.

Ces pratiques et l'expérience qui en résulte sont confirmées par le procédé des habitants de l'Altenbourg. Ils rompent le chaume du froment et du seigle, même avant l'enlèvement des gerbes placées en lignes, parce qu'on a observé que plus tôt le chaume avait été rompu, plus belle avait été la récolte d'orge. La température des beaux jours d'août et de septembre fait pourrir assez promptement les éteules, auxquelles on laisse jusqu'à 27 à 33 cent. de hauteur, et, avec les mauvaises herbes enfouies en même temps, elles forment une masse d'engrais assez considérable. D'un autre côté, les graines des mauvaises herbes ont le temps de lever et peuvent être détruites par les labours et les hersages suivants et par les gelées ; enfin cette pratique contribue puissamment aussi à la destruction du chiendent.

Aussitôt que toutes les façons sont données pour les céréales d'hiver, les chaumes qui ont été rompus les premiers sur les terres destinées à l'orge doivent recevoir un labour, après avoir été hersés. On laisse ce sillon ouvert jusqu'au printemps, et, aussitôt que le temps le permet, on herse de nouveau, et les cultivateurs soigneux donnent encore un labour. En mai, on donne enfin le quatrième et dernier labour, sur lequel on sème immédiatement. Toutefois, comme nous l'avons déjà rapporté, Schmalz regarde deux labours au printemps comme tout à fait superflus.

Il ne nous reste plus qu'à jeter un coup d'œil sur les pratiques de quelques pays étrangers et particulièrement de l'Angleterre qui, consommant beaucoup de bière, mérite d'être observée pour la culture de l'orge.

L'orge étant l'objet principal et en quelque sorte le pivot de la culture du Norfolk, et l'orge du Norfolk étant généralement préférée à celle de toutes les autres contrées de l'Angleterre, je crois devoir rapporter ici la pratique de ce comté avec presque autant de détails que nous en donne Marshall.

Lorsque, dans le Norfolk, l'orge doit succéder au froment, on conduit sur le chaume de celui-ci des navets récoltés sur d'autres champs pour y être consommés par le bétail à l'engrais. Le chaume, ainsi piétiné et enrichi des déjections du bétail, reçoit un labour superficiel avant l'hiver. Au mois de mars, on donne un labour profond et en travers, après avoir bien hersé. Lorsque la terre est encore trop tenace à cette époque, ou si le temps est pluvieux, on reforme, par le labour, les billons dans le sens qu'ils avaient l'année précédente. Au mois d'avril, on herse et on donne un labour en long,

à toute profondeur, de manière à former des billons
plats de cinq jusqu'à dix pas de largeur. Aussitôt
le temps de la semaille arrivé, on herse, on passe
le rouleau, on sème et on couvre la semence par
un labour superficiel, de manière à ce que le sillon
d'écoulement se trouve au milieu des billons formés
en dernier lieu.

Lorsque l'orge doit succéder à des navets, on
donne un labour aussitôt qu'ils sont enlevés. Mais
la récolte des navets peut avoir lieu à trois époques :
à la fin de l'automne, au commencement de l'hiver,
et en hiver. Dans le premier cas, on laboure superficiellement, et, dans le second, très-profondément ;
cependant certains cultivateurs s'écartent de la règle et suivent des pratiques différentes. Quelques-
uns sèment sur le premier labour et couvrent la semence à la herse ; d'autres, et c'est le plus grand
nombre, donnent encore deux labours, et il n'est
pas rare de voir donner jusqu'à trois labours dans
la même semaine.

Il paraît contraire à la raison d'employer ainsi,
coup sur coup, la charrue, parce que les mauvaises
herbes ne peuvent avoir le temps ni de se décomposer sous la couche retournée, ni de se dessécher
à la surface, parce que leurs graines ne peuvent
germer et que l'humidité, qu'il importe de conserver au sol, ne peut que s'évaporer très-promptement *. Cependant, comme les cultivateurs les plus

* On pourrait en conclure aussi que la conservation de l'humidité
dans le sol n'est pas favorable à l'orge, surtout dans les sols sablonneux.

éclairés s'obstinent dans cette pratique, et que l'expérience ne manque pas d'en confirmer la bonté, il faut bien en conclure que ce n'est pas sans raison qu'ils fatiguent ainsi leur terre et leurs attelages. Il en est même qui donnent encore un labour de plus, surtout lorsque la saison est humide. Il faut en conclure surtout qu'ils ont reconnu que l'orge se plaisait particulièrement dans un sol bien ameubli et réduit le plus possible à l'état de poussière.

Le printemps tardif de 1782 mit à l'épreuve le savoir des cultivateurs du Norfolk. Deux fois ils mirent leurs champs en billons, n'ayant pas plus de deux tranches de largeur, afin de favoriser autant que possible l'action de l'air, de telle sorte que deux à trois jours de temps sec suffirent pour qu'il leur fût possible de semer et que la terre fut réduite en poudre aussitôt que ressuyée.

Les mêmes pratiques sont suivies également sur les chaumes de froment, à cette différence près que l'ameublissement par la charrue n'est pas poussé aussi loin, parce qu'on compte que le mélange des

Cette observation est confirmée par ce que rapporte Bœnninghausen dans sa *Description de l'agriculture de la Twente*, en parlant de la culture du seigle. « On laboure le sol assez bas, et pour toutes les « cultures, d'aussi bonne heure que possible, afin que, comme disent « les paysans, l'hiver puisse en sortir. Ce n'est qu'avec beaucoup de « peine que je me suis laissé convaincre qu'ils entendaient parler de « l'humidité, qu'on attache ailleurs tant d'importance à retenir ; il m'a fallu un grand nombre d'observations pour reconnaître que ce précepte, tout empirique, était cependant rationnel et, par conséquent, « bon. »

racines et des éteules avec le sol l'ameublit déjà et favorise l'extension et le passage des racines de la plante. « Ceci, dit Marshall, peut servir à expliquer « ce singulier fait d'expérience , que l'orge réussit « mieux d'ordinaire après le froment qu'après les « navets *. »

Lorsque l'orge doit succéder, dans le Norfolk , à un herbage de deux ans, on le rompt dès l'automne et on donne au sol les mêmes façons qu'au chaume de froment.

C'est ainsi un principe général que celui de l'ameublissement complet du sol avant l'hiver. Mais il n'est pas toujours donné au cultivateur de pouvoir accomplir les meilleures règles. Là où il faut cultiver beaucoup d'avoine , le cultivateur est obligé de lui donner d'abord tous ses soins, parce que l'orge s'accommode mieux que l'avoine d'une semaille tardive. Souvent les gelées arrivent avant qu'on ait pu donner toutes les façons préparatoires pour l'avoine. Il faut alors que les façons préparatoires pour l'orge soient remises au printemps , et se contenter de rompre les chaumes avant l'hiver ; il est sage alors de ne semer que de la petite orge , dont la semaille peut se retarder jusque dans la première quinzaine de juin.

---

* C'est ce que n'admettront pas volontiers les partisans exclusifs du système alterne , qui regardent comme une hérésie la culture de l'orge après le froment , sans l'intercalation d'une culture sarclée ou jachère.

§ 7. *Temps de la semaille.*

Suivant l'époque à laquelle on la sème, on appelle la même espèce d'orge hâtive ou tardive. Toujours est-il que l'orge à quatre rangs ou petite orge s'accommode mieux d'une semaille tardive que la grande ou orge à deux rangs, sans cependant que ce soit une nécessité de la semer plus tard. Il s'ensuit que, pour déterminer l'époque de la semaille, il faut prendre en considération, outre l'espèce de l'orge, d'autres circonstances encore.

Avant tout il faut que le sol soit bien préparé, et c'est toujours là la condition principale. La seconde condition est une température favorable à la semaille. Ces deux conditions se trouvant réunies, il y aurait folie à remettre jusqu'au mois de mai, et plus encore jusqu'au mois de juin, ce qu'on pourrait faire en avril et même en mars; d'autant plus que, dans la règle, la semaille d'orge faite de bonne heure est celle qui promet les meilleurs résultats, ainsi que le remarque Arthur Young.

Plus le sol est disposé à se dessécher, plus le climat est sec, et plus il importe que l'orge soit semée de bonne heure, afin qu'elle puisse profiter de l'humidité laissée au sol par l'hiver; il est aussi plus facile, dans ce cas, de préparer le sol de bonne heure, parce qu'on n'est pas contrarié par les obstacles qu'opposent souvent les sols argileux, obstacles que rend plus difficiles à vaincre un climat humide ou une saison pluvieuse.

Outre l'impossibilité dans laquelle le cultivateur le plus actif peut quelquefois se trouver de tenir ses champs prêts à être ensemencés de bonne heure, certaines circonstances peuvent encore le détourner volontairement de hâter certaines façons : par exemple, lorsque ces champs sont infestés de faux raifort. Lorsqu'on n'a pas pu laisser lever cette plante plusieurs fois avant l'hiver, il faut lui en donner le temps avant le printemps ; et, pour qu'elle puisse germer, il faut un certain degré de chaleur et, le plus souvent, le soleil de mai.

Lorsqu'il arrive presque toujours, comme cela a lieu en Alsace, que, si l'orge n'est pas étouffée complétement par le faux raifort, elle a toujours une lutte acharnée à soutenir contre cette mauvaise herbe, je ne saurais trouver d'autre cause à cette circonstance que la semaille faite trop tôt, dans un système de culture triennale sans sarclage ni jachère. Si le cultivateur du Palatinat obtient de meilleurs résultats d'une semaille faite d'aussi bonne heure que celle de l'Alsacien, il le doit, sans doute, à son système d'assolement. Tous deux ont cependant et dans leur climat et dans leur sol de puissantes raisons pour semer de bonne heure.

Arrêtons-nous un moment à l'examen de quelques exemples particuliers.

En Alsace, comme dans le Palatinat, on sème l'orge, autant que possible, dès le mois de février, sans s'inquiéter de l'humidité du sol et en cherchant même à en profiter. L'Alsacien aime à voir l'eau suivre sa charrue dans le sillon qu'il ouvre pour la semaille. L'expérience lui a appris que l'orge semée dans une terre sèche lui rendait beaucoup moins. Depuis longtemps il est passé en proverbe, en Alsace que, pour récolter de tout à foison, il fallait semer le seigle dans la poussière, l'orge dans la boue et le froment dans les mottes.

Cependant les Alsaciens n'ignorent pas que cette pratique de semer l'orge dans la boue ne convient qu'aux sols qui se délitent d'eux-mêmes en séchant, et on en trouve la preuve dans la pratique suivie par eux dans les sols d'une nature plus tenace. « Pour semer les céréales d'été, dit Schrœder, les « cultivateurs de mon canton choisissent toujours « un temps sec. Lorsque l'orge a été semée dans la « boue, ils la regardent comme à moitié perdue ; « car, chaque grain étant comme renfermé dans une « croûte très-dure, la plupart des germes n'ont pas « la force de la percer. Aussi attendent-ils, pour « semer, que le temps soit beau et la terre suffisam- « ment ressuyée. » Des deux expériences opposées, il s'ensuit que, tandis qu'on sème dès le mois de mars dans la plaine d'Alsace, on ne sème guère qu'un mois plus tard sur les plateaux et vers la montagne.

Dans le Palatinat, sur l'une comme sur l'autre rive du Rhin, on sème d'aussi bonne heure qu'en Alsace. Là, ce qu'on pourrait craindre surtout en semant dès le mois de mars, c'est le tort que pour- raient causer les gelées tardives, qui sont très-fré- quentes et assez fortes ; mais de nombreuses expériences ont prouvé qu'elles n'étaient pas nuisibles. En 1788 il survint en Alsace de la neige et une forte gelée immédiatement après la semaille, et la récolte d'orge n'en fut pas moins très-belle. En 1813, dont le printemps fut marqué par des gelées tardives très-fortes, qui eurent lieu pendant que l'orge germait et levait, ces gelées ne firent aucun mal aux orges; il y en eut même beaucoup dont la crue fut si forte qu'elles versèrent.

Burger est également d'avis que l'orge doit être semée de bonne heure. « L'orge semée de bonne « heure, dit-il, donne, suivant mon expérience et « celle de tous les cultivateurs, des grains plus par- « faits que l'orge semée tard. Aussi, pour pouvoir « semer la grande orge le plus tôt possible, on pré- « pare le champ dès l'automne de sorte qu'au prin- « temps il n'y ait plus qu'à semer. Au moment de « semer, on ne donne qu'un trait de herse, on sème « et on couvre avec l'extirpateur. — En cas de né- « cessité pourtant, on peut semer l'orge très-tard, « et, la petite, jusque dans la première quinzaine « de juin; mais on ne retarde guère la semaille au « delà des premiers dix jours de mai. Dans les « meilleures exploitations, on sème les terres sèches « en mars, et les terres humides en mai, parce que « l'orge ne supporte pas l'humidité et qu'il faut don- « ner le temps à la terre de se ressuyer. » — Nous avons vu, dans les pratiques opposées de l'Alsace, qu'on y avait surtout égard à la nature du sol.

Dans les données des Anglais sur le temps de la

semaille, nous trouvons l'opinion d'Arthur Young
en opposition avec ce que nous rapporte Marshall, si
consciencieux observateur, sur la pratique du Norfolk. Je crois d'autant plus devoir rapporter ici les
deux opinions, que la culture de l'orge n'est nulle
part l'objet d'autant de soins qu'en Angleterre.

« Le mois de mars, dit Young, est l'époque la
« plus convenable pour confier l'orge à la terre ;
« semée plus tard, elle peut rendre beaucoup encore
« sous des circonstances d'ailleurs égales, mais
« l'orge semée en mars aura toujours l'avantage de
« la quantité..... Je ne prétends pas cependant que
« le mois d'avril ne soit absolument pas convenable,
« mais, si les conditions de sol, de préparation,
« d'engrais, etc., sont égales, la semaille de mars
« rendra, dans une moyenne de plusieurs années,
« quatre bushels (un hectolitre et demi par hectare)
« de plus que la semaille d'avril..... Je ne prétends
« pas soutenir non plus que la réussite des se-
« mailles de mars est infaillible. L'important, pour
« la semaille de toutes les céréales, et surtout pour
« celle de l'orge, c'est que le sol soit bien sec. Assez
« souvent le mois de mars s'écoule, sans qu'on
« trouve un moment favorable pour labourer une
« terre encore mouillée *. Dans ce cas, on ne peut
« pas semer l'orge. Aussi la règle de semer l'orge
« en mars est-elle subordonnée à la condition que
« la terre soit suffisamment ressuyée pour qu'on

* Une preuve de plus de la nécessité de donner autant que possible
les façons avant l'hiver.

« puisse labourer. Succédant à une jachère d'été,
« dans une terre forte, l'orge doit être semée sur un
« seul labour, donné aussitôt que possible, soit en
« février, soit en mars. »

« Toutes les orges, continue Young, qui n'auraient
« pu être semées en mars, doivent du moins être en
« terre à la mi-avril. Je suppose, il est vrai, que le
« sol est préparé dès l'automne, ainsi que c'est la
« règle et l'usage, de manière à ce que la semaille
« puisse être faite dans le premier sillon ouvert au
« printemps. A mon sens, il ne convient de donner
« plus d'un labour au printemps que lorsque la
« terre est devenue tellement compacte avant l'hiver,
« que le premier trait de charrue ne la retourne
« qu'en tranches continues. Dans quelques contrées,
« les cultivateurs retardent la semaille jusque dans
« les derniers jours d'avril et même jusqu'en mai,
« pour gagner le temps de donner trois labours de
« printemps ; mais ils perdent ainsi, par une se-
« maille tardive, plus qu'ils ne peuvent gagner par
« la multiplication de façons. Lorsque le trèfle est
« la cause de ce retard et lorsque le sol n'est pas
« particulièrement approprié, il faut bien retarder
« la semaille. Mais c'est toujours la faute d'une
« mauvaise combinaison de travaux ; car de telles
« circonstances doivent être prévues et tous les
« champs non semés en automne doivent être la-
« bourés dans cette saison : *un bon cultivateur doit*
« *mettre tous ses soins à surmonter les obstacles*

« *que lui opposent les circonstances, pour peu que*
« *ces obstacles soient surmontables.* »

« Dans le système moderne [*], qui consiste à
« éviter tout à fait le labour du printemps, en don-
« nant d'ailleurs à la terre le nombre de façons pro-
« portionné à sa ténacité, on compte sur la gelée
« pour opérer la pulvérisation du sol. On s'efforce,
« par conséquent, de donner à la surface une forme
« telle, qu'il suffise d'y répandre la semence au
« printemps. Lorsque la température n'est pas fa-
« vorable en mars, lorsque la surface à semer est
« trop étendue pour que la semaille puisse se faire
« par un temps propice, lorsqu'enfin les mauvaises
« herbes se sont emparées du sol, et qu'il faut pas-
« ser l'extirpateur ou la houe à cheval, on retarde
« la semaille jusqu'en avril. »

Il reste peu de choses à ajouter aux judicieuses observations d'Arthur Young ; cependant, comme
nous l'avons déjà remarqué, elles sont en contradiction avec la pratique suivie par les grands cultivateurs d'orge du Norfolk dans leurs terres légères.
« On ne se presse pas, dit Marshall, de semer l'orge;
« on ne commence guère avant la mi-avril et on
« craint peu d'attendre la première quinzaine de
« mai. On choisit bien plus le moment de la semer

---

[*] Je ne m'excuse pas d'une aussi longue citation d'Arthur Young.
Je désire que les paroles du maître soient utiles à mes lecteurs autant
qu'elles me l'ont été à moi-même ; elles auront d'ailleurs, je l'espère,
plus d'autorité que les miennes.

« d'après la température que d'après le calendrier.
« Bien avant que Linnée eût recommandé de se
« régler sur la pousse de feuilles de certains arbres,
« il existait dans le Norfolk un dicton populaire
« suivant lequel la semaille devait être faite au
« moment où les bourgeons du chêne s'entr'ouvraient
« pour donner passage aux feuilles. — En 1782
« beaucoup de semailles d'orge furent retardées
« jusque dans le mois de juin, et la récolte n'en fut
« pas moindre. »

Non-seulement l'époque, mais la température
même du jour choisi pour la semaille de l'orge,
ne sont pas indifférentes. Si l'on prévoit de la pluie
pour le jour même, ou qu'il en puisse tomber avant
que la surface, toujours un peu fraîche après la semaille, soit ressuyée, on fait mieux d'attendre, surtout pour un sol argileux ; si la semaille est com-
mencée et qu'on soit menacé de pluie, il faut
s'arrêter et suspendre pour les terres qui n'ont pas
encore reçu la semence. L'inconvénient est moindre
cependant lorsque la semence s'enterre à la charrue
que lorsqu'on la couvre à la herse, parce que la surface en sillons se ressuie plus promptement que celle
unie par la herse, et parce que le hersage qu'il
faut donner à l'orge enfouie à la charrue peut se
retarder sans inconvénient pendant plusieurs jours.

Les Courlandais s'appliquent à saisir le moment
où, suivant l'expression allemande, *la terre fleurit.*
Cet état de la terre ne peut, disent-ils, se décrire ; on
ne peut même l'observer en regardant par la fenêtre ;

on ne peut le reconnaître que dans les champs et à la pointe du jour : remarque-t-on alors une vapeur légère se balançant à la surface du sol, ce qui n'a lieu qu'après quelques journées chaudes et sereines, c'est le moment propice pour la semaille de l'orge.

§ 8. *Quantité de semence.*

	hectolitres.
On sème, par hectare,	
En Alsace.	3.38
Chez Mœllinger, Palatinat.	2.02
Dans l'Altenbourg.	2.21
Comte de Podewils, sur jachère, en première et seconde portées.	3.20
A Hohenheim, après les pommes de terre et l'épeautre.	2.25
Docteur Burger, après les pommes de terre.	3.14
Le même, après le maïs, accidentellement.	4.28
Schwerz, après la navette.	2.28
Le même, après les carottes.	3.90
Sur les bords de la Meuse.	2.13
Dans le Norfolk, d'après Marshall.	2.92
En Angleterre, d'après Begtrop.	2.67
En Angleterre, d'après le même.	3.50
Arthur Young, terres fumées.	2.65
Le même, terres non fumées.	4.80
Le même, dans son calendrier agricole, pour les sols légers.	1.78 à 2.67
En moyenne, sur divers sols.	2.67 à 3.57
Moyenne générale.	3.″″

Le compte à tenir pour la proportion de semence de la force du sol et de son état de préparation ne saurait être établi *à priori*. Même, après avoir évalué aussi exactement que possible, tous les éléments, toutes les données de cette proportion, on peut être encore trompé dans son calcul, surtout accidentellement, à raison de la grande influence de la température sur une plante dont le développement a lieu dans un temps si court. Après la récolte, on regrette, le plus souvent, d'avoir semé trop ou trop peu. Ainsi la proportion de Hohenheim paraîtra trop faible au plus grand nombre des praticiens, et cependant elle était encore trop forte en 1823. Cette récolte eût été magnifique, si l'orge n'avait pas versé. En 1822, j'avais regretté de n'avoir pas mis un tiers de semence de plus. Tant il est vrai, comme dit le proverbe, que *le cultivateur voit toujours clair un an trop tard.*

Arthur Young fit l'expérience de pousser la proportion de semence jusqu'à 6,77 hectolitres, par hectare, dans un sol non fumé, et ce fut sur cet essai qu'il obtint la plus belle récolte. Mais cela n'était bon que pour l'année même de l'expérience. Burger aussi obtint la plus belle récolte d'une très-forte proportion de semence accidentellement employée. Les produits que j'ai obtenus moi-même de 3,90 hectolitres de semence, dans une terre médiocrement grasse, après des carottes, et de 2,28 hectolitres de semence, dans une terre très-grasse, après de la navette, se sont trouvés dans le rapport de 52 à 54 pour le grain, et de 208 à 187 pour la paille.

Le docteur Burger se montre disposé à soutenir qu'il convient, en général, de forcer un peu la proportion de semence ; opinion qui se trouve en contradiction avec le dicton populaire de l'Altenbourg : que celui qui sème trop clair en automne et trop dru au printemps n'a que faire d'agrandir sa grange. En Alsace on prend un tiers de plus d'orge qu'on ne prendrait de froment ; ce qui coïncide exactement avec la moyenne que j'ai indiquée pour les deux espèces de céréales.

§ 9. *Enfouissement de la semence.*

On recouvre soit à la charrue, soit à la herse ; l'avantage est, suivant les circonstances, à l'une ou à l'autre pratique.

Avec la charrue la semence arrive à une plus grande profondeur, reste plus longtemps entourée d'humidité et lève plus également. Cette pratique a un avantage évident, lorsque la semaille est tardive, lorsqu'on sème à la fin de mai sur un sol envahi par des mauvaises herbes se reproduisant de semence, surtout par le faux raifort, et qu'on enterre ces herbes avec la semence d'orge. Quand bien même on pourrait aussi bien détruire les mauvaises herbes avec l'extirpateur ou la houe à cheval, cet instrument ne conviendrait pas aussi bien que la charrue pour couvrir la semaille, parce que la surface du sol serait plus promptement desséchée.

L'enfouissement à la charrue est surtout convenable dans les sols légers et aux climats secs : on en rencontre aussi la pratique dans les pays où règnent certains vents, dans les contrées sablonneuses, sur les sols qui se dessèchent facilement, dans le Palatinat, en Alsace, etc. ; c'est par cette raison aussi que la province de Norfolk suit cette pratique, tandis que, dans toutes les autres provinces d'Angleterre, on enfouit à la herse.

Par contre, l'enfouissement à la herse convient aux terres fortes, lorsque le sol ou le climat est humide et, accidentellement, lorsque les travaux sont trop considérables. Par cette raison, on rencontre souvent les deux pratiques dans le même pays, l'une à côté de l'autre. Dans la région de l'Alsace, dont le sol le plus fertile tient le milieu entre les terres fortes et les terres légères, on rencontre la combinaison des deux méthodes pour une même semaille ; c'est-à-dire qu'on enfouit d'abord un tiers de la semence à la charrue et qu'on sème ensuite le reste sur le sillon ouvert pour l'enfouir à la herse. Je ne saurais dire exactement quelle est l'utilité de cette méthode ; toujours est-il que, si l'orge lève en même temps, l'inconvénient de deux époques de pousse n'est évité que parce que la semaille a lieu de très-bonne heure, à la fin de février ou au commencement de mars.

Au rapport de Marshall, on enfouit aussi à la herse dans le Norfolk, mais seulement quand la saison est pluvieuse et en cas de nécessité, parce que l'enfouissement à la charrue est généralement considéré comme plus avantageux.

Lorsqu'on veut enfouir l'orge à la herse, dans un sol sec et par une température sèche, il faut donner un labour immédiatement avant la semaille. On répand la semence sur le sillon et on enfouit avec la herse, attelée par derrière, de manière à ce que ses dents soient traînantes et non mordantes *, et on passe ainsi la herse en long et en travers. On passe le rouleau, on herse, avec la herse attelée par devant, et on passe encore une fois le rouleau.

La pratique des Courlandais, de semer, le soir, sur la rosée, pour enfouir, le lendemain, à la pointe du jour, soit à la charrue, soit à la herse, est bien entendue et ne peut être que très-utile en temps sec. Comme ils le disent, la semence est amollie par la rosée, le vent et le soleil n'ont pas le temps d'enlever à la terre son humidité; mais il faut que toute la besogne soit finie dans la matinée. Thaër rapporte également que, dans plusieurs contrées, les bons cultivateurs attachent une grande importance à cette pratique de semer dans la rosée, et le prévôt Lœder, qui s'est rendu si utile à l'agriculture du Nord, la recommande de toute l'autorité de son expérience.

Le printemps sec de 1822 fut un exemple remarquable des effets de la sécheresse au moment de la

---

* Tous les cultivateurs savent que les dents d'une bonne herse doivent avoir une certaine inclinaison de l'arrière à l'avant.

semaille. Les orges qui ne manquèrent pas complétement firent deux pousses, à un assez grand intervalle. Pendant tout l'été, il fut facile de distinguer, sur une même pièce d'orge, la partie qui avait
été semée et hersée, le matin, de celle qui l'avait été
le soir. Cette expérience vient à l'appui des observations sur lesquelles se fonde la pratique des Courlandais et la recommande à l'attention des cultivateurs intelligents.

L'enfouissement de l'orge au cultivateur, à la
charrue à plusieurs socs, soit celle de Fellenberg,
soit même celle perfectionnée de Hohenheim, n'a
présenté à l'observation aucun avantage, ni au
moment de la germination, ni plus tard, sur l'enfouissement à la herse ; la seule différence reconnue
a été celle de la perte du temps avec tout autre instrument que la herse. Je suis convaincu que le cultivateur, pourvu d'une bonne herse brabançonne,
n'aura que bien rarement à regretter de n'avoir pas
fait la dépense d'un extipateur.

Après l'enfouissement à la charrue, le passage de
la herse sur les sillons est une opération toujours
indispensable. Elle peut se faire, il est vrai, quelques
jours, huit jours même après la semaille. Dans le
dernier cas même la surface s'ameublit mieux et,
s'il survient une averse peu après la semaille, il ne
se forme pas de croûte, ou elle est plus facile à
rompre avec la herse. Seulement, dans une saison
très-sèche, je préférerais le hersage immédiat, comme
moyen de retenir l'humidité. En pareil cas, toute-

fois, j'emploierais de préférence le rouleau, aussitôt après la charrue, quitte à n'employer la herse qu'au bout de quelques jours.

Qu'on ait enfoui à la herse ou à la charrue, l'effet d'une forte pluie ou d'une averse survenue et durcissant la surface du sol, avant que les pousses de l'orge soient sorties, est toujours extrêmement nuisible. Lorsque cela arrive, que l'orge soit ou non en train de germer ou de percer, il faut herser, pour déchirer la croûte du sol, sans quoi les pousses s'étrangleraient et ne pourraient vaincre l'obstacle qu'elle leur oppose. J'ai remarqué, au contraire, que la pluie et même une inondation, arrivant et resserrant le sol, après que l'orge a percé, la pousse continue, sans doute, parce que le germe est alors déjà assez fort, peut-être, seulement parce qu'il a déjà pris une bonne direction.

S'il convient de ne pas appliquer le rouleau de suite après l'enfouissement dans un sol humide et lourd, par un temps humide, son application est trés-utile dans toutes les autres circonstances. Presque partout il est d'usage de donner un tour de rouleau sur les semailles d'orge; on le donne cependant plus généralement lorsque l'orge a environ un doigt de hauteur, que de suite après la semaille. Quoi qu'il en soit, lorsque les circonstances sont favorables, je regarde comme plus avantageux de le donner de suite. En 1831, je fis, comme expérience, rouler la moitié d'un champ d'orge immédiatement après la semaille et l'autre moitié plus tard. La différence fut si sensible, qu'on eût cru l'orge roulée la première semée quinze jours plus tôt que l'autre; elle conserva cet avantage jusqu'à la récolte. Cette méthode a encore cet avantage, qu'on peut revenir une seconde fois avec le rouleau, lorsqu'on en observe plus tard la convenance. D'après d'autres observations encore, je ne saurais assez recommander la pratique de rouler l'orge aussitôt après l'avoir semée et enfouie.

Quelques mots encore d'un homme d'expérience. « J'ai toujours trouvé de l'avantage, dit Schmalz, à « passer le rouleau de suite après la semaille, sur- « tout pour les terres nettes de mauvaises herbes. « Le sol retient plus longtemps l'humidité, le grain, « mieux pris dans la terre, germe plus vite, la plante « talle mieux et produit plus tôt de l'ombre, que « lorsqu'on n'a pas roulé ou lorsqu'on a roulé tard. « On croit, à la vérité, qu'il ne faut pas rouler de « suite les champs infestés de mauvaises herbes, « de crainte d'en favoriser la croissance plus que « celle de l'orge ; mais je crois que, dans ce cas, la « mauvaise herbe non roulée n'en prospérerait pas « moins et que c'est une raison de plus de venir au « secours de l'orge. »

§ 10. *Soins et façons.*

A peine l'orge commence-t-elle à percer, qu'on voit s'élever à côté d'elle son constant ennemi, le faux raifort. D'abord peu apparent, peu différent de l'orge, il menace bientôt d'une destruction complète celle surtout du cultivateur à trois soles, lorsque les gelées et les pucerons ne lui font pas la guerre. L'orge du cultivateur alterne n'en a guère moins à redouter, quelque confiance qu'il puisse avoir dans une pratique qui fait moins beau jeu aux plantes parasites. Il se peut qu'il existe quelque part des champs assez heureusement situés, d'un sol assez heureusement constitué pour n'avoir rien à craindre sous ce rapport; leurs propriétaires doivent s'estimer heureux et plaindre ceux de toutes les autres terres, auxquels il ne reste d'autre ressource que *le sarclage*, si mieux ils n'aiment, ou s'ils ne peuvent modifier leur système d'assolement. Ceux qui seront effrayés de cette vérité en trouveront cependant le correctif dans la suite de cet ouvrage, et il faudrait ne pas connaître les conséquences d'une négligence à cet égard pour ne pas recourir aux moyens de les éviter.

On sarcle donc en Angleterre, dans les Pays-Bas et à Hohenheim. On commence en juin, quelquefois un peu plus tard, mais toujours avant que l'orge ne soit trop haute. Il serait, sans doute, bon de se mettre plus tôt à la besogne; mais, comme les plantes de faux raifort, trop jeunes, échappent aux sarcleurs et qu'un second sarclage devient ainsi nécessaire, on retarde, pour n'en faire qu'un seul et diminuer d'autant les frais de cette opération.

Dullo rapporte, dans son économie rurale de la Courlande, avoir fait renverser, par un trait de charrue * en long et un autre en large, de l'orge déjà germée et même levée, dans laquelle se trouvait beaucoup de faux raifort, et avoir obtenu d'excellents résultats de cette pratique, même par un temps sec, mais surtout lorsqu'elle était suivie d'une pluie. Si les avantages attribués par Dullo à l'application de la charrue devaient se constater, elle serait, sans doute, préférable à celle de la herse, avec laquelle on ne parvient à faire que peu de mal au faux raifort.

Néanmoins M. de Witten insiste beaucoup pour l'emploi de la herse au moment où l'orge a atteint de six à huit centimètres de hauteur. Seulement il recommande aussi de ne herser que dans un sens, parce que, dit-il, l'orge souffre bien d'être comprimée à la terre et dérangée une fois, mais non d'être ensuite relevée ou déchaussée.

L'orge a un autre ennemi très-dangereux dans la crête-de-coq (*rhinanthus crista galli*). Beau-

---

* Je ne connais, pour mon compte, aucune expérience heureuse de cette pratique; j'en connais, au contraire, plusieurs de malheureuses; entre autres, celle du conseiller Thaër de 1810 à 1811. La même observation est à faire pour l'avoine.

coup de personnes ne craignent cette mauvaise herbe que pour les prairies, dont le sol est argileux, serré et humide, où elle fait, il est vrai, le plus grand mal. On ne la rencontre pas moins dans les terres à orge de certaines contrées, où elle devient plus forte encore que dans les prairies. Apparaît-elle dans un champ d'orge, il n'y a pas à capituler, il faut recourir au sarclage. Elle est d'autant plus difficile à extirper, qu'on ne commence à la bien reconnaître qu'alors que l'orge commence à montrer ses épis. Le paysan alsacien, qui se résout difficilement au sarclage, n'hésite pas à entrer dans les champs d'orge, dès qu'il y reconnaît la crête-de-coq, moins soucieux du dégât momentané qu'il peut faire que de celui qu'il sait que lui causeraient plus tard quelques pieds seulement de cette détestable plante, qui mûrit si promptement et répand si loin ses graines.

Le sarclage est plus indispensable encore là où se montre la marguerite (*chrysanthemum leucanthemum*, L.); heureux les pays où on ne la connaît pas!

Les gelées sont, comme nous l'avons déjà dit, bien moins redoutables pour l'orge; les jeunes feuilles qui en ont été frappées repoussent, ainsi que l'apprend l'expérience des cultivateurs du Palatinat. L'orge souffre davantage d'une température trop humide pendant sa première croissance, et, lorsqu'elle en devient jaune, on peut renoncer à l'espoir de la récolte. Vient-elle à manquer d'humidité au moment où elle doit former ses épis, elle donne beaucoup moins, même lorsqu'elle a conservé une belle apparence.

Lorsque l'orge croît trop vite, on doit prévoir qu'elle versera, et il convient de prévenir cet inconvénient en effiolant. L'orge cultivée dans un assolement triennal à Hohenheim, quoique effiolée, versa en 1823; ses épis germèrent et firent des pousses sur lesquelles se formèrent, incomplétement il est vrai, des épis.

§ 11. *Récolte.*

L'orge, ainsi que le remarque Trautmann, dans son excellent Guide d'agriculture, lève très-vite, lorsque le temps est propice, souvent dès le quatrième ou cinquième jour, elle montre une feuille large, moins pointue et d'un vert plus clair que l'avoine et continue à croître avec une rapidité extraordinaire. Comme le dit le proverbe, on peut faire rentrer la petite orge dans le sac neuf semaines après l'en avoir tirée. Dans les étés les moins chauds, il lui faut à peine trois mois pour arriver à maturité. Le moment où la maturité arrive doit être bien attentivement observé, si l'on ne veut pas laisser une grande partie de la récolte sur le sol qui l'a produite : on préfère, par cette raison, la couper dans ce qu'on appelle sa maturité jaune, et l'on n'attend pas qu'elle blanchisse; mais il faut alors la laisser quelques jours sur le chaume. Est-il arrivé qu'on ait laissé passer ce moment, il ne faut couper que de grand matin et ne manier l'orge qu'avec précaution.

L'orge arrive à maturité soit plus tôt, soit en en même temps, soit après le froment et l'épeautre. Lorsqu'elle mûrit en même temps, on la récolte la première, ce qui n'augmente ni n'entrave pas beaucoup les travaux, là surtout où, comme en Alsace et en Angleterre, l'orge ne se coupe pas, mais se fauche, ce qui est l'affaire de deux à trois jours. Elle peut rester jusqu'à huit jours en andains et en javelles. On aime à la laisser bien sécher sur les champs, parce que, rentrée humide, elle prend volontiers le roux. « On laisse l'orge, dit Arthur Young, de trois « à huit jours sur le chaume, où l'on ne doit pas « craindre qu'elle reçoive une forte pluie, qui, loin « de lui faire du tort, fait gonfler le grain et lui « donne une plus belle apparence. Mais la durée « de l'humidité nuit à la qualité de la paille comme « à celle du grain. Dans quelques contrées, on « rentre l'orge aussitôt après l'avoir coupée, ce qui « est presque toujours dangereux. »

En Alsace on ne lie pas l'orge en gerbes : le jour avant de l'engranger, on la rassemble en petits tas avec des fourches ; on charge le lendemain, de grand matin, pendant la rosée, et on engrange. On garnit les chariots d'une grande toile. Le râteau à glaner recueille derrière le chariot ce que les chargeurs ont laissé tomber. On perd de la sorte une plus grande quantité d'orge que lorsqu'on coupe à la faucille et qu'on lie en gerbes ; mais on regarde cette perte comme largement compensée par l'économie de cette pratique.

Dans le Norfolk, on attend, pour récolter l'orge, qu'elle soit en pleine maturité, et cependant on la coupe toujours à la faux, jamais à la faucille. On arme la faux d'un petit arc en bois flexible, dont l'office est de retenir et de coucher les tiges de l'orge dans le même sens. On la laisse en andains, comme l'herbe. Lorsqu'il tombe de la pluie sur les andains ainsi disposés, on ne se presse pas de les retourner, et on se contente, le plus souvent, de soulever avec la fourche ou avec la hampe du râteau les épis collés à la terre. Cette opération si simple suffit et n'a pas pour résultat d'embrouiller et de ployer la paille, comme cela arrive en retournant les andains, ni surtout d'affaiblir la paille, de rompre et faire tomber les épis, qui germent à terre, comme cela arrive lorsque, par un temps pluvieux, on retourne les andains plusieurs fois. Ce n'est que lorsque les andains sont bien secs d'un côté, qu'on les retourne pour mettre ensuite en petits tas.

Mais on ne doit mettre en tas que lorsqu'on est à peu près sûr de pouvoir engranger le même jour. On regarderait comme une grande négligence de laisser l'orge ainsi pendant une nuit. Les petits tas se font d'ailleurs très-vite, à l'aide d'un râteau à longues dents. On réunit avec ce râteau autant d'orge que le chargeur peut en enlever avec sa fourche. On voit qu'en Norfolk, comme en Alsace, on ne prend pas la peine de lier l'orge. Mais, comme dans le

Norfolk on met presque toutes les céréales en meules, on observe de laisser une ouverture verticale
au centre de la meule, qui fait office de cheminée
et donne issue aux vapeurs. Dans les années plu-
vieuses, ou lorsque l'orge n'a pu être rentrée bien
sèche, il est prudent de prendre la même précaution
en la serrant dans les granges.

§ 12. *Rendement.*

	Par hectare. hectolitres.
Exploitation de Moeglin, moyenne de 7-8 années *.	18,10
Comte Podewils, 1re portée.	22,50
Le même, 2e portée.	10,30
Burger, après du maïs et des pommes de terre.	{38,50
Le même, mêmes précédents.	40,10
Le même, *id.* *id.*	44,70
Le même, *id.* *id.*	48,30
Le même, sur un autre champ fumé.	21,40
Le même, sur un sol moins riche.	47,10
Le même, orge commune, après des plantes jachères fumées d'engrais frais.	25,70
Le même, mêmes conditions, sol moins riche.	22,50
Le même, terre calcaire légère.	18,20
Basse-Alsace, après du froment.	29,00
Basse-Alsace, exemple particulier.	49,70

* Je dois faire remarquer, pour les lecteurs qui ne connaissent pas
les localités et qui sont étrangers à la pratique, que ces données de
Burger, comme celles rapportées ailleurs, sont très-faibles, à cause
de la mauvaise qualité du sol de son exploitation, des circonstances
difficiles dans lesquelles il l'a entreprise, et du peu de durée de son
existence au moment des observations.

Moellinger , Palatinat , moyenne de dix années.   28,00
Le même , plus fort produit.   43,00
Le même , plus faible produit.   13,60
Altenbourg.   29,80
    id.   34,00
    id.   18,50
Hohenheim , 1823 , après des pommes de terre.   39,40
Angleterre , suivant Dickson.   23,80
    id.   *id.*   26,90
    id.   *id.*   28,40
Angleterre , Young , voyage à l'est.   28,50
    id.   *id.*   au midi.   27,00
    id.   *id.*   au nord.   27,00
Angleterre , Young, calendrier du fermier, comme
   bonne récolte *.   27,56

Moyenne des données c   28,50

En Alsace, on regarde deux boisseaux d'orge comme égaux en valeur à un boisseau de froment. Il s'ensuit que le produit en grains d'un hectare d'orge est à celui d'un hectare de froment , en prenant les moyennes de rendement des deux céréales, comme 14,3 est à 22 , et que le rendement en grains de deux hectares de froment est égal à celui de trois hectares d'orge. Lorsque l'on fait entrer dans la comparaison le produit en paille , dont l'avantage pour le froment équivaut à 3,50 hectolitres de grains de cette céréale , le produit total d'un hectare d'orge est à celui d'un hectare de froment comme 29 est à

* La comparaison de cette donnée à la moyenne ne répond pas à la réputation des Anglais comme producteurs d'orge.

54, et 2 morgen de froment équivalent à 3 1/2 morgen d'orge.

Je ne puis terminer le chapitre de l'orge sans rapporter une expérience faite, en 1811, par le conseiller d'Etat Thaër. « La grande orge, qui occu- « pait un sol sablonneux, avait tellement souffert « de la sécheresse, que, vers le milieu de juin, tout « espoir de récolte était abandonné. Il survint un « peu de pluie, l'orge reprit très-promptement et « forma des épis plus longs que la paille, dont la « sécheresse avait arrêté la croissance. Il fut impos- « sible de lier en gerbes. Il y eut beaucoup d'orge de « perdue, et cependant le battage produisit 13 hec- « tolitres par hectare de grains parfaits. Cette expé- « rience m'a confirmé dans la pratique de cultiver « l'orge sur les terrains sablonneux. »

CHAPITRE VII.

AVOINE.

§ 1. *Variétés*.

L'espèce la plus communément cultivée en Allemagne est l'avoine jaune-lisse paniculée, *avena sativa* ; après elle, l'avoine d'Orient; puis l'avoine noire, *avena fusca*, à laquelle on suppose la propriété d'épuiser si peu le sol , que , dans quelques localités , on la classe parmi les cultures améliorantes. En France on prise particulièrement et on cultive beaucoup cette dernière espèce.

De Witten s'exprime ainsi au sujet de l'avoine noire , et ces paroles me paraissent mériter d'être consignées ici. « Elle rend beaucoup et s'accommode « mieux que les autres d'un sol froid ou léger ; dans « de meilleures terres, elle atteint une grande hau- « teur. Les grains sont longs, bruns et jaunâtres vers « la pointe ; leurs écales sont peu épaisses et ils ne « contiennent pas moins de farine que ceux de l'a- « voine paniculée ordinaire. Ils sortent facilement « au battage, bien qu'ils restent ordinairement liés « trois à trois ; ils rendent ainsi davantage en me- « sure de capacité et nécessairement un peu moins « en poids. »

L'aspect d'un champ d'avoine d'Orient est plus riche que celui d'un champ d'avoine paniculée. Dans un bon sol, elle rend mieux au boisseau et produit plus de paille. A température également contraire , elle perd moins ses grains sur pied , mais est aussi plus difficile à battre et laisse plus de grains dans la paille , ce qui la rend meilleure , comme fourrage. En poids et , par conséquent, en valeur nutritive , elle n'égale pas l'avoine paniculée , avec laquelle elle se tient, suivant mes anciennes expériences, dans le rapport de 24 à 27. Elle aime l'engrais , mais doit aussi , par conséquent , être moins disposée à verser.

§ 2. *Avantages de la culture de l'avoine.*

La culture de l'avoine est celle à laquelle on apporte ordinairement le moins de soins, et celle pourtant à laquelle on a le plus grand tort de n'en pas donner davantage ; un champ est-il presque épuisé, vite on lui donne son reste en le condamnant à produire encore une récolte d'avoine. On se plaint ensuite d'avoir fait une mauvaise récolte, de ce que le champ est absolument épuisé et couvert de mauvaises herbes, et c'est l'avoine toute seule qu'on accuse de tous ces maux.

« Je ne sais pas, dit A. Young, quel motif rai-
« sonnable on peut avoir de semer de l'avoine dans
« un champ qu'on ne croit plus en état de produire
« de l'orge. Ce qu'on allègue ordinairement, savoir,
« qu'étant très-rustique, elle doit pouvoir s'accom-
« moder là où les autres céréales refusent de pros-
« pérer, y payer ses frais et, dans tous les cas, y
« donner encore quelque profit, ne dénote que de
« faux principes en agriculture. Un si faible profit,
« qui ne doit ressortir le plus souvent que de calculs
« erronés, ne doit jamais déterminer un bon agri-
« culteur à cultiver ainsi de l'avoine.

« L'avoine, dit encore Arthur Young, demande
« et mérite une aussi bonne culture que l'orge ;
« tout bon cultivateur sait très-bien que l'une ne
« payera pas moins bien que l'autre ses soins et la
« bonne préparation du sol. Je suis convaincu, par

« une longue expérience, que la culture de l'avoine
« est aussi profitable pour le moins que celle de
« l'orge. Le rendement, plus considérable, compense
« le moins de valeur vénale, qui, pourtant, égale
« souvent et surpasse quelquefois celle de l'orge. »

Le peu d'exigence de cette précieuse céréale,
quant à la constitution du sol et à sa force productive ; sa propriété de lui rendre plus que l'orge
par son plus grand produit en paille ; sa faculté de
prospérer avec moins d'humidité et d'en supporter
davantage ; sa rusticité, qui lui permet de supporter
des gelées tardives, auxquelles ne résisteraient ni
l'orge, ni le blé de mars ; tous ces avantages donnent
à l'avoine un grand prix pour le cultivateur qui
calcule bien.

§ 3. *Sol.*

L'avoine passe pour être, de toutes les céréales,
la moins difficile quant au sol. Le froment demande
un sol argileux, le seigle veut un sol sablonneux,
l'orge ne se plaît que dans un sol moyennement lié.
A l'exception du sable aride et d'une terre trop calcaire, l'avoine, plus rustique, ne répugne à aucun
sol. Pour tous les terrains affectés d'humidité, dans
lesquels s'accumule d'ordinaire une plus ou moins
grande quantité d'acides, qu'ils soient même spongieux et sans liaison, l'avoine devient la seule céréale, l'objet principal de culture.

Dans les défrichements et dans les marais, l'avoine

peut revenir plusieurs années de suite. Il n'est même pas rare que, dans de tels sols, les récoltes de la seconde et de la troisième année soient meilleures que celle de la première, parce que, sans fumure, toute plante intercalée épuiserait bien plus que l'avoine.

De ce que l'avoine s'accommode des sols les plus maigres, il s'ensuit qu'elle s'accommode mieux encore des sols moins pauvres et qu'elle rend d'autant mieux qu'on lui a donné un sol plus productif ; mais cette faveur lui est rarement réservée dans les pays où l'on cultive de l'orge d'été, à laquelle on donne presque toujours les meilleures terres. Cette pratique n'est pourtant pas d'une aussi bonne économie qu'on le suppose généralement. Toutefois je ne prétends pas faire entendre par là qu'il faille faire absolument le contraire, et mettre l'orge là où elle ne pourrait pas prospérer, mais seulement qu'il n'est pas indispensable de mettre de l'orge partout où le sol lui convient, et qu'il est souvent aussi profitable, plus profitable même, de la remplacer par de l'avoine. Lorsqu'on peut se promettre quatre ou cinq hectolitres d'orge, et lorsque le rapport de valeur de l'orge à l'avoine est comme 4 est à 3, on doit gagner davantage, toutes conditions d'ailleurs égales, à la culture de l'avoine qu'à celle de l'orge, parce que l'avoine, tout en épuisant moins le sol, produit beaucoup plus de paille. Là où l'avoine rend moyennement cinq scheffels, on calcule à faux en s'obstinant à cultiver de l'orge.

Outre la nature du sol, d'autres causes peuvent encore faire préférer l'avoine à l'orge. La culture précédente, l'état de préparation du sol, le plus ou le moins de force productive qui lui reste, la température, la culture qui doit suivre immédiatement, peuvent faire pencher la balance tantôt en faveur de l'une, tantôt en faveur de l'autre de ces deux céréales... Je ne saurais mieux faire que de renvoyer ceux qui voudraient étudier plus à fond cette question et la voir traitée de main de maître sous toutes ses faces, aux excellentes *Observations sur l'avoine*, publiées par le docteur Schweitzer, dans *les communications du domaine de l'économie rurale*. Je me réjouirais si l'indication que j'en donne ici pouvait engager quelques-uns de mes lecteurs à l'étude d'un recueil qui devrait être entre les mains de tous les cultivateurs.

§ 4. *Tour de rotation.*

L'avoine est aussi peu difficile, quant à ses précédents, que quant au sol lui-même. Toutes les plantes viennent après l'avoine, et elle vient après toutes, même après l'orge ; elle peut aussi se succéder, et plusieurs fois, à elle-même. Tout cela plus ou moins, suivant que le sol lui convient plus ou moins et conserve encore plus ou moins de force productive. Celui-là cependant, qui a achevé d'épuiser son champ avec de l'avoine, ne doit pas tenter d'y semer immédiatement du froment.

De ce que l'avoine peut succéder à toutes les autres plantes, même aux plus épuisantes, il ressort qu'elle possède la propriété de s'assimiler les détritus les plus grossiers délaissés dans le sol par les autres plantes qui n'ont pas comme elle la force de les digérer; et c'est pour cette raison que l'avoine trouve à se nourrir dans le chaume nouvellement rompu. De ce que d'autres plantes peuvent lui succéder sans inconvénient, il ressort que l'avoine ne consomme pas en aussi grande proportion que l'orge, par exemple, les parties humeuses les plus déliées; sans cela on ne pourrait pas plus faire succéder à l'avoine qu'à l'orge le froment, qui a besoin, pour réussir, de trouver encore dans le sol un certain degré de vieille force. Je sais bien que beaucoup d'auteurs sont d'une autre opinion, parce qu'ils croient l'avoine plus épuisante que l'orge, ce qui ne provient que de ce qu'on lui donne trop souvent un terrain déjà épuisé. Comment veut-on que l'avoine laisse de la force productive dans un sol où elle n'en a pas trouvé?

Le meilleur précédent pour l'avoine est le trèfle. Là où l'on a appris, par expérience, à en connaître l'avantage, on donne les trèfles rompus à l'avoine, de préférence même au froment. Si l'avoine n'était pas sujette à verser, elle mériterait qu'on lui donnât cette préférence partout, et il y aurait profit à lui réserver cette place d'honneur. L'action du chaume de trèfle est si grande sur l'avoine, qu'elle se fait encore remarquer alors même qu'on a intercalé une culture de froment. Dans les Pays-Bas, là où , à cause de la légèreté du sol, on ne fait pas d'avoine ou on n'en fait que de mauvaise, on en fait de bonne après le trèfle et après les herbages. Dans les environs de Juliers, c'est toujours l'avoine qui succède au trèfle.

Sur tous les défrichements, pourvu que le sol ne soit pas tellement maigre et aride qu'il ne puisse produire que des bruyères, c'est l'avoine qui , de toutes les céréales, doit donner le plus grand produit. C'est un fait tellement constaté par l'expérience, qu'on ne voit que bien rarement employer une autre plante en pareil cas, si ce n'est, de loin en loin , le lin ou les pois.

« Après le froment, dit Schmalz, l'avoine réussit « toujours mieux que l'orge ; c'est pourquoi, aussitôt « que toutes mes terres seront en état , tous mes « chaumes de froment seront semés en avoine.

« Il m'est déjà arrivé ici, continue le même pra- « ticien , de semer de l'avoine après des pommes de « terre non fumées et d'en obtenir de très-belles « récoltes. Une pièce de terre qui n'avait pas eu de « fumier depuis très-longtemps fut plantée en pom- « mes de terre, et rendit douze fois la semence. Im- « médiatement et sans labour, on y sema de l'avoine, « qui fut enterrée par un seul trait de houe à che- « val. L'avoine fut aussi belle qu'elle pouvait l'être « et plus belle que celle d'un champ voisin , semée « sur chaume de seigle ; elle rendit au moins quinze « fois la semence. »

Par contre, Koppe ne conseille pas la culture de

l'avoine après les plantes jachères, si ce n'est dans les sols marécageux, qui ne conviennent pas à l'orge. Selon ses expériences, l'avoine ne réussirait pas mieux après les plantes jachères qu'après les céréales. Pour ma part, je suis porté à croire que l'avoine, après des pommes de terre même fumées, ne rend pas aussi bien, toutes conditions d'ailleurs égales, qu'après du froment semé sur chaume de trèfle.

Dans un sol riche, l'avoine peut se succéder plusieurs fois à elle-même avant qu'il y ait diminution sensible de récolte, ce qui n'arrive, même avec fumure, à aucune autre céréale. L'avoine laisse à la longue le champ infesté de mauvaises herbes, mais non complétement épuisé.

§ 5. *Engrais.*

Comme, le sable excepté, l'avoine donne un produit moyen dans tous les sols trop épuisés pour faire produire encore toute autre céréale, on conçoit difficilement sur quoi se fonde l'opinion de beaucoup d'auteurs, qui la regardent comme épuisante et même comme plus épuisante que l'orge. Qu'on essaye de fumer également de l'orge et de l'avoine et de leur faire succéder du froment sans fumer de nouveau, et il ne sera pas difficile de voir après laquelle des deux il réussira le mieux. Cette culture du froment, après de l'avoine bien fumée, n'est pas seulement une supposition, c'est une pratique suivie dans les Pays-Bas, et, au rapport de Burger, une rotation à laquelle on attache beaucoup d'importance en Carinthie et en Silésie. Une telle pratique ne s'établira jamais pour l'orge.

De même que l'avoine possède la propriété, qui tient à la force de ses organes, de se nourrir des détritus les plus grossiers, indigestibles pour les autres céréales, elle supporte aussi mieux qu'elles le fumier cru et frais, et atteint, lorsqu'on lui en donne, un bien plus grand degré de perfection que lorsqu'on la cultive en terrain maigre. Les bons cultivateurs, suivant le système triennal, donnent aussi du fumier à l'avoine, surtout lorsqu'ils veulent y semer du trèfle, et il va sans dire que la céréale qui précède l'avoine dans ce système ne contenait pas déjà du trèfle. Lorsque l'avoine succède à du seigle ou à du froment semés sur trèfle rompu, elle n'a pas besoin de fumier pour rendre moyennement, parce qu'elle trouve encore, dans les restes du trèfle, de quoi se sustenter suffisamment; elle trouve une sustentation plus abondante, sans doute, lorsqu'elle succède immédiatement au trèfle.

Les Belges sèment rarement de l'avoine sans lui donner de l'engrais; nous ferons connaître tout à l'heure leur pratique en parlant de la préparation du sol. Dans les terres sablonneuses de la Campine, on chaule souvent immédiatement après le labour, on herse alors énergiquement et on sème l'avoine. Je crois avoir déjà parlé des effets remarquables de la marne appliquée à la culture de l'avoine, et avoir dit qu'elle démarne plus promptement le sol que les autres céréales ; ce qui constate sa propriété de s'assimiler des substances inorganiques, et celle de laisser dans le sol une plus grande proportion des détritus organiques.

§ 6. *Préparation du sol.*

Tout comme on sème de l'avoine sur le premier champ venu, excepté sur les terres à seigle trop arides, on n'accorde guère plus d'attention à la préparation du sol qu'on n'en a mis à le choisir, persuadé qu'on est que sa rusticité la fera réussir. Mais il y a une grande différence entre le rendement de telle et telle avoine, parce que, elle aussi, paye les soins qu'on lui donne.

Il n'est pas rare, il est vrai, que l'avoine réussisse, même avec la préparation la plus négligente et la plus mal entendue ; il arrive même, et cela est vrai encore, que les soins les mieux entendus, donnés à l'avoine, ne sont pas toujours payés, ce qui console de loin en loin les paresseux et les négligents ; mais les diligents doivent s'en tenir à la règle et ne pas se laisser séduire par l'exception. Seulement faut-il savoir que l'avoine peut supporter mieux que toute autre céréale le défaut de préparation du sol, alors que la contrariété de la saison, l'urgence d'autres travaux ou d'autres causes obligent à la négliger. Aussi l'avoine reçoit-elle une plus grande variété de préparations ; on la sème

Sur un simple labour d'automne,

Sur un simple labour de printemps,

Sur un labour d'automne et un labour de printemps,

Sur deux labours d'automne,

Sur deux labours d'automne et un labour de printemps,

Sur un labour d'automne et deux labours de printemps,

Sur un double labour,

Enfin sur une façon à la bêche.

En un mot, il n'est pas de plante à laquelle on donne plus de façons différentes qu'à l'avoine. Aussi est-il difficile, pour ne pas dire impossible, de déterminer laquelle de ces façons est, en général, la meilleure. Toujours est-il que plusieurs labours sont nécessaires, lorsque le sol est rempli de chiendent, et que la répétition des labours est nuisible, lorsque la mauvaise herbe dominante est le faux raifort. Il convient encore, pour les climats sous lesquels l'avoine doit être semée de bonne heure, de s'en tenir à un seul labour pour semer plus tôt, et de ne pas retarder la semaille pour en donner plusieurs. Enfin il faut avoir égard à la culture qui doit suivre celle de l'avoine et savoir si un seul labour ne laissera pas ensuite le sol trop infesté de chiendent, surtout lorsque ce sont des pois ou des vesces qui doivent lui succéder.

a. *Sur un seul labour.*

Il peut se donner avant ou après l'hiver.

Si l'avoine succède à des plantes qui ont reçu une façon à la houe, comme les pommes de terre, on peut, sans y regarder, la semer au printemps sur le labour donné en automne après la récolte des pommes de terre. Il serait même contraire aux vrais principes de retourner, au printemps, la couche ameublie par les gelées, pour l'enterrer sous une nouvelle, en ramenant à la surface les graines des mauvaises herbes. Si les pommes de terre ou autres plantes sarclées ont été bien cultivées, l'avoine semée sur un seul labour n'a pas à craindre l'invasion du chiendent.

Un nouveau labour, donné après l'hiver à un champ qui aurait porté des pommes de terre, aurait encore l'inconvénient de délier par trop certains sols, et l'avoine, habituée à une nourriture grossière et difficile à assimiler, y prendrait un trop grand essor et produirait beaucoup plus en paille qu'en grain.

La semaille sur le seul labour d'automne, après des céréales, ne convient, au contraire, que dans les sols très-meubles, et par ce labour d'automne il ne faut pas seulement entendre, dans ce cas, le déchirement superficiel du chaume, mais son renversement complet par un labour profond. Le mieux, dans ce cas, c'est de rompre d'abord superficiellement le chaume, par donner ensuite un bon labour, ainsi que nous le dirons en parlant de la semaille sur deux labours.

Au lieu du labour avant l'hiver, ceux qui suivent la pratique de la semaille sur un seul labour préfèrent le plus souvent ne rompre le chaume qu'au printemps. La qualité du sol peut seule déterminer le choix entre les deux époques. Dans un sol argileux tenace, par exemple, le labour d'automne pourrait bien rarement avoir de bons résultats.

Il est reconnu que l'avoine n'a rigoureusement besoin, pour prospérer, que de ce qu'elle peut trouver dans un chaume retourné ; elle peut donc ne pas se trouver mal placée sur un chaume de céréale, à condition 1° que le chaume ait été retourné d'assez bonne heure, immédiatement après l'hiver ; 2° que les tranches, de quatorze à seize centimètres d'épaisseur, aient été bien retournées ; 3° que le sol ne consiste pas en argile trop tenace ; 4° qu'il soit net de chiendent et peu disposé à s'en couvrir ; 5° enfin que le travail énergique de la herse compense l'économie de travail de la charrue.

Comme le faux raifort se montre plus vigoureux dans un sol meuble que dans un sol serré, la semaille de l'avoine sur un seul labour peut convenir particuliérement aux champs infestés de cette mauvaise herbe. « Dans un sol de moyenne consistance, « mêlé de sable et d'argile, dit Thaër, une expé- « rience et les moyennes de plus de quinze années « m'ont démontré que l'avoine réussissait mieux

« sur un seul labour que sur plusieurs. Ce sol
« était infesté de faux raifort et d'autres mauvaises
« herbes. Cependant les plantes parasites envahi-
« rent moins d'espace et enlevèrent moins de nour-
« riture à l'avoine semée sur un seul labour. Mais
« j'ai remarqué aussi qu'avec cette façon les plantes
« parasites se reproduisant par leurs racines et par-
« ticulièrement le chiendent prenaient tellement le
« dessus, qu'elles ne pouvaient être extirpées par
« une jachère complète à trois labours, qu'elles cé-
« daient difficilement la place par la culture des
« plantes à cosses, et qu'elles gênaient beaucoup
« celle des plantes bulbeuses. »

Un cultivateur expérimenté de l'Altenbourg di-
sait au docteur Schweitzer qu'il ne lui arriverait
plus de rompre ses chaumes pour l'avoine, lorsqu'il
ne pourrait le faire avant la mi-octobre, et que,
dans ce cas, il préférerait toujours employer ce qui
lui resterait d'automne à jachérer; qu'il s'en trouvait mieux, parce que jachérer avant l'hiver équiva-
lait à une demi-fumure, et que l'avoine n'en venait
pas moins bien lorsque son labour était remis jusqu'après l'hiver, surtout dans les terres froides et
humides, dans lesquelles on pouvait la semer de
meilleure heure.

Une condition indispensable à la réussite de l'a-
voine semée sur un seul labour de printemps est,
sans doute, que ce labour soit donné d'aussi bonne
heure que possible ; mais il ne suffit pas d'enfouir
la semaille à la herse ; il faut affermir le trait de

charrue au rouleau , laisser le sol quelque temps dans cet état , puis semer, passer la herse, rouler encore, herser et rouler de nouveau, et enfin donner un troisième trait de herse. Les trois hersages doivent, bien entendu, être donnés les dents de la herse inclinées en avant.

b. *Sur plusieurs labours.*

La pratique dont nous allons parler est une des plus communément suivies pour la culture de l'avoine. On rompt le chaume avant, on laboure après l'hiver. Dans les terrains argileux, le chaume ne doit être renversé qu'à moitié ; de toute autre manière le chiendent n'est pas détruit et la terre reste trop longtemps mouillée au printemps pour que le labour fasse alors un bon effet. Aussitôt après l'hiver , la herse doit déchirer le chaume à moitié renversé. Après quelques jours on laboure et cela assez profondément. La herse suit immédiatement et le rouleau vient affermir la surface. Quelques semaines après, on sème sur le sol ainsi affermi par le rouleau, et on enfouit la semence par un labour superficiel. Puis on herse légèrement, on roule, on herse énergiquement, on roule encore et on donne un dernier trait de herse très-énergique.

Cette pratique, qui me paraît bien entendue, est générale dans un pays que j'ai longtemps habité, et convient au sol argileux qui y est le plus commun. Attentivement considérée, c'est réellement une façon à trois labours ; c'est une façon à deux labours, lorsqu'on enfouit la semence à la herse, au lieu de l'enfouir à la charrue, ce qui vaut mieux, lorsque la saison est humide.

Dans les sols secs, meubles et cependant exempts de chiendent, où il n'est pas nécessaire de donner de l'air par un labour peu renversé, l'usage de l'Altenbourg est de semer l'avoine sur le labour donné avant l'hiver, et de l'enfouir par un autre labour, pratique qui convient évidemment mieux dans de telles conditions.

Dans les sols lourds, froids, comme aussi dans les sols humides, le docteur Schweitzer recommande la pratique suivante : « Je fais toujours rompre à fond « en automne, dit-il, les chaumes de céréales d'hi- « ver destinés à l'avoine; au printemps, je fais « herser soigneusement en long et en large, puis je « fais donner le labour, pour la semaille, à traits « aussi serrés que possible, et enfouir la semence « par un hersage très-énergique. L'augmentation de « produit qui résulte de cette préparation est cons- « tamment très-remarquable. »

Dans des sols analogues, les argiles contenant beaucoup de chaux, dans les terres à blé proprement dites, l'avoine réussit le mieux quand les deux labours ont été donnés avant l'hiver, par conséquent sans labour de printemps, en semant sur le vieux sillon et en enfouissant à la herse : seulement, lorsque l'hiver a bien ameubli le sol et lorsque la saison s'annonce sèche, on fait mieux d'enfouir à la charrue.

Écoutons encore, sur l'utilité des façons d'automne, le savant praticien Schmalz : « Depuis bien
« des années, dit-il, dans mes exploitations, en Saxe
« et en Prusse, je fais donner, dès l'automne, le
« labour de semailles à une partie de mes terres des-
« tinées à l'avoine, et c'est toujours celle qui réussit
« le mieux, même quand on ne peut donner qu'un
« seul labour. Je m'en tiens aujourd'hui à la pra-
« tique suivante. Aussitôt que le temps et les travaux
« des semailles d'automne le permettent, on rompt
« les chaumes ; lorsque le chaume est resté cinq à
« six semaines renversé, on herse, et d'autant plus
« énergiquement que le sol est moins net de mau-
« vaises herbes. Lorsque le sol est grumeleux ou en
« tranches, on attend, pour herser, qu'il soit tombé
« une bonne pluie. Au commencement de novem-
« bre, lorsque tous les chaumes des céréales d'hiver
« sont rompus, et au moment où mes voisins croient
« pouvoir se reposer, je donne le labour de semaille
« pour mes avoines ; je laisse le sillon ouvert, et,
« au printemps, le plus tôt possible, toujours aussi-
« tôt après la semaille des pois, je sème l'avoine et
« l'enfonce avec la herse à dents de fer inclinées en
« avant. L'avoine, ainsi traitée, lève très-vite et
« continue à croître avec vigueur, quand celle pour
« laquelle on a labouré au printemps est arrêtée
« dans sa croissance lorsqu'il survient un temps
« sec. Régulièrement la paille devient plus haute, le
« rendement en grain est plus considérable et la
« réussite beaucoup plus certaine. »

Une bonne et complète préparation du sol, avant l'hiver, a les avantages suivants, qui sont incontestables : 1° on a les coudées franches, au printemps, pour les autres travaux de la saison ; 2° on peut choisir le moment de confier la semaille à la terre, et l'on est plus affranchi de la dépendance du temps et des circonstances ; 3° le chiendent et les mauvaises herbes, qui se reproduisent de semence, ne peuvent pas faire autant de ravages dans les avoines ; le premier n'aime pas le sol tassé pendant l'hiver, les secondes germent de bonne heure et sont détruites par les gelées ou par les hersages donnés à la semaille ; 4° la terre conserve l'humidité qui, dans les sols secs et les contrées exposées aux vents, est si nécessaire à l'avoine, tandis que les labours de printemps contribuent à la lui faire perdre.

Bien que cette méthode ne paraisse convenable qu'aux sols secs et meubles, elle convient aussi aux terrains moins légers, même aux terres lourdes, pourvu qu'on ait sous la main de bonnes herses à dents de fer, de bons extirpateurs ou de bonnes houes à cheval, pour les ameublir au printemps.

Dans une partie du Palatinat, on regarde plusieurs labours, donnés avant l'hiver, comme la condition indispensable d'une bonne récolte. Lorsque le sol est léger, on donne trois labours ; lorsqu'il est compacte, on n'en donne que deux, mais le second plus profond : on observe de donner une grande largeur au sillon, afin de donner plus d'accès à l'air et à la gelée ; on enfouit la semence à la charrue. Cette pratique donne une récolte double de celle qu'on obtiendrait en ne donnant qu'un seul labour avant l'hiver. Ainsi j'ai vu, en 1814, prés de Spire, de l'avoine semée sur trois labours d'automne, dont la paille avait atteint près de deux métres de haut, et qui avait à sa base la grosseur d'un tuyau de plume, tandis que l'avoine à côté, pour laquelle on n'avait donné qu'un labour avant l'hiver, ne s'élevait guère qu'à 65 centimétres au-dessus du sol.

c. Après le tréfle.

Dans les Pays-Bas, l'avoine succéde très-souvent au tréfle; dans le pays de Juliers, elle lui succède toujours. S'il ne fallait pas avoir quelque peu d'indulgence pour soi-même aussi bien que pour autrui, je ne me pardonnerais jamais de ne m'être pas exactement informé dans ce dernier pays, que j'ai plusieurs fois visité, où l'importance de la culture de l'avoine a fixé mon attention, de la pratique suivie pour sa culture, et de ne pouvoir dire ici, pour l'avoir observé par moi-même, si on rompt les chaumes de tréfle avant ou après l'hiver, pour la culture de l'avoine qui doit lui succéder : puissent d'autres observateurs être plus attentifs que je ne l'ai été, et moins oublieux que je m'accuse de l'être! Que le lecteur me permette de remplacer ce qui manque à mon expérience sur ce point par ce qu'en dit Thaër dans la première année de ses annales : « Lorsque « le tréfle n'a qu'un an, dit-il ; lorsqu'il a été semé

« dans une terre nette de chiendent et lorsqu'il est
« épais, un seul labour est non-seulement suffisant,
« mais vaut mieux, dans la plupart des années, que
« plusieurs. Sur un sol peu tenace, peu humide, non
« sujet au délavage, il me paraît convenable de don-
« ner ce labour dès l'automne, de semer l'avoine un
« peu plus dru qu'on ne le ferait en terrain meuble,
« et d'enfouir par un hersage très-énergique. Lors-
« que le trèfle a plus d'un an, lorsqu'il est clair-semé
« et lorsque le sol est infecté de chiendent, il convient
« de donner un labour d'automne peu après avoir
« rompu le chaume, et deux labours encore au
« printemps. »

A Woorde, en Flandre, où le sol est plutôt lourd
que meuble, on suit une pratique particulière pour
la culture de l'avoine après le trèfle. On rompt le
chaume, avant l'hiver, très-superficiellement, huit
centimètres de profondeur au plus, et on laisse la
terre en cet état jusqu'au printemps ; on donne, de
bonne heure, trois à quatre traits de herse, on sème,
et on donne encore six traits de herse alternativement
croisés. On sème l'avoine sur chaume de trèfle un
mois plus tôt que sur chaume de céréale. L'avoine,
ainsi traitée, rend vingt fois la semence.

Dans les sables arides d'une partie du Brabant,
on n'obtient qu'à grand'peine de l'avoine : cela tient
à ce qu'on la fait succéder immédiatement à du
trèfle, qui ne s'obtient également qu'à grand'peine.
Comme il faut fumer chaque fois qu'on veut produire, on rompt le trèfle superficiellement, mais en

ne coupant que six tranches par billon ; on répand
du fumier, qu'on fait adhérer en passant dessus le
rouleau ; on donne un nouveau trait de charrue aux
sillons, et la terre qu'on en tire, le sable, est jeté,
des deux côtés, sur la moitié du billon, de manière
à couvrir le fumier ; on ouvre de nouveaux sillons,
en versant du côté opposé ; on sème, et on laboure
encore en sens inverse, pour régulariser la surface
et les billons.

d. *Après des herbages.*

« C'est une pratique très-répandue, dit A. Young,
« de semer de l'avoine sur le chaume renversé des
« herbages anciens et récents ; mais, dans la plupart
« des cas, et, peut-être, dans tous, il vaut mieux
« semer des pois, si la terre est légère, et des fèves,
« si elle est lourde. J'ai souvent observé que l'avoine
« semée sur les herbages rompus ne donnait, la
« première année, qu'un produit très-médiocre,
« tandis qu'elle en donnait un plus considérable
« lorsqu'elle y revenait une seconde fois ; ce qui
« prouve qu'elle ne trouvait pas, à la première, le
« sol assez préparé. »

Que l'avoine réussisse mieux la seconde année
que la première, c'est ce qu'il est d'autant plus facile de concéder, qu'il est évident que les racines et
le chaume, plus décomposés, fournissent à la végétation un élément plus facilement assimilable ; mais
mon expérience ne me permet pas, pour cela, d'ad-

mettre qu'on doive préférer les fèves à l'avoine pour
être semées sur le chaume des herbages sim-
plement rompus. L'herbe ne manque pas de repa-
raître entre les tranches, et il est certainement
difficile à la houe de la faire disparaître. Si l'on
voulait supprimer le binage, il se formerait presque
infailliblement un nouveau pré, dans lequel les fèves
seraient bientôt étouffées. Semer en lignes sur les
tranches serait impossible, à moins qu'on ne voulût
planter de la sorte à la main. L'avoine, au contraire, n'a rien à redouter du voisinage de l'herbe,
et c'est elle qui étouffe sa voisine à la faveur d'une
croissance plus vigoureuse.

Les cultivateurs du Holstein, qui entendent si
bien la méthode de faire entrer les herbages dans la
rotation des cultures, sont les plus compétents sur
ce sujet, et il convient de rapporter ce qu'ils en pensent. « L'avoine, dit Lang, qu'on sème sur un
« chaume d'herbage rompu par un seul labour, doit
« donner le plus fort rendement, pourvu que la sai-
« son ou le champ soient humides, ou que le sol con-
« tienne assez de force pour que l'avoine puisse
« taller assez, avant les premières sécheresses de
« l'été, pour couvrir complétement la surface. Il
« faut se garder de labourer en automne *, et don-

---

* Et pourquoi pas en automne ? J'ai fait rompre bien des chaumes
d'herbages avant l'hiver ; il n'en est jamais résulté pour l'avoine que
quelques endroits versés. Là seulement où un sol humide, labouré
avant l'hiver, ne permet pas d'assez bonne heure au printemps le travail de la herse, je suis de l'avis de Lang.

« ner le labour au printemps, d'aussi bonne heure
« et aussi profondément que le sol peut le permet-
« tre ; les tranches doivent être faites aussi larges
« que profondes et ne pas être complétement ren-
« versées, mais seulement de manière à ce que l'une
« s'appuie sur l'autre. On sème aussitôt que l'état
« du sol permet le travail de la herse ; mais il ne faut
« pas herser avant la semaille, parce qu'on ouvrirait
« trop la surface et qu'on pourrait difficilement en-
« suite couvrir la semence. On donne ordinairement
« deux traits avec une forte houe à quatre chevaux,
« puis plusieurs traits avec une herse plus légére à
« dents de fer. Après les herses vient le rouleau
« pour abattre les tranches et les lier, ce qui est
« surtout important. Le travail est terminé par les
« herses légéres à dents de fer ; les herses à dents
« de bois resteraient sans effet. »

« La réussite de l'avoine est plus sûre, continue
« Lang ; mais il en coûte aussi plus de travail, sur
« les herbages défoncés à la houe, auxquels il faut
« ensuite donner trois labours ; car, quelque soin
« qu'on apporte au travail du défoncement, le sol
« reste, sans cela, inégalement et trop ouvert. Quels
« que soient les avantages des labours croisés, ce
« n'est pas le cas de les appliquer, ils ne produi-
« raient que des gazons de forme plus ou moins ré-
« gulière qui s'arrêteraient dans les herses et ren-
« draient impossible tout autre labour soigné. »

Là où la nature du terrain permet de défoncer à

seize centimètres de profondeur, et, tout bien considéré, il est rare qu'elle ne le permette pas, on devrait toujours rompre un pâturage ou un pré par un double labour, en ne donnant que huit à dix centimètres au premier trait et en allant, avec le second, chercher la même épaisseur du sous-sol pour l'étendre sur le chaume renversé par le premier. Lorsqu'on a fait cette opération avant l'hiver et qu'on a eu soin d'entretenir les sillons d'écoulement, la couche supérieure ressemble, au printemps, à un lit de cendres ; lorsqu'on ne l'a faite qu'au printemps, ce que je regarde comme moins avantageux, on retrouve cependant assez de terre meuble à la surface, au moment de la semaille, pour pouvoir semer et enfouir à la herse. Le double labour présente, dans ce cas, tant d'avantages, que je n'emploie plus d'autre procédé : cette opération, il est vrai, ne peut pas se faire avec toutes les charrues.

Dans le Brabant, où cette opération est commune, et où aucune production n'est possible sans fumure, même sur les chaumes d'herbage, on suit un procédé digne d'être étudié. Le pâturage rompu par un double labour, on laisse reposer le sol pendant un mois et plus longtemps, s'il se peut ; on sème l'avoine, puis on donne du fumier court qu'on répand par dessus, et on l'enfouit par un labour très-superficiel, afin de ne pas ramener la terre couverte par le double labour : on herse légèrement et on fait suivre un rouleau pesant. Il est très-ordinaire d'obtenir ainsi une récolte de soixante hectolitres par hectare. En appliquant ce procédé à un sol plus riche, il faudrait s'attendre à voir verser l'avoine.

e. *Sur un défoncement* *.

En Flandre, lorsqu'on défonce une sole, ce qui arrive régulièrement tous les six ou sept ans sur les bords de la Meuse et dans les environs d'Alost, elle est réservée de préférence à l'avoine. Le défoncement se fait à la bêche et se pousse jusqu'à quarante à quarante-cinq centimètres de profondeur : il se fait toujours après l'hiver. Lorsque la surface s'est un peu tassée et commence à verdir, on l'unit à la herse et on donne un labour superficiel pour la lier. On herse de nouveau, on répand du fumier, on sème sur la fumure, et le même labour enfouit la semence et l'engrais; on passe ensuite le rouleau.

On s'étonnera, sans doute, que, dans ce pays, on fasse tant de façons pour l'avoine, tandis que, dans beaucoup d'autres, on en fait si peu qu'on se contente de jeter la fumure sur un seul labour de quatorze et, quelquefois, seulement de huit centimètres; on se

---

* Par défoncer, l'auteur entend ici que le sol soit attaqué à une profondeur qu'on ne peut atteindre avec la charrue ordinaire et à laquelle on n'arrive, même avec la charrue belge, qu'au moyen d'un double labour. Ce défoncement s'opère ordinairement à la bêche, ou en combinant le travail de la bêche avec celui de la charrue; on le désigne en Allemagne par des expressions équivalentes de trancher, rigoler, etc. : l'expression plus générale de défoncer en rend le sens aussi bien que possible.

demandera, non sans raison, si l'augmentation de frais d'une pareille préparation peut être couverte par celle du rendement; mais les Flamands qui s'y déterminent n'établissent pas seulement leur calcul sur le rendement de l'avoine, mais aussi sur celui du lin qui doit lui succéder, et, plus encore, sur l'influence d'une préparation pour tout le cours de la rotation, et leur calcul ne les trompe pas.

f. Règles générales.

Aucun auteur n'ayant mieux observé et plus judicieusement traité de la culture de l'avoine que le docteur Schweitzer, je crois devoir réunir ici quelques préceptes qui résument ses observations et qui sont confirmés par mes expériences.

1. Lorsqu'on veut attendre avec certitude un bon rendement de l'avoine, il faut, avant tout, régler les façons à lui donner sur la culture précédente et la culture du sol.

2. Si le sol est lourd et si la culture précédente était une céréale, il faut rompre le chaume en automne et donner, au moins, un labour au printemps, semer sur le sillon brut, ou, dans le cas où il serait trop grumeleux, après un hersage, et enfouir à la herse.

3. Dans les mêmes circonstances, si l'on a le temps et si le sol est infesté de chiendent, il faut donner deux labours au printemps, et mieux, si le terrain n'est pas infesté de chiendent, donner le se-

cond labour et enfouir la semaille avec la charrue
à butter ; fallût-il retarder un peu la semaille pour
pouvoir donner ces façons, on s'en trouverait toujours bien.

4. Si le sol est meuble, sec, mais en force, quand
même il s'y trouverait une certaine quantité de
mauvaises herbes se reproduisant de semence, il ne
faut pas labourer au printemps, mais semer l'avoine
sur les sillons d'automne et l'enfouir à la herse.

5. Dans les mêmes circonstances, l'avoine réussit
encore mieux lorsqu'on a donné deux labours avant
l'hiver.

6. Dans le cas où un sol labouré deux fois avant
l'hiver, et, à plus forte raison, un sol labouré une
seule fois, aurait été tassé par les pluies ou par l'effet
d'un hiver défavorable, un labour serait nécessaire
au printemps ; néanmoins conviendrait-il, si le sol
était meuble de sa nature, d'enfouir la semaille à
la charrue.

7. Si le sol est très-humide et si l'automne est assez
pluvieux pour rendre les labours difficiles, ou pour
qu'on ne puisse les donner bons, il faut laisser reposer la charrue et ne rompre le chaume qu'après
l'hiver, pour semer l'avoine sur le sillon brut dès
les premiers jours favorables du printemps et l'enfouir à la herse.

8. Après les cultures sarclées de toute espèce,
lorsqu'on a labouré avec soin en automne, il ne
faut pas se servir de la charrue au printemps,
mais tout au plus du buttoir, et n'enfouir qu'à

la herse. Il n'y a d'exception à ce précepte que pour les sols lourds et très-humides.

9. Après les plantes à cosses, excepté dans les sols légers, il convient de donner encore un labour au printemps, parce que ces plantes laissent le sol très-tassé et assez humide.

10. Après le trèfle, il ne faut donner qu'un labour, soit avant, soit après l'hiver. Pour les sols légers, mais sujets à être tassés par les pluies, le labour à la fin de l'hiver convient mieux que le labour d'automne.

11. Après un trèfle de plus d'un an, dont le chaume est ordinairement rempli de chiendent, il ne faut encore qu'un labour, mais en faisant passer deux charrues de suite dans le même sillon, c'est-à-dire un double labour.

12. Les chaumes d'esparcette et de luzerne doivent être rompus avant l'hiver. Il en doit être de même des défrichements, à moins que le sol ne soit humide par sa situation. On ne doit pas donner d'autre labour au printemps.

13. L'avoine aime une terre profondément ouverte, mais qui a eu le temps de se rasseoir, autrement elle est disposée à verser ; c'est pourquoi elle paye généralement bien le travail à la herse qu'on lui donne en sus de l'usage ordinaire.

En suivant, dit Schweitzer, ces préceptes, qui sont déduits de l'expérience, on pourra compter sur des récoltes d'avoine aussi abondantes que le comportera la force du sol, et, le plus souvent, on tirera plus de profit de sa culture que de celle de l'orge.

§ 7. *Temps de la semaille.*

Plus il faut de temps à une plante pour arriver à sa maturité, plus il faut hâter le moment de la semaille ; il faut donc semer l'avoine plus tôt que l'orge. La température plus ou moins favorable à la plante, l'exposition et la nature du terrain exercent aussi une influence sur le moment de la semaille. Ainsi un climat un peu humide, un sol frais sont plus favorables à la germination et à la croissance de l'avoine qu'un climat venteux, une exposition chaude et un terrain sec. Sa germination surtout exige plus d'humidité que celle de l'orge. Il faut, par conséquent, dans des circonstances moins favorables, chercher à profiter de l'humidité déposée dans le sol pendant l'hiver, et semer l'avoine d'aussi bonne heure que possible. Aussi, tandis que, dans quelques contrées, on sème l'avoine au mois de mai, dans d'autres on la sème dès le mois de mars. Ainsi, dans la même contrée, par conséquent sous le même climat, on sème en avril sur les sols humides, tels que les polders des Pays-Bas, et en mai sur les sables qui les avoisinent, ceux de la Campine, ce qui s'explique par les conditions du climat. Sur les hauteurs du Wurtemberg, on ne croit guère pouvoir compter sur l'avoine semée après le mois de mars, tandis qu'en Belgique on croit possible la réussite de l'avoine semée dans les premiers jours de juin. Toutefois on tient, dans la première de ces contrées, à semer l'avoine qui succède au trèfle et, à plus forte raison, aux herbages, un mois plus tôt que celle qui succède à une céréale.

En Belgique, comme dans le pays de Clèves, on sème plus tard l'avoine avec fumure que l'avoine sans fumure. Dans quelques contrées, on choisit pour la semaille de l'avoine le moment de la floraison de l'épine blanche.

En Courlande, au rapport de Dullo, on sème l'avoine d'aussi bonne heure que possible, même alors que l'eau coule encore dans le sillon ouvert par la charrue, pourvu que la surface soit un peu ressuyée et que le soc puisse pénétrer de dix à quatorze centimètres, surtout dans les sols sablonneux. On tient pour une condition indispensable que la semence de l'avoine trouve encore beaucoup d'humidité dans la terre.

Telles sont, et quelquefois plus grandes encore, les différences qui résultent des circonstances et des influences locales. Telle est aussi la difficulté, l'impossibilité même de trouver et de formuler des règles générales applicables seulement à la majeure partie des cas. Il faut donc étudier et apprécier la pratique locale, avant de la rejeter; il faut la suivre, mais non aveuglément, pas plus que les données de la théorie et les opinions des auteurs. La nature est variée, dans ses voies comme dans ses phénomènes;

il faut que le cultivateur le soit dans ses procédés pour la suivre sans s'égarer.

La seule règle générale qui puisse se formuler à l'égard de l'avoine, c'est *de la semer aussitôt que le temps et les circonstances le permettent*. La réussite de l'avoine semée de bonne heure est plus certaine ; si son rendement n'est pas toujours plus considérable en mesure, son grain est plus lourd, ce qui n'est rien moins qu'indifférent pour l'avoine. On est toujours très-pressé de semer les fèves, on devrait l'être au moins autant de semer l'avoine ; seulement elle souffre moins d'être enfouie dans la boue. Si la saison est pluvieuse, qu'on expédie d'abord la besogne pour les fèves, et qu'on se prépare du temps pour semer l'avoine à la première température favorable, mais en se réservant celui de semer l'orge, la plus difficile pour la température au moment de la semaille. L'avoine supportant d'ailleurs mieux les gelées tardives que toutes les autres céréales d'été, le danger d'une semaille trop hâtive est aussi pour elle le moins grand ; car elle ne résiste pas seulement à la gelée dans la première végétation, mais encore lorsque ses tiges sont déjà formées, faculté que n'ont point les autres céréales. Lorsque l'avoine est semée tardivement, elle lève difficilement et inégalement, et souffre davantage de la sécheresse ; elle reste toujours plus claire et plus maigre.

§ 8. *Semence et quantité de semence.*

Le choix ou le triage préalable de la semence est plus nécessaire encore pour l'avoine que pour les autres céréales, parce qu'elle produit plus de grains non fécondés et incomplétement développés. C'est une dilapidation que de semer de tels grains, qui n'en ont pas moins leur valeur comme substance nutritive; car, ou bien ils ne lèvent pas du tout, ou bien ils ne produisent que des plantes imparfaites, qui jouent le rôle de mauvaises herbes; aussi ferait-on sans doute mieux de mesurer la semence d'avoine au poids plutôt qu'à la capacité. Le soin de trier la semence et d'en extraire les graines de mauvaises herbes serait payé par les avantages qui en résulteraient.

Comme pour les autres céréales, la proportion de semence varie, pour l'avoine, suivant les localités. Les régles générales pour la plus ou moins forte proportion lui sont applicables. Dans leur application, il convient de donner une attention particulière à la culture qui a précédé et au plus ou moins de soin des façons qui ont été données. Ainsi, après le trèfle, on prend un quart de semence de plus, et après des herbages, moitié de plus qu'on ne prendrait après une céréale.

hectolitres.

D'après les calculs de Burger, il faut, en bien belle
  avoine, par hectare de bonne terre, ou après une
  fumure.   2,35

En seconde portée.   4,28

Dans les plus mauvaises conditions.   5,70

Chez le comte de Podewils, suivant une moyenne d'un
   grand nombre d'années, en première portée.   5,00

A. Young, en sol riche.   de 3,50 à 4,28

Le même, en sol maigre.   5,35

Ducket, avec le semoir.   4,41

En Angleterre, généralement.   3,55 à 6,95

Docteur Burger, avec le semoir.   3,74

Dans les Pays-Bas, à Edeghem, terres sablonneuses.   2,25

Dans les polders.   2,75

   Id.   3,00

Dans la Campine.   3,40

A Woorde.   3,00

Dans la Flandre occidentale.   2,75

La moyenne de ces données est ainsi de 4 hectolitres par hectare ; la moyenne, pour les Pays-Bas seulement, de 2,86. Cette dernière coïncide presque rigoureusement avec l'indication de Burger pour les sols riches ou fraîchement fumés. Si l'on prend la moyenne, en écartant les données qui appartiennent aux Pays-Bas, on trouve le rapport des premières avec les dernières, comme 100 est à 64, et la proportion des dernières plus faible encore que celle des premières, même avec l'emploi du semoir : exemple frappant de ce que peut une bonne culture.

Si l'on compare enfin la moyenne générale des données pour l'avoine avec celle rapportée page 97 pour le seigle, on trouve le rapport entre les deux quantités de semence comme 100 est à 222, ou comme 5 est à 11 , et qu'on emploie ainsi plus de deux fois autant de semence d'avoine que de semence de seigle. Si l'on ne compare que les quantités des deux semences employées dans les Pays-Bas , on trouve une différence moins grande et le rapport de la quantité de semence d'avoine à la quantité de semence de seigle comme 100 est à 185, ou comme 5 est à 9.

§ 9. *Enfouissement de la semence.*

On couvre la semence d'avoine tantôt à la charrue , tantôt à la herse. La préférence à donner à l'un ou à l'autre procédé dépend entièrement des circonstances et elles sont faciles à apprécier pour un cultivateur attentif. En général, on peut formuler les préceptes suivants :

1. Sur les sols humides , tenaces , lourds , pierreux , ouverts par un seul labour et en saison pluvieuse , il faut employer la herse.

2. Sur les sols secs , légers , meubles , en saison sèche , sans exposition venteuse, il faut employer la charrue.

Pour mon compte , je conseillerais , en thèse générale, de passer d'abord la herse sur la semence d'avoine , et , après quelques jours , de donner un labour très-superficiel à tranches très-étroites. Mais nous reviendrons sur ce procédé en parlant, un peu plus loin , des soins à donner à l'avoine.

L'avoine enfouie à la charrue se montre assez généralement sous un aspect plus satisfaisant que l'avoine enfouie à la herse, surtout lorsque le rouleau a passé avant la semaille, ce qui facilite l'égale dispersion de la semence et rend plus égaux aussi les effets de la charrue. Si le sol était lourd ou humide à un certain degré, il conviendrait de remplacer le rouleau par la herse.

Lorsque les circonstances classées, dans les préceptes généraux, sous le n° 1 indiquent l'emploi de la herse, il faut l'appliquer avec énergie, et d'autant plus énergiquement, lorsque, dans les circonstances classées sous le n° 2, on ne veut pas employer la charrue.

C'est d'après la température et l'état du sol qu'il faut juger si l'on doit passer le rouleau immédiatement après la semaille, ou si l'on doit attendre que l'avoine ait levé, ou qu'elle dépasse le sol de quelques centim. Si le sol était en même temps lourd et humide, l'emploi du rouleau ne saurait être qu'inopportun, parce qu'il formerait une croûte à la surface ; dans ce cas, il faut au moins le retarder pour y recourir plus tard, si le temps et le sol deviennent secs. Si les terres sont légères et sèches et si le temps est clair, il est avantageux de passer le rouleau immédiatement après la semaille ; si le sol est meuble et le temps sec, ou si la terre est fraîchement fumée, le passage du rouleau est indispensable. L'affermissement opéré par le rouleau est favorable à la germination et fait lever plus également, deux des conditions les plus importantes pour les céréales d'été.

§ 10. *Soins et façons.*

Lorsque, peu après la semaille, le sol a été tassé par une forte pluie, il faut le rouvrir par un hersage ; les avantages de cette pratique sont consacrés par l'expérience. Dans quelques contrées de la Westphalie, on herse quatre à cinq jours après la semaille, même lorsque la terre n'a pas été tassée par la pluie, et l'on fait passer le rouleau à la suite de la herse. En renouvelant cette opération lorsque l'avoine a atteint environ un doigt de hauteur, on peut compter qu'on lui a donné une forte avance sur les mauvaises herbes qui s'élèvent en concurrence avec elle. On arrache bien aussi quelques pousses d'avoine, mais celles qui restent tallent d'autant mieux et leurs tiges n'en deviennent que plus fortes. Les cultivateurs westphaliens appellent cela *réveiller l'avoine.*

Dullo parle d'une pratique à peu près semblable usitée en Courlande. L'avoine semée de très-bonne heure et enfouie à la charrue, on attend quinze jours et même plus longtemps pour y faire passer la herse. On le fait sans crainte aucune, dans la conviction que, l'avoine fût-elle levée, le hersage ne peut être que favorable, en ameublissant la surface. Après la herse, on fait passer un rouleau pesant. Sans avoir fait une expérience propre de ce procédé, je suis disposé à le regarder comme très-rationnel, et je me réserve de l'étudier dans la pratique.

L'exemple suivant, bien qu'isolé, n'en est pas moins très-remarquable. Un cultivateur de Paderborn, dont les travaux et la semaille avaient été retardés par les pluies jusque dans le mois de mai, fit semer toutes ses avoines à la fois, en employant un plus grand nombre de semeurs, enfouir à la herse et donner un labour huit jours après. Puis il fit herser encore et passer le rouleau. Le produit de la majeure partie de ses pièces fut extraordinaire, les marguerites et le faux raifort furent si mal traités qu'ils ne purent plus nuire à l'avoine.

Cette expérience mériterait aussi d'être renouvelée. Je sais bien que quelques essais de cette pratique n'ont pas réussi ; mais la faute en était, à mon sens, aux expérimentateurs, pour avoir attendu trop longtemps à donner le labour à l'avoine déjà levée. L'exemple que nous rapportons implique un labour après huit jours et non pas après trois semaines. Le lecteur aura remarqué que, dans ce cas, l'avoine a été d'abord enfouie à la herse, puis labourée, et que, dans les pratiques précédentes, au contraire, elle est d'abord enfouie à la charrue, puis hersée. Les deux procédés sont donc applicables suivant les circonstances.

Le faux raifort, la folle avoine, le haveron, le chrysanthème sont les plantes parasites les plus nuisibles à l'avoine et ses ennemis les plus acharnés. L'orge en souffre moins, parce qu'on la sème plus tard et qu'on donne plus de soin à sa culture, et parce qu'elle vient plus vite que l'avoine.

Outre le moyen du labour donné au moment où l'avoine lève et par lequel on enterre les mauvaises herbes qui germent à la surface et dont une partie est ainsi étouffée, tandis que l'avoine reprend avec plus de vigueur, on en a employé beaucoup d'autres, principalement contre la multiplication du faux raifort, dont quelques-uns sont assez efficaces, beaucoup ne produisent que peu d'effet et la plupart sont tout à fait inefficaces. Il ne sert à rien de faucher l'avoine lorsqu'elle a atteint un travers de main de hauteur; les hersages, après la semaille, sur un seul labour, ne servent pas à grand'chose; une bonne préparation du sol, avant l'hiver, a des résultats plus certains; les plus assurés sont ceux du sarclage.

Une pièce de terre qui n'avait été ajoutée que l'année précédente au domaine de Hohenheim fut semée en avoine et, plus tard, sarclée. Dans quelques endroits, elle se couvrit tellement de faux raifort, de l'espèce à fleur blanche, le détestable *raphanus*, que l'avoine pouvait à peine y être aperçue, et que le sarclage, physiquement possible, n'était pas économiquement praticable. Je fis faucher. L'avoine, quoique plus faible, repoussa, il est vrai; mais le faux raifort, celui-là même qui avait été atteint par la faux, repoussa aussi des tiges plus faibles sans doute, mais en quatre fois plus grand nombre : c'étaient autant de nouvelles têtes de l'hydre, et il n'était rien moins que vaincu.

L'état d'une autre pièce que nous avions reçue

déjà ensemencée sur un chaume rompu par un seul labour était effrayant. Il y avait dix plants de faux raifort contre un d'avoine. Le produit n'aurait pas payé les frais de sarclage; il eût été aussi peu économique de l'entreprendre que contraire à toute règle de culture de laisser vivre un tel ennemi. Faucher et labourer étaient les seuls moyens qui restassent, et ils furent employés.

Le hersage tardif de l'avoine levée est, à la vérité, un bon moyen pour en faciliter la croissance, et il peut produire une certain effet pour empêcher les mauvaises herbes de prendre le dessus; il les contrarie, mais il ne les détruit pas. Les plantes parasites savent d'ailleurs, aussi bien que les plantes utiles, se courber sous les dents de la herse et leur échapper.

Le meilleur moyen, le plus économique, ou, pour mieux dire, qui ne coûte rien, à employer contre les mauvaises herbes qui se reproduisent de graine, est la préparation complète du sol avant l'hiver, dont nous avons déjà fait ressortir l'utilité au § 5. Dès l'année 1805, un de mes amis me fit voir, sur un sol argileux tenace, de l'avoine fort belle et très-nette de mauvaises herbes, tandis que les pièces voisines étaient pleines de faux raifort; il m'assura qu'il donnait ses façons et son labour pour la semaille avant l'hiver, et qu'il regardait ce procédé comme le meilleur pour avoir des céréales d'été exemptes de mauvaises herbes. Dans beaucoup d'autres localités, les meilleurs cultivateurs ont fait la même expérience. C'est donc là un moyen qu'il faut employer autant que possible.

Si tous les autres moyens sont impuissants, il faut recourir au sarclage. — Au sarclage? — Oui, au sarclage. Quelque effroi qu'inspire l'idée du sarclage au cultivateur à qui l'expérience n'en a pas appris les avantages, quelque effrayé que j'en aie été moi-même avant d'en avoir essayé, je puis prédire aujourd'hui avec une entière certitude au cultivateur qui surmontera cet effroi que, dans quelques années seulement, aucuns frais de travail ne lui coûteront moins à payer que ceux du sarclage. Il y a quelque chose de si rassurant dans la certitude du résultat, quelque chose qui passionne si vivement dans la lutte contre un ennemi acharné, qu'étant sûr de l'un on ne peut pas s'arrêter dans l'autre; et, dans ce cas, la vengeance est douce et innocente. Là seulement où il manque de bras pour soutenir la lutte, là où manque *le nerf de guerre*, il faut bien souffrir l'existence de son ennemi.

Si le rouleau n'a pas passé sur les champs d'avoine aussitôt après la semaille, il faut qu'il y passe lorsque l'avoine est sortie de la longueur du doigt. « Lorsque le rouleau n'a pas passé, dit Schweitzer, « avant que l'avoine ne commence à taller, et qu'on « l'applique à cet instant, son action, comme je l'ai « souvent observé, favorise le tallement; elle em- « pêche la croissance en hauteur, ou la ralentit « lorsqu'elle est excitée par une température sèche et « chaude, tandis qu'elle favorise le mouvement de

« croissance latérale. D'un autre côté, le tassement
« de la terre contre les nœuds inférieurs excite le
« développement d'un plus grand nombre de ra-
« cines. »

L'emploi d'engrais liquides répandus sur les
avoines déjà levées est incontestablement d'un
grand avantage : heureux celui qui peut faire ce
bien à ses avoines, surtout à celles semées dans une
terre maigre !

§ 11. *Récolte et rendement.*

Il ne faut pas tarder avec la moisson de l'avoine.
Elle ne mûrit presque jamais toutes ses graines, et
celui qui voudrait attendre la maturité des dernières
courrait le risque de perdre les premières, par conséquent les meilleures, s'il survenait un coup de
vent. L'avoine, d'ailleurs, mûrit coupée aussi bien
que les autres céréales.

L'avoine se coupe, soit à la faux armée, ce qui
est le plus économique, soit à la faucille. Quelques
cultivateurs laissent leur avoine un certain temps en
javelles, pratique à laquelle je ne puis donner mon
assentiment que dans le cas où il a plu pendant la
coupe, ou lorsque l'avoine est mêlée de trèfle ou de
beaucoup de mauvaises herbes. Étendue sur le
chaume, l'avoine peut, il est vrai, supporter assez
longtemps la pluie ; il se peut encore qu'elle soit,
après cela, plus facile à battre ; mais il faut une foi
bien robuste pour croire que cela fasse réellement
augmenter le volume du grain.

Dans les Pays-Bas, comme dans le Holstein, on lie l'avoine aussitôt qu'elle est coupée, ou du moins aussitôt que possible. « Les bons cultivateurs, dit « Lang, regardent ce travail comme tellement « pressant, que, lorsqu'ils manquent de bras, ils « aiment mieux retarder la rentrée de leurs céréales « d'hiver que de retarder le liage de leur avoine. « On ne croit pas que l'avoine ait besoin d'avoir été « mouillée pour qu'on puisse la battre, et nos bat- « teurs savent très-bien en tirer tout le bon grain. « Mais, fût-il impossible de battre à fond l'avoine « qui n'aurait pas été mouillée, nous aimerions « mieux encore faire profiter nos bestiaux des grains « imparfaits qui pourraient rester dans les épis que « de semer les meilleurs et les plus mûrs sur les « champs au profit des oiseaux et des souris. « Lorsque l'avoine peut être liée sèche, et il ne faut « jamais la lier autrement, elle peut supporter très- « longtemps, sans avarie, le plus mauvais temps, « tandis que, étendue en javelles, elle ne peut être « préservée d'une avarie complète qu'au prix de « beaucoup de main-d'œuvre pour la retourner « souvent et d'une perte considérable de grain. On « a fait d'ailleurs l'observation, qui ne saurait être « révoquée en doute, que la paille d'avoine, immé- « diatement liée, conservait beaucoup plus de pro- « priétés, comme fourrage, que celle qui était restée « huit jours en javelles. »

Dans les Pays-Bas, où, comme on vient de le voir, on lie l'avoine aussitôt coupée, on ne prépare pas des liens à l'avance ; on lie avec l'avoine même , mais on met deux liens à chaque gerbe. On prend pour chaque gerbe le quart de la quantité d'avoine qui pourrait tenir dans un lien fait de deux longueurs de paille de seigle. Ainsi liées , on adosse les unes aux autres six gerbes en cercle , en les écartant par la base et en les liant légèrement par le haut.

D'après quelques données du docteur Burger, l'avoine, dans les terres qui lui conviennent, et avec une culture appropriée, rend 32 à 53 hectolitres par hectare.

D'après les sols sablonneux, avec une culture peu soignée, ou sur des champs épuisés, elle ne rend que de 21 à 32.

	Hectolitres.
Dans les Pays-Bas, terres d'alluvion, ou autres bonne terres,	56 à 67
Dans les Pays-Bas, sols sablonneux,	40 à 41
Dans la Campine ou dans de mauvais sables,	37
A Hohenheim, récolte de 1823 *,	44 1|2
Moyenne pour l'Angleterre, suivant A. Young, voyage à l'est,	34
Voyage au midi,	28
Voyage au nord,	32

Ainsi la moyenne par hectare serait :

Pour l'Allemagne,	34,50
Pour les Pays-Bas,	48, 2
Pour l'Angleterre,	31,33

* Cette récolte , comme extraordinaire, ne doit pas entrer dans le calcul de la moyenne : celle de 1824, frappée par la grêle, n'a pu être exactement appréciée.

La seule comparaison de ces chiffres fait ressortir combien la culture de l'avoine est reculée en Angleterre et combien elle est avancée dans les Pays-Bas. Mais quel est le pays dont les rendements puissent se comparer à ceux des Pays-Bas ? On m'a souvent taxé de partialité en faveur de cette contrée et on n'a pas eu tout à fait tort. La partialité pour la vérité et le bien ne mérite aucun blâme. Je mets au défi ceux qui iront et verront de leurs propres yeux de me trouver en faute d'exagération. Jusque-là, je ne puis que donner le premier rang à un pays qui l'a conquis par de si louables efforts et qui la conserve encore aujourd'hui en dépit de la rivalité et des efforts de ses voisins.

CHAPITRE VIII.

—

BLÉ AMIDONNIER. — GRAND ÉPEAUTRE.

Cette céréale, le *triticum dicoccum*, diffère essentiellement de l'épeautre ordinaire. Le *triticum tricoccum*, auquel on donne, dans quelques endroits, le nom d'épeautre d'Égypte, accomplit à peine en douze mois sa croissance, et ne paraît pas pouvoir s'acclimater dans nos contrées, qui ne peuvent lui douner ni le soleil d'Afrique, ni les inondations du Nil, seuls capables, à ce qu'il parait, de lui imprimer une végétation plus prompte.

Le grand épeautre, comme le petit, ou le froment-locar, est une céréale proprement dite mais tous trois appartiennent à la classe de céréales dont le battage ne sépare pas les grains des écales, qui ont, par conséquent, besoin d'un broiement qui leur fait perdre environ la moitié de leur volume.

On cultive, dans le Wurtemberg, trois espèces de grand épeautre : la blanche, la rouge et la noire. La dernière n'est guère cultivée que comme céréale d'hiver ; les deux premières le sont comme marsages, mais demandent à être semées de bonne heure. Cependant, d'après l'expérience que j'en ai faite, non-seulement le grand épeautre rouge supporte très-bien l'hiver ; mais, semé en automne, il prend plus de croissance et devient plus parfait.

Le grand épeautre blanc donne une farine plus blanche et plus fine que le rouge, et un amidon très-fin et très-blanc ; par contre, le rouge rend davantage et s'accommode mieux des terres fermes. Pour mon compte, je donne de beaucoup la préférence à la culture du dernier. Tous deux ont l'avantage, sur les autres espèces de blé, qu'ils s'accommodent de terrains plus secs et moins riches. Ils ont encore celui de ne pas verser, et le préjugé qui attribue cette propriété à l'épeautre ordinaire, qui ne la possède pas, n'est que le résultat de l'ignorance de ceux qui les confondent. La roideur de la paille ne permet pas de l'employer autrement qu'en litière.

Comme marsage, il remplace l'avoine et l'orge. Il se place ainsi après les céréales. Dans l'assolement triennal, il s'arrangerait, sans doute, beaucoup mieux de succéder au trèfle, et on devrait essayer de le semer en mélange avec l'avoine, qu'il empêcherait de verser, comme elle y est très-sujette dans ce cas. Il est une ressource, à employer à la panification, pour le cultivateur qui n'a pas pu faire toutes ses semailles d'automne et qui peut les compléter au printemps, en le semant de bonne heure.

Son rendement est porté, dans les annales wurtembergeoises, de 39 à 45 hectolitres par hectare, ce qui constitue un produit très-considérable pour une céréale d'été. Nous avons nous-même récolté, en 1823, après des pommes de terre, 44,2 hectolitres sur un peu plus d'un hectare, 42,8 quintaux métriques de paille et de balle. En 1824, la récolte eut à souffrir de la grêle ; elle rendit pourtant encore 39,38 hectolitres et 46 quintaux métriques de paille ; le broiement réduisit le grain net à 24,50 hectolitres. L'orge, séparée seulement par un sillon, ne rendit que 20 hectolitres de grain et 36 quintaux métriques de paille.

Le grand épeautre veut surtout être semé de très-bonne heure, et tout porte à croire qu'on pourrait très-bien le semer à la fin de l'automne. La proportion de semence est la même que pour le froment-locar. Comme on le sème de bonne heure, qu'il n'est pas sujet à verser et qu'il mûrit tard, il parait très-propre à être semé avec les pois ou l'avoine, mélange qui donnerait une très-grande valeur au rendement de cette culture. Il conviendrait surtout de le semer dans les vesces cultivées pour fourrage vert, qu'il aurait la propriété de soutenir debout. Il est d'ailleurs à recommander pour tous les sols sur lesquels on a à craindre le versage des autres céréales.

Il importe de saisir un temps sec pour récolter le grand épeautre, parce que, une fois coupé, il ne supporte plus la pluie. La farine de celui qui a été mouillé coule et ne lève pas, ou du moins elle donne au pain un goût amer.

L'espèce noire d'hiver, qu'on cultive en grand en Autriche, pourrait, sans doute, réussir dans d'autres contrées ; cependant les essais qu'on a faits de sa culture dans le Wurtemberg ont montré qu'elle était plus sujette au miellat que les autres céréales et que, si cet accident n'empêchait pas les épis de se développer complétement en apparence, beaucoup de grains y restaient maigres, vides, ou privés de faculté germinative.

D'après les observations du docteur Schubler, il mûrit, dans un épi

De grand épeautre blanc,	56 grains qui pèsent	35 grains.
Id. rouge,	60	id.	40 —
D'épeautre commun d'été,	34	id.	24 —
De blé de mars,	50	id.	30 —

Si l'on remarque, en comparant les résultats de ces observations, que le grand épeautre ne talle pas moins que le blé de mars et l'épeautre commun d'été, ce ne sera pas sans raison qu'on penchera à donner la préférence à la culture du grand épeautre rouge sur celle des deux autres céréales. Bien que la valeur de son grain ne soit pas égale à celle des grains de blé, son rendement plus assuré et de 1/4 plus considérable que celui du blé de mars établit une large compensation. Mais là où les moulins ne sont pas pourvus de machines à broyer, son introduction ne serait pas plus profitable que celle de l'épeautre commun, à moins qu'on ne destinât le produit brut à la nourriture des chevaux. Cette application ne serait pas seulement d'un grand avantage dans les années et dans les contrées où l'avoine est à haut prix, mais même en général, parce que le rendement du grand épeautre est à celui de l'avoine comme 40 est à 34. En prenant le poids pour moyen de comparaison, on trouve que l'hectare d'avoine rend 1496 kilogrammes et l'hectare de grand épeautre 1920 kilogrammes de grain, le dernier, par conséquent, 424 kilogrammes de plus que la première.

D'après les expériences comparatives que j'ai faites en 1824 sur le grand et le petit épeautre, je puis mettre en regard les résultats suivants :

GRAND ÉPEAUTRE :

100 litres, pesant	48, 5 kilog.,
On a donné net en grains, au broyage,	53, 12 litres,
Pesant	36, 3 kilog.
Qui a donné en farine	31, 5 —
En son	4, 65 —
En pain *	43, 47 —

PETIT ÉPEAUTRE.

100 litres, pesant	40, 77 kilog.,
On a donné net en grains, au broyage,	38, 27 litres,
Pesant	130, 0 kilog.
Qui a donné en farine	25, 0 —
En son	4, 25 —
En pain	34, 45 —

Piétard, j'ai fait cuire, chez un boulanger, la farine d'un hec-tolitre de grand épeautre, qui ne donna que 35, 4 kilogrammes de pain, soit 8 kilogrammes de moins que la cuisson chez moi. Mais le pain du boulanger était meilleur et moins humide que le mien. Quoi qu'il en soit, la farine du grand épeautre n'est jamais d'aussi bonne qualité que celle du petit.

CHAPITRE IX.

—

BLÉ DE MARS.

Barbu ou non barbu, le blé de mars ne diffère du froment d'hiver que par le temps qu'il met à parvenir à maturité. Comme le temps est beaucoup plus court pour l'un que pour l'autre, on peut semer l'un au printemps, tandis qu'il faut semer l'autre dès l'automne. Cette différence n'a pas son principe dans la nature de la plante, mais seulement dans les habitudes qui lui ont été progressivement données. Toutefois la plus longue période de végétation est celle qui convient le mieux à l'espèce en général, et l'on voit le blé de mars, particulièrement la variété non barbue paniculée, dégénérer assez promptement, lorsqu'on n'a pas soin de la semer à certains intervalles en automne.

Là où le climat ne convient pas au blé d'hiver, le blé d'été est, sans doute, un utile surrogat. Burger a trouvé encore du blé de mars sur la pente méridionale des Alpes carinthiennes à une hauteur de 1280 et même de 1374 mètres au-dessus du niveau de la mer, hauteur à laquelle on n'a jamais songé à la culture du froment.

Le blé de mars est moins difficile pour la qualité du sol que le froment, pourvu qu'il y trouve assez de vieille force. Le temps pendant lequel il peut se nourrir est court, comparé à la quantité de nourriture qu'il doit prendre ; il faut donc qu'il la trouve facilement assimilable, pour qu'il puisse atteindre promptement son développement et donner un rendement satisfaisant. A Hoerdt, en Alsace, on cultive le blé de mars sur un sol qui contient 87 p. 0/0 de sable, sans compter le sable impalpable qui est entraîné par le lavage de l'argile ; mais la culture et la judicieuse succession des plantes sont pour beaucoup, comme nous le verrons tout à l'heure, dans sa réussite sur un pareil sol : d'ailleurs il lui faut, comme au froment, d'autant plus d'humidité, que le sol est plus meuble et le climat plus chaud.

Comme le blé de mars, aussi bien que les céréales dont nous avons parlé jusqu'ici, sait supporter, dans sa première croissance et à l'état encore herbacé, les plus fortes gelées, il peut être regardé, jusqu'à un certain point, comme plante d'hiver, et il paraîtrait convenir qu'il fût semé de très-bonne heure, quelle que soit sur ce point l'opinion de plusieurs écrivains.

Comme toutes les céréales d'été, le blé de mars veut être semé plus épais, parce qu'il lui faut développer ses racines et taller dans un temps plus court. L'honorable M. de Jordan a fait, à Voesendorf, près de Vienne, l'expérience comparative suivante, sur

la quantité de semence, avec le blé de mars napoli-
tain ; sur le même terrain, il sema, avec le semoir
de Fellenberg,

<pre>
Sur l'hectare a *   71 1/3 litres.
     —   b   142 3/3   —
     —   c   214   —
</pre>

Le sol n'était pas en force et la saison ne fut pas
très-favorable.

Le blé de mars se montra constamment,

Sur *a*, trop clair-semé ;
Sur *b*, pas tout à fait asez dru ;
Sur *c*, aussi fourni qu'on pouvait le désirer.

Le résultat de la récolte fut,

Pour *a*, 1284 litres, semence déduite , 12, 13 hectolit.
      b, 2020   id.   18, 78   —
      c, 2514   —   id.   23, 00   —

De ce résultat on pourrait conclure que le rendement augmente en proportion de la quantité de semence. Seulement ne faudrait-il pas imaginer qu'on
pourrait augmenter indéfiniment le rendement en
augmentant de même la quantité de semence, et il
ne faut voir dans cet exemple que la preuve qu'on
peut semer trop peu et ne pas trouver son

---

* Les quantités ne sont ici qu'énoncées et non réduites en mesures
métriques.

compte à cette économie, tout comme on ne le trouverait pas en augmentant outre mesure la quantité
de semence. C'est ce qui ressort d'une seconde expérience faite par M. de Jordan, à côté de la première,
pour laquelle il fit semer, sur un hectare, 2 hectolitres de froment avec le semoir de Fellenberg. Le
froment parut toujours plus dru que le blé de mars
de la pièce C et promit jusqu'au bout une meilleure
récolte ; il ne rendit cependant que 20,80, ou, semence déduite, 18,86 hectolitres, ou 4 hectolitres de
moins que le blé de mars C.

Dans l'exploitation de M. de Fellenberg, on a également observé des différences, mais moins considérables, entre les produits des semailles plus ou
moins fortes. Toutefois les observations ayant pour
objet les récoltes d'années différentes, on ne peut en
tirer qu'une seule conclusion, c'est que M. de Fellenberg s'est lui-même convaincu de l'inconvénient
des semailles trop faibles à la machine. Ainsi il a
semé, par hectare, de 1844 à 1842, 110 litres et
a récolté 13,10 hectolitres, ou, déduction faite de la
semence, 12 hectolitres ; de 1842 à 1843, 200 litres,
et a récolté 14,82 hectolitres, ou, déduction faite de
la semence, 12,82 hectolitres.

Un Anglais évalue la moyenne de ses produits à
14,12 hectolitres par hectare, et sur des terres parfaitement préparées à 24,08 ; Lurzer, dans les environs
de Saltzbourg, suivant une moyenne de vingt ans,
à 14,26.

La moyenne du rendement brut du blé de mars,

serait, d'après ce petit nombre de données, de 14,85 hectolitres : comme le froment en rend 22, le rendement du blé de mars est moindre de 1/3; il est aussi moindre de 1/4 que celui de l'épeautre d'été.

Je regrette bien vivement de ne pouvoir indiquer exactement le rendement du blé de mars dans le système de culture de l'intéressant village de Hoerdt en Alsace, dans lequel il revient tous les quatre ans, d'autant qu'il n'est produit là que par du sable ou par une maigre terre à seigle.

Il succède une fois au maïs, et l'autre aux pois; le maïs fumé, les pois sans fumure. Après le maïs, on fume et on laboure en automne; au printemps suivant, on laisse reposer la charrue, on herse, on sème et on herse encore.

Après les pois, on laboure aussitôt la récolte enlevée; sur ce labour on sème de la navette et on herse. Cette navette s'enfouit verte à la charrue avant les gelées, pour servir d'engrais au blé de mars, qui doit être semé le printemps suivant. On regarde cette fumure verte comme plus appropriée à la nature particulière du sol que celle qu'on tirerait de la fosse à fumier. Seulement, lorsque la terre est en mauvais état, elle ne suffit pas toute seule et il faut l'appuyer d'une demi-fumure ordinaire. Mais le champ d'un Hertois n'est jamais complétement épuisé d'humus. Dans ce cas, l'addition de fumier serait d'un faible secours.

Aussitôt que le blé de mars est de huit à dix centim. hors de terre, on le bine, ou plutôt on gratte avec de petites houes de cinq centim. de large et trois de long.

Quoi qu'on puisse dire à l'avantage du blé de mars, ce n'est toujours qu'un supplétif. Thaër, après avoir obtenu un rendement de 34 hectolitres, n'en a pas moins renoncé à sa culture, parce que le blé de mars est sujet à trop d'accidents sous le climat plus septentrional de l'Allemagne. « Les étés froids « et pluvieux comme les étés secs et chauds lui « sont également défavorables, dit ce grand agro- « nome. Dans une année dont la température « élevée et mêlée de beaucoup de pluie avait fait « réussir parfaitement l'orge, plus de la moitié des « épis du blé de mars étaient rongés de charbon « poudreux. Cette maladie paraît être plus propre « au blé de mars qu'au froment, tandis que celui-ci « paraît plus sujet au charbon interne *. C'est pro- « bablement à cette disposition à charbonner qu'il « faut attribuer le peu d'extension de la culture du « blé de mars dans le nord de l'Europe, où on ne le « voit cultivé qu'en proportion des besoins locaux « là où l'on ne peut cultiver le froment. »

---

* Je n'ai encore trouvé le charbon interne sur aucune céréale d'été, et je serais tenté d'en conclure qu'il se forme sous l'influence de la saison, en automne ou en hiver.

CHAPITRE X.

—

ÉPEAUTRE D'ÉTÉ.

Entre toutes les céréales supplétives, l'épeautre d'été me parait, sans contredit, la moins recommandable, et ne devoir faire ici l'objet d'un chapitre que pour mémoire. Il se peut que, de loin en loin, il paye la rente du sol sur lequel on le cultive, et que quelque faiseur d'essais le prenne momentanément sous sa protection ; mais, d'après tout ce que j'en ai vu, je ne concevrais pas un cultivateur qui lui donnerait place là où il pourrait faire venir encore de l'orge ou de l'avoine. Il est vrai qu'on peut trouver, dans ma description de l'exploitation de Hofwyl, l'indication du rendement de l'épeautre d'été en 1812 à 45 hectolitres ; mais, comme dans la même année et la même exploitation l'épeautre d'hiver ne figure que pour un rendement de 41, 65 hectolitres, la première indication doit être attribuée à l'erreur des comptes dans lesquels je l'ai puisée : aussi, dès 1813, ne voit-on plus l'épeautre d'été figurer dans les comptes de cette exploitation.

CHAPITRE XI.

—

SEIGLE D'ÉTÉ.

Lorsqu'on peut assigner au blé de mars, à l'épeautre et au seigle d'été un sol aussi riche, surtout en vieille force, que celui qu'on réserve ordinairement pour les mêmes céréales d'hiver, on peut s'attendre, si les circonstances et la saison sont favorables, à un produit satisfaisant, quelquefois même à une récolte très-abondante ; mais, lorsqu'on met des plantes qui demandent tant et de si bonne nourriture, à la place de l'avoine ou de l'orge, dans un sol à demi épuisé, on a tort de prétendre à un rendement considérable, tandis qu'il n'y en a de possible qu'un médiocre ou un très-minime.

Il est cependant des temps, des circonstances où il est à désirer pour le cultivateur, et même pour les populations tout entières, qu'on ait sous la main plus d'un expédient, où les supplétifs, les surrogats, pourvu que ce ne soient pas ceux du café, peuvent rendre d'immenses services. Quel bienfait si, en 1817, après la misère de 1816, on avait été pourvu de semence de seigle d'été, si on avait pu parer de la sorte à la disette de pain et de grain, et si le cultivateur avait pu tirer quelque avantage du haut prix des denrées! quelle utilité encore pour quelques contrées où le seigle d'hiver ne supporte pas la gelée, lorsqu'il manque par telle autre cause, ou lorsque le cultivateur n'a pu finir à temps ses travaux d'automne, s'il avait sous la main du seigle d'été!

Il est remarquable que cette variété soit absolument inconnue depuis les bords du Rhin jusqu'aux côtes occidentales de la mer, lorsque le seigle est la céréale qui nourrit le plus d'individus dans toute cette région.

Le seigle d'été ne diffère pas essentiellement du seigle d'hiver, si ce n'est qu'il met moins de temps à parvenir à sa maturité et qu'il produit des grains un peu plus petits. La qualité de la farine est absolument égale dans les deux variétés; souvent même la valeur vénale du seigle d'été est un peu plus élevée, surtout vers le temps de la semaille.

Le seigle d'été rend de très-grands services dans les sables secs, où l'avoine et l'orge refusent de produire, et y est parfaitement à sa place; mais dans ces contrées mêmes sa culture est très-restreinte, parce que le seigle d'hiver peut y être semé très-tard et qu'il veut être semé de très-bonne heure, et que par conséquent les deux semailles se donnent pour ainsi dire la main. Il est passé en proverbe, dans le petit pays de Delbrück, qu'on peut encore semer le seigle d'hiver le 22 février au matin, et que le seigle d'été doit déjà l'être l'après-midi du même jour; cependant on le sème plus généralement en mars et au commencement d'avril. Celui qui a été semé de bonne heure surpasse néanmoins toujours celui qui a été semé tard.

Le seigle d'été ne demande pas peu de force dans le sol; plus il en trouve, mieux il prospère; mais son rendement est toujours inférieur à celui du seigle d'hiver et sa réussite plus chanceuse. Il manque souvent tout à fait, par exemple lorsque la température du printemps est très-sèche. « De là « vient, a fort bien remarqué Burger, que le seigle « d'été ne réussit généralement bien que dans les « contrées montueuses ou élevées, qui ont un prin- « temps frais et humide, et qu'il manque presque « toujours dans les pays de plaine. » — Toutefois on peut le cultiver partout avec succès dans les sables un peu humides.

On emploie la même quantité de semence que pour le seigle d'hiver, si ce n'est dans les terres grasses, pour lesquelles il faut en prendre jusqu'à un quart de moins; par contre, le rendement est aussi, en général, d'un quart moins considérable que celui du seigle d'hiver. D'après une moyenne de trois années, rapportée par Burger, l'hectare lui rendit 10, 34, tandis que le seigle d'hiver lui donna 11, 84 hectolitres, sur des pièces voisines; observation qui ne fait ressortir que 1/8 de diffé- rence à l'avantage du seigle d'hiver.

Ce qui distingue particulièrement le seigle d'été

des autres marsages, c'est son fort produit en paille, qui ne le cède que de très-peu à celui du seigle d'hiver; par contre, on lui reproche de favoriser beaucoup le développement du chiendent. « Là, dit « Thaër, où on le sème, avec une fumure fraîche, « sur le chaume du seigle d'hiver et où les façons « ne peuvent se donner que pendant la saison froide « et humide, le chiendent et les différentes espèces « d'agrostis se multiplient extraordinairement dans « le seigle d'été, et l'on n'en trouve nulle part les « champs aussi infestés que là où cette rotation est « en usage. »

Un cultivateur de Delbruck prétend que le meilleur grain pour semence est celui qui n'est pas parvenu à une maturité tout à fait complète ; que non-seulement il lève mieux, mais que la plante qui en provient garde l'avantage pendant toutes les phases de la végétation. Cette observation renverserait l'opinion contraire, jusqu'à présent généralement admise. C'est un fait digne d'être étudié : je le tiens d'un fermier nommé Westermeyer, qui est un très-bon agriculteur.

CHAPITRE XII.

—

MAÏS, KUKURUZ, BLÉ DE TURQUIE, *zea maïs*, **L.**

Nous avons sur la culture de cette plante un excellent traité du docteur Burger, qui laisse, sans doute, très-peu à désirer et auquel, pour ne pas le copier, je dois renvoyer ceux qui auraient l'intention d'en faire une étude approfondie. Je crois devoir me borner ici à mettre clairement sous les yeux du lecteur le résultat de mes propres expériences, en les complétant, au besoin, par celles de Burger.

§ 1. *Sol.*

Il devait entrer dans les prévisions paternelles de la création que les deux plantes les plus précieuses par la facilité de leur emploi à l'état brut, le maïs et la pomme de terre, eussent le même berceau que les populations à l'état sauvage, chez lesquelles on a été les chercher, et qu'elles se contentassent de tous les sols possédant ou auxquels il est possible de donner un peu de force, si ce n'est des sols argileux très-tenaces ou humides. Dans les endroits noyés et dans les marais la semence du maïs pourrit, ou la plante qui en provient reste souffrante. L'argile tenace ne permet pas de donner, quand et comme on veut, les façons, sans lesquelles la plante ne prospère pas et succombe à l'invasion des mauvaises herbes.

Le maïs vient bien dans les bruyères sablonneuses, où le froment et l'orge refusent de prospérer, dans les sables pierreux, les steppes arides et même les mauvais graviers. A raison de cette frugalité, on ne lui assigne que rarement, en Alsace, un sol de première classe, qu'on regarde comme trop précieux pour une plante que son produit considérable fait mettre au nombre des plus épuisantes. Lorsqu'on le cultive dans une pareille terre, ce n'est que pour faire profiter celle-ci des façons qu'il exige et, lorsqu'elle en a besoin, pour la nettoyer des mauvaises herbes se reproduisant de semence qui y ont pris le dessus. Dans ce pays, on ne rencontre généralement le maïs que dans les terres moyennes et plus particulièrement dans les sables. Mais il ne faut pas en conclure que le maïs ne se plairait pas mieux dans une terre argileuse grasse, profonde et meuble ; la terre la plus riche ne l'est pas trop pour le maïs.

La seconde portée des défrichements, parce que, dans la première, les gazons, à moins qu'ils n'aient été brûlés, opposent trop d'obstacles aux binages et au buttage, des marais saignés et bien desséchés, des bas-fonds couverts de vase grasse, sont pour le maïs comme des couches sur lesquelles il atteint une hauteur et donne des produits surprenants.

§ 2. *Climat.*

Originaire, comme la vigne, d'une région plus méridionale, le maïs est plus difficile pour le climat que pour le sol. A. Young recule même les limites de la culture de la vigne plus loin vers le nord que celles de la culture du maïs, ce qui tient évidemment à ce que la vigne, sous les climats qui lui sont peu favorables, est placée de préférence sur les coteaux et les pentes exposés au midi, par conséquent abrités vers le nord, tandis qu'on met le maïs en plaine, à toutes les expositions et à tous les vents. Il s'ensuit que le maïs pourrait être cultivé dans toutes les régions plus septentrionales, où croît la vigne, si on lui réservait des expositions aussi favorables et aussi protégées. Il s'ensuit encore que cette plante, avide de l'action solaire, ne peut, comme la vigne, être élevée à l'ombre.

Dans les premières années de mes études agricoles, je me donnai beaucoup de peine pour acclimater le maïs dans les Pays-Bas. Sa culture me réussit très-bien dans un clos protégé par des murs, mais moins bien en rase campagne, même sur des étangs desséchés. J'abandonnai bientôt mon entreprise, trop tôt, sans doute, et peut-être en donnant trop de confiance à l'opinion d'Arthur Young.

§ 3. *Tour de rotation.*

On conçoit qu'une plante aussi vigoureuse que le maïs puisse succéder, sans beaucoup d'inconvénient, à toute autre, mais qu'il n'est pas aussi facile de lui faire succéder indifféremment toute autre plante.

En Alsace, par exemple, on regarde le maïs, même le plus soigneusement cultivé, comme une très-médiocre préparation pour le froment; c'est pourquoi ceux des cultivateurs de ce pays, qui suivent encore le système triennal, le placent dans la sole d'été, et lui font succéder une plante qui prépare mieux pour le froment, comme le tabac ou les fèves : je ne me rappelle pas y avoir remarqué un seul assolement où le maïs prit place dans la jachère, comme préparation pour le froment.

Cela ne contredit d'ailleurs en aucune façon ce que nous savons de contrées plus chaudes et plus abritées, où le maïs et le froment se succèdent alternativement et sans interruption ; ce qui est, sans doute, le produit le plus élevé qu'on puisse attendre de la même terre pour la nourriture des hommes et des animaux. Là où l'on n'a pas de gelées à craindre au mois de mai, où l'on peut, par conséquent, semer quelques semaines plus tôt qu'ailleurs, où la température moyenne de l'atmosphère contribue d'ailleurs à hâter la maturité, la récolte peut être faite d'assez bonne heure pour que les façons préparatoires pour le froment puissent être

données convenablement et en temps utile. Mais telles
ne sont pas ces circonstances en Alsace et en Souabe,
pays qu'on regarde comme les limites septentrionales de la culture du maïs en Europe. Là seulement
où l'on cultive le maïs dans les sables, où l'on peut,
par conséquent, ne semer le seigle qu'assez avant
dans l'hiver, pour avoir le temps de préparer le sol,
on peut le faire succéder sans inconvénient au maïs.

Si le maïs n'est pas généralement une bonne préparation pour le froment, il en est une d'autant
meilleure pour le tabac, les fèves, mais plus particulièrement encore pour le chanvre, le blé de mars
et l'orge. Ainsi l'on compte, en Alsace, sur sept
mesures d'orge après le maïs, lorsqu'on n'en attend
que cinq après le froment. Mais, comme les partisans
du système triennal ne sortent pas facilement de
leur ornière et veulent absolument une céréale d'hiver après une jachère, ils feraient mieux, du moins
sur les sols consistants, de semer de l'épeautre,
qui, semé plus tard, réussirait mieux que le froment,
et mieux en froment-locar.

§ 4. *Préparation du sol.*

« Quelque variés, dit Burger, que soient en Eu-
« rope et en Amérique les procédés de culture du
« maïs, on est généralement d'accord sur ce point,
« qu'il faut que la terre reçoive un labour aussi
« profond que possible, en automne ou en hiver,
« et qu'elle reste en sillons bruts pendant le reste

« de la mauvaise saison , afin qu'elle se délite et
« s'ameublisse par l'action des gelées et des varia-
« tions de l'atmosphère. »

Même en Alsace , dans les terres liées , on donne
et on répète ce labour à la fin de l'automne et au
commencement de l'hiver. Les terres ou, pour mieux
dire , les sables de Hoerdt font seuls une exception.
On a remarqué que le labour avant l'hiver , appliqué à ce sable coloré et si mobile , qui s'étend et
s'aplanit à chaque forte pluie , était très-nuisible
au maïs, et on laisse le chaume du seigle intact jusqu'au printemps. Ce n'est donc pas sans raison
qu'un pareil sol, dans lequel les gelées ne trouvent
pas de parties cohérentes à diviser, fait une exception à la règle générale.

Il faut que le sol soit net et meuble pour qu'un
seul labour au printemps soit suffisant ; au cas contraire , on laboure deux fois et on enfouit le fumier
par le second labour, lorsqu'on ne plante pas en
buttes. Il va sans dire qu'il ne faut pas négliger les
hersages et qu'ils doivent être d'autant plus énergiques que le sol est plus argileux.

§ 5. *Engrais.*

Le maïs ne réussit parfaitement que dans un sol
en pleine force. Si l'on doit craindre parfois de
trop fumer les autres céréales , on est toujours à
l'abri de cette crainte pour le maïs. Aussi celui
qui n'a pas un sol naturellement très-riche ou qui

manque de fumier doit-il s'abstenir de cette culture. On peut cependant le placer, sans fumier,
dans les soles d'été, lorsque la terre y est depuis
longtemps en bonne culture et en force, et de bonne
qualité, sans être de toute première. C'est ce qu'on
fait le plus communément en Alsace. Mais dans
l'assolement triennal, et lorsqu'on le met dans la
sole-jachère, par conséquent après l'orge, on fume,
et même dans une proportion plus forte d'un tiers,
que pour le froment. Dans les sables, les cultivateurs
fument toujours pour le maïs, à quelque culture
qu'il doive succéder.

Comme l'usage, en Alsace, est de planter le maïs,
et à de grands intervalles, il ne serait pas économique, surtout dans les sables, d'exposer le fumier,
répandu à l'ordinaire et couvert à la charrue, à une
évaporation, favorisée en même temps par la nature
du sol et par les façons que le maïs exige, et par
cette raison on fume dans les fosses et pour chaque
plant. Pour les champs de céréales, qui doivent
porter du maïs l'année suivante et auxquels on veut
faire produire des navets en seconde récolte avant
le maïs, on a soin de rendre à la terre les fanes
des navets; ce qui produit, suivant l'opinion locale,
un effet très-marqué sur le maïs.

« Toutes les espèces d'engrais, dit Burger, sont
« applicables à la culture du maïs, les excréments
« humains comme ceux des animaux, les fumiers
« d'étables comme les engrais végétaux. Toutefois
« les excréments humains doivent être mis en pre-

« mier rang. Le second appartient au fumier d'éta-
« ble entassé depuis cinq à six mois et provenant
« de bêtes à cornes bien nourries. Le fumier frais
« ne fait cependant aucun tort à la culture du maïs,
« et on n'a pas remarqué jusqu'ici que les plants en
« devinssent moins beaux, ou le rendement moins
« considérable, pourvu que le fumier frais fût ap-
« pliqué en plus forte proportion que le fumier con-
« sommé. »

De cette dernière remarque on peut conclure, à
mon sens, que la condition recommandée de laisser
décomposer si longtemps le fumier, si elle ne s'accorde pas d'ailleurs avec les arrangements intérieurs
de l'exploitation, est tout au moins superflue, si
elle n'est pas contraire à toute bonne économie : car,
s'il faut un plus grand nombre de charges de fumier
frais que de fumier décomposé, il ne s'ensuit pas
qu'une plus forte proportion de substances nutritives
soit nécessaire ; seulement il s'ensuit que le fumier
décomposé en contient davantage sous un moindre
volume. Il est reconnu aussi que la décomposition
ne s'opère pas sans une certaine déperdition, et que
douze charges de fumier frais apportent au sol plus
de substance nutritive que lorsque la décomposition les a réduites à huit. Pour appuyer mon opinion sur l'utilité de l'application du fumier frais
à la culture du maïs, c'est l'autorité de Burger lui-
même que j'invoquerai.

« Dans quelques contrées, dit-il, on est dans
« l'usage de fumer pour le maïs dès l'automne ; je

« regarde cette pratique comme peu rationnelle, et
« je crois qu'elle repose sur des principes tout à fait
« erronés; car en premier lieu, c'est bien certaine-
« ment un préjugé de croire que le fumier frais
« puisse nuire à une plante comme le maïs, qui
« demande un sol chaud et actif, et l'expérience de
« trois siècles, dans tous les pays, est d'accord sur
« ce point; en second lieu, l'évaporation du fu-
« mier, son action chimique sur le sol, l'élévation
« de température qu'il y produit dès le moment de
« son application par sa fermentation, sont autant
« d'avantages qui tournent en pure perte pour le
« maïs dans le temps qui s'écoule entre l'automne
« et le moment de la plantation. »

Ne puis-je pas dire avec raison que tous les inconvénients que Burger reconnaît à l'application
du fumier en automne, on peut les reprocher à
l'application par lui recommandée des fumiers consommés?

§ 6. *Semence et temps de la semaille.*

Lorsqu'un système de culture, comme celui
qu'exige le maïs, dispose les plants à une grande
distance les uns des autres, et qu'un grain non levé
laisse un vide d'autant plus apparent, il importe,
bien plus que pour les plantes qu'on sème à la volée et dont on peut forcer la proportion de semence,
que cette semence soit bien choisie.

Il faut donc choisir pendant la récolte les épis

les plus beaux et les plus mûrs, dont les grains se distinguent par leur brillant et par leur forme arrondie. On découvre immédiatement ces épis, mais on ne les égrène qu'au printemps, après les avoir laissés passer tout l'hiver suspendus dans un lieu sec et aéré. La condition de ne point égrener avant le printemps n'est, sans doute, pas de rigueur, et on la néglige souvent ; cependant on ne saurait mettre en doute que le grain restant attaché à la rafle et à une portion de la tige ne puisse y puiser encore quelques sucs et quelque force. En égrenant pour semence, on doit avoir attention d'enlever d'abord et de rejeter les grains placés aux deux extrémités de l'épi et qui sont ordinairement moins complétement développés.

On a observé, en Alsace, que les grains de maïs, qui n'étaient pas arrivés à une complète maturité, pourrissaient dans la terre, lorsqu'une température pluvieuse se prolongeait quelque temps après la plantation. Le docteur Burger recommande de n'employer aucun grain comme semence, sans en avoir constaté la propriété germinative. « Une foule « d'observations recueillies, soit dans ma pratique, « soit par d'autres cultivateurs, m'ont convaincu que « le maïs le plus complétement développé n'en peut « pas moins se trouver privé, au printemps, de la « faculté germinative. » Mais les mêmes expériences n'ont pas encore fait connaître si les grains qui présentent des taches ou des traces noires partant de la base et se dirigeant vers l'extérieur ne produisent pas d'épis ou n'en produisent que d'inféconds.

La macération, ou l'immersion des grains, en usage dans beaucoup de localités, n'est pas nécessaire; quelquefois utile, elle peut aussi devenir nuisible. En Alsace, quelques cultivateurs se louent de la pratique de baigner leurs grains pendant quelques heures et de les saupoudrer ensuite avec du plâtre. Ce procédé a, du moins, cet avantage que les grains légers et imparfaits qui surnagent sont facilement séparés et rejetés. D'un autre côté, le plâtre peut garantir le grain dans la terre des ravages des souris et des courtilières.

D'après Parmentier, on emploie pour le même but, dans le midi de la France, une lessive de cendres de bois, et on saupoudre ensuite les grains avec de la fleur de soufre. On se sert aussi d'une décoction de coloquinte, d'ellébore blanc, ou de graine de méteil. Ces dernières préparations ont pour effet d'enivrer tellement les oiseaux, très-avides des grains de maïs, qu'on peut facilement les tuer quand ils en ont mangé. Cette préparation fait aussi du mal aux souris.

L'immersion des grains de maïs, pendant douze et même vingt-quatre heures, peut être utile aussi, lorsque la plantation a été retardée, lorsque le sol est desséché et lorsque le grain doit attendre longtemps dans la terre qu'une pluie vienne lui donner l'humidité nécessaire; le grain ainsi pourvu d'humidité n'a besoin que de chaleur pour entrer en végétation. Mais cette immersion deviendrait nuisible, si le sol était frais et si la température devenait humide et froide après la plantation.

Plus on s'avance en Allemagne vers le nord et plus il importe de bien choisir le moment de planter le maïs. L'époque la plus communément observée est la dernière semaine d'avril. En semant plus tôt, on court le risque des gelées de mai; en semant plus tard, on s'expose à voir arriver les gelées d'automne avant la maturité, parce qu'il faut à la plante cinq mois entiers pour y arriver. On conçoit qu'il faut aussi prendre en considération la température et l'état du sol, l'une sous le rapport du froid, l'autre sous le rapport de l'humidité.

§ 7. *Semaille ou plantation.*

Un grand nombre de procédés sont en usage, dont voici les plus généralement suivis :

a. On sème à la volée et on enfouit à la charrue sous des tranches plates.

b. On dépose la semence au plantoir dans le sol complétement préparé.

c. On sème, à la main, en suivant le sillon ouvert par la charrue.

d. On sème, au semoir, en suivant le sillon ouvert par la charrue.

e. On sème, en ligne, au semoir, en rayonnant le sol, complétement préparé.

f. On sème à la volée et on enfouit avec le buttoir pour former des côtes parallèles.

g. On dépose à la main dans de petites fosses ouvertes à la houe.

Le procédé *a*, dont on se sert aussi pour les fèves, est, pour les deux plantes, le plus mauvais qu'on puisse choisir, à moins qu'on veuille supprimer les façons à la houe, ce qui n'est guère imaginable pour le maïs qu'alors qu'on ne songe à le consommer qu'en fourrage vert.

Le procédé *b* est de tous le plus parfait et le plus rationnel, mais aussi celui qui exige le plus de temps; comme on l'emploie aussi pour les fèves, nous aurons occasion d'y revenir.

Les procédés *c* et *d* s'emploient aussi, avec quelques modifications, pour les fèves; mais ils sont moins convenables au maïs : d'abord parce qu'il ne supporte pas, comme les fèves, le passage des chevaux dont le pied l'enterre trop profondément; ensuite parce qu'il demande à être beaucoup plus espacé encore. Quand même on se réserverait, comme cela devient indispensable, d'éclaircir plus tard, c'est une augmentation inutile de travail, après une dilapidation de semence.

Pour éviter le premier inconvénient, on dépose la semence, comme cela se pratique en Alsace, non pas dans le fond, mais contre la paroi du sillon, en l'y enfonçant un peu avec la main, par deux à trois grains à chaque place, lorsqu'on laisse une distance d'un demi-mètre, et par cinq à six grains, lorsqu'on laisse une distance d'un mètre, de place en place, dans le sens de la longueur du champ. Ce procédé doit être mis incontestablement au rang des plus parfaits ; mais il exige aussi beaucoup de temps.

Pour répandre la semence au fond du sillon, le semoir vaut, à la vérité, mieux que la main, parce qu'il dépose les grains plus également ; mais on ne peut cependant éviter qu'il en dépose tantôt un peu plus et tantôt un peu moins, et les inconvénients du passage des chevaux sont absolument inévitables. Ce procédé n'est donc pas non plus complétement satisfaisant et ne vaut pas le procédé alsacien de planter derrière la charrue.

Il y a bien moins d'inconvénients, sous tous les rapports, dans le procédé qui consiste à répandre le grain au moyen du semoir et en raies sur le sol complétement préparé ; mais il faut, pour cela, un semoir particulier : celui décrit par Burger, dans son *Traité de la culture du maïs*, remplit bien le but.

Le semoir Burger, pour le maïs, est porté sur deux roues, dont la voie est égale à l'espacement que doivent avoir les lignes, 80 centim. par exemple ; comme il doit ouvrir une raie avec son coutre, il faut qu'il soit tiré par un cheval ou par un âne. On fait suivre d'abord à l'une des roues le sillon-limite du champ, puis on tourne pour remettre l'autre roue dans l'ornière même qu'elle a tracée. Il faut, par conséquent, que la bête de trait soit conduite avec soin et tenue de près par son conducteur, qui, pour ne pas manquer la direction, doit marcher dans la dernière voie tracée par la machine, tantôt à droite, tantôt à gauche de la bête. Le passage du conducteur sur les lignes semées n'est pas un inconvénient. La machine est calculée de manière à laisser tomber deux grains par 30 centim. qu'elle parcourt *.

La semaille terminée, on traîne légèrement, pour couvrir les grains qui peuvent être restés à nu. Dans les temps secs et sur les terres légères, on fait bien de passer ensuite le rouleau.

Le procédé g, ou, pour bien dire, la plantation du maïs, est sans doute le plus ancien, bien qu'encore usité dans beaucoup de contrées. Le travail se fait à la houe. On ne passe pas la herse sur le dernier labour du printemps, afin que ses sillons puissent guider les ouvriers. Ceux-ci font, d'un coup de houe, une petite fosse, à la distance convenable, ordinairement un pas, le long du sillon; travaillant à reculons, la trace du dernier pas qu'ils ont fait marque la place de la fosse à ouvrir. Les lignes se font ordinairement à distance égale à celle des fosses le long des sillons. Il ne faut aucune mesure préalable, et il suffit de sauter deux ou trois sillons suivant l'intervalle de largeur qu'on veut laisser entre les lignes. Lorsque le fumier a été préa-

---

* Je me réserve, dans un des volumes suivants, de donner le dessin et la description d'un semoir perfectionné, que j'ai fait établir à Hohenheim.

lablement enfoui, on ne donne aux fosses que 54 millim. de profondeur; lorsque le fumier doit être déposé par petites portions dans chaque fosse, on leur donne 80 à 90 millim. de profondeur. Dans le premier cas, le planteur met quatre à cinq grains dans la fosse, les couvre d'un peu de terre qu'il déplace et affermit avec le pied; dans le second cas, il ne met pas le grain en contact avec le fumier, qu'il couvre d'un peu de terre avec le pied, il met les grains sur cette terre et sur la pente du petit tas de fumier, et achève de couvrir le tout.

On voit, par les détails de ce procédé, qu'il appartient plus particulièrement à la petite qu'à la grande culture. Les cultivateurs alsaciens, chez lesquels il est en pratique, font de leurs champs de maïs de véritables jardins, et cultivent, dans les intervalles des plants de maïs, des choux pommés, des choux-raves, des légumes, des haricots et du chanvre porte-graine; ils fument abondamment et donnent des façons aussi soignées que celles qu'on donne à un jardin; aussi obtiennent-ils de la sorte de très-grands produits.

Suivant Burger, il ne faut que 54 litres de grains pour un hectare semé en lignes à 65 centim. les unes des autres; les plants espacés d'un pied sur les lignes. En Alsace, où l'on espace plus largement et où l'on plante en quinconce, on n'emploie guère que 36 litres. On voit qu'au total la semence, pour une plante qui rend en moyenne, comme nous le verrons plus loin, 4,400 litres, et, suivant Burger,

7,000 litres, par conséquent 111—131 pour un, est d'une valeur tout à fait insignifiante.

Comme nous l'avons déjà remarqué, le maïs ne veut pas être profondément enfoui, et il ne faut pas y appliquer fortement la herse. Dans une expérience faite par Burger dans la seconde quinzaine de juin, les grains enfouis à 27 millimètres ont levé dans huit jours et demi;

$$\begin{array}{ccc} \text{A} & 54 \text{ millim.} & 10 \text{ jours.} \\ & 80 & 12 \\ & 108 & 13\ 1/2 \end{array}$$

Ceux enfouis plus profondément n'ont pas levé du tout, ou n'ont levé que beaucoup plus tard.

L'expérience ayant été faite dans un jardin et sous une température très-favorable, on peut conclure que des semences enfoncées à 8 et 10 centim. en rase campagne, dans une saison moins tempérée, ne seraient venues que très-mal ou ne seraient pas venues du tout. Une profondeur de 27 à 54 millim. est donc la plus convenable pour le maïs, comme pour toutes les céréales. Pour une plante qui mûrit aussi tard que le maïs, il importe d'ailleurs plus que pour toute autre de ne négliger aucun moyen de gagner du temps.

§ 8. *Cultures intercalées.*

L'espacement considérable qu'il faut donner au maïs, tant à cause du port et du développement de la plante que pour faciliter les travaux qu'elle exige , a fait naître la pensée d'utiliser le sol qu'il laisse libre, ce qui est toujours d'une bonne économie , lorsque cela n'a pas lieu aux dépens de la récolte principale; mais, pour cela, il faut des plantes qui s'étendent et s'élèvent peu , dont le développement s'effectue dans un temps assez court : ainsi les pommes de terre , les haricots grimpants, les courges , etc. , ne conviennent pas, bien qu'on les voie assez souvent cultivés dans les intervalles du maïs. La culture intercalaire la plus convenable est celle des haricots nains. Lorsque les façons nécessaires au maïs doivent être données avec la houe à cheval et le buttoir, il faut que la disposition de la culture intercalaire soit combinée de façon à ne pas gêner et encore moins rendre impossible le travail de ces instruments; il faut, par conséquent , mettre les plantes dans les lignes et entre les plants de maïs.

« Depuis que je me suis assuré , dit Burger, que
« c'est une pratique profitable , sans inconvénient ,
« ni pour la prospérité du maïs , ni pour les tra-
« vaux de binage et de buttage , et qui n'exige pas
« une attention trop minutieuse que celle d'une
« culture intercalée bien disposée , je n'hésite plus
« à émettre l'opinion que le cultivateur qui la né-
« glige diminue dans une proportion importante
« la valeur des produits de ses champs de maïs, que
« cette pratique augmente considérablement , sans
« augmenter d'une manière sensible les frais de
« culture. »

Les haricots nains sont aussi en Alsace la plante

la plus communément cultivée dans les intervalles du maïs ; seulement on ne la place pas dans les lignes , parce que le travail des binages et du buttage se fait à la houe à main.

On suit , pour la plantation , le procédé suivant. Comme les haricots supportent un enfouissement plus profond que le maïs , il n'est besoin de rien changer à la manière de donner le labour. Il suffit que les lignes de haricots soient placées entre les lignes de maïs. Une ligne de maïs étant plantée et couverte à la charrue par une tranche de terre , on met les haricots dans le sillon qui a coupé cette tranche , non pas au milieu du sillon , mais contre la paroi opposée à la tranche renversée; la tranche suivante les couvre , puis vient une tranche qu'on laisse vide, puis une nouvelle tranche pour le maïs. On conçoit qu'il faut faire ces tranches étroites , lorsqu'on ne veut pas donner trop de largeur aux intervalles entre les lignes de maïs. On met cinq à six grains de haricot par place , et autant que possible à des distances égales des plants de maïs.

Dans d'autres localités on prend moins de soin et on se contente de semer les haricots à la volée , pour les enfouir ensuite au hasard par le labour pour la plantation du maïs. Lorsque tout est terminé, on répand encore de la graine de chanvre , dans la proportion de six litres au plus par hectare ; puis on herse : dans ce cas, on ne met pas de haricots. Il est évident que la culture du chanvre , qui a ici pour objet spécial la production de la semence , doit diminuer assez sensiblement le rendement du maïs; mais cette diminution étant compensée par un autre produit, il importe peu au cultivateur de devoir le prix de sa peine à une seule ou à plusieurs plantes, et, pour le cultivateur alsacien, la production de bonne semence de chanvre à une utilité particulière.

Le semoir Burger est disposé pour répandre en même temps le maïs et les haricots. On met 82 litres des derniers par hectare, et on récolte 10 à 12 hectolitres. Il y a des cultivateurs carinthiens qui ont porté cette récolte jusqu'au double. Ce qui resterait à dire ici sur les haricots trouvera sa place dans la suite de cet ouvrage, à l'article particulier que nous consacrerons à cette plante si utile.

§ 9. *Soins et façons.*

Ici se suivent, presque sans interruption, les binages, buttages, repiquage, l'enlèvement des jets et des plants surabondants, l'écimage, le redressement.

a. *Binages et buttages.*

Ces façons sont aussi indispensables au maïs qu'au tabac. Le premier binage se donne lorsque le maïs est sorti de terre à la hauteur d'un travers de main, ce qui arrive ordinairement quatre à cinq semaines après la plantation; lorsqu'il a atteint 24 à 27 cent. de hauteur, on donne le second binage. Dans cette façon, on commence déjà à rassembler un peu plus de terre vers les plants, et on dédouble les plants surabondants, à moins que les intervalles ne soient très-larges. Lorsqu'enfin le maïs atteint un demi-mètre de hauteur, ce qui arrive vers la Saint-Jean, ou butte.

Suivant l'opinion d'un agronome français, on peut aussi se dispenser du premier binage. Suivant le procédé qu'il indique, on laisse le sillon brut après la plantation et on herse seulement après que le maïs a levé. Plus tard on donne un binage et le buttage a lieu immédiatement avant la moisson du seigle.

D'après Burger, le traitement le plus approprié à la culture en lignes du maïs est le suivant. Lorsqu'il a 16 centim. de haut, on donne un binage à la main dans les lignes, pour détruire les mauvaises herbes les plus rapprochées des plants. Immédiatement après, on fait passer, dans les intervalles, la houe à cheval à trois socs. Lorsqu'il a 24 centim. de haut, on renouvelle la même opération, en attaquant le sol un peu plus profondément que la première fois. Lorsque les plants ont atteint 30 cent. de hauteur, on passe une première fois le buttoir, et une seconde quinze jours plus tard. Les actifs et soigneux paysans du village de Hoerdt, en Alsace, donnent aussi, dans leurs sables, quatre façons au maïs.

On observe, en Alsace, de ne pas biner par un temps humide. Le buttage est regardé comme la façon la plus importante, et on ne croit pas pouvoir faire les buttes assez hautes, tant pour favoriser la sortie des racines au collet de la plante et les préserver de l'humidité que pour affermir la tige elle-même contre les coups de vent.

En Alsace, les binages et buttages du maïs se font souvent à la tâche, et on paye, dans les sables, pour les quatre façons, 75 à 80 francs par hectare. Ces frais sont, sans doute, très-considérables ; mais il serait inexact de les mettre en entier au compte du maïs, attendu que le parfait nettoiement du sol qui en résulte profite à plusieurs générations de plantes. Ces frais diminuent de beaucoup lorsque, par la culture en lignes, on rend possible l'emploi des instruments mus par les bêtes de trait. Ainsi Burger compte qu'il lui faut pour les façons d'un hectare 1,7 journée de cheval, 3,5 journées de femme, 6,4 journées d'homme, dont le montant total est 7 fl. 51 kr., ou environ le cinquième du prix de la main-d'œuvre en Alsace *.

b. *Repiquage.*

C'est le second soin qu'exige le maïs, et qui a pour objet de remplir les vides plus ou moins nombreux qui résultent toujours des ravages des souris, des courtilières et des oiseaux, surtout des corbeaux. On se sert, pour repiquer et remplir les vides, des pieds qu'on prend aux endroits où ils sont en grand nombre. Le maïs supporte très-bien la transplantation ; cependant il ne faut pas attendre des pieds transplantés un produit tout à fait aussi considérable que de ceux qui sont restés en place.

---

* Burger ne dit pas si l'extirpation des mauvaises herbes est aussi complète et définitive, particulièrement celle du chiendent, au moyen de la houe à cheval et du buttoir, qu'avec la houe à main.

c. *Enlèvement des jets.*

Le troisième soin à donner au maïs est de le débarrasser de ses jets latéraux. Dans les sols en bon état d'engrais et lorsqu'il n'est pas trop serré, le maïs pousse, près de terre, plusieurs jets qui, s'ils portent des épis, n'en portent que de petits, et qui, en enlevant de la force à la tige principale, la rendent beaucoup plus épuisante pour le sol : il faut donc les arracher, et ils fournissent un excellent fourrage pour le bétail. Comme il faut éviter d'entrer dans les champs de maïs pendant le temps de la floraison et de la fécondation, on fait cette opération immédiatement avant ou après ; on arrache en même temps les épis surabondants, qu'on appelle parasites ou gourmands, et on ne laisse qu'un ou tout au plus deux épis à chaque tige. On coupe rez terre les tiges qui n'ont point d'épi, et elles augmentent la masse de fourrage fournie par les jets latéraux.

d. *Écimage.*

Ces opérations peuvent se faire en même temps que l'écimage ; on gagne ainsi du temps et on évite beaucoup d'allées et de venues dans les champs de maïs. Pour écimer le maïs, on enlève le panache entier des fleurs mâles, avec sa tige. L'excellent fourrage, si productif de lait, que constituent les différentes parties enlevées vertes des champs de maïs, et l'accélération de maturité qui en résulte, donnent une très-grande importance à cette opération ; seulement il ne faut pas la faire trop tôt. La fécondation du maïs s'opère successivement et pendant une période assez longue ; elle dure quelquefois plusieurs semaines. Même alors que la fleur mâle a répandu sa poussière fécondante, il faut prendre garde de l'enlever, et c'est seulement sur l'aspect des épis qu'il faut se guider. Lorsque les barbes commencent à s'étioler et à perdre leur lustre, alors seulement leur rôle et celui de la fleur sont finis ; on peut s'approcher de la plante sans lui nuire et couper la fleur jusqu'à une petite distance de l'épi. En Alsace, on laisse au moins une feuille au-dessus de l'épi, ce qui, d'après les expériences de Burger, ne paraît pas nécessaire. Cet agronome conseille de couper d'abord les fleurs, et d'enlever ensuite toutes les feuilles, sans exception, à mesure qu'on trouve quelques épis mûrs, et que les grains commencent généralement à augmenter de volume et à se serrer.

On ne procède communément à l'écimage et à l'effeuillage que successivement et à mesure des besoins et de la consommation du fourrage qui en provient. Ainsi que le remarque Burger, ce fourrage agit d'une manière très-sensible sur la production du lait, tant qu'il est encore frais, et aucun autre n'est aussi avidement recherché par les vaches et surtout par les bœufs ; ces derniers le préfèrent au meilleur foin, et, quelque travail qu'on leur fasse faire, ils n'ont jamais aussi bonne apparence que lorsqu'ils en sont nourris. On coupe les feuilles ainsi que les cimes en morceaux de 5 à 6 centim. environ, afin qu'il s'en perde moins. D'après les expériences de Burger, le produit de l'écimage, de l'arrachage du trop-plein et de l'effeuillage d'un hectare de maïs suffit pour nourrir pendant un mois huit bœufs ou onze vaches. Si l'on compte, pour la nourriture journalière d'une vache, 7 kilogram. et demi de foin, le moins qu'il faille rigoureusement pour sa sustentation, on trouve que ce produit du maïs est égal en valeur nutritive à 25 quintaux métriques de foin, ou à ce qu'on peut attendre en foin et en regain d'un hectare de bonne prairie naturelle; mais, comme on ne compte pas généralement sur des produits aussi considérables du maïs que ceux accusés par Burger, on peut réduire en moyenne la quantité de fourrage à recueillir de la sorte à 13-14 quintaux métriques.

Outre l'avantage économique si considérable de ces débris à employer comme fourrage, l'effeuillage a encore celui de contribuer à hâter la maturité, avantage si important sous nos climats; si quelques personnes ont cru y découvrir des inconvénients, c'est qu'elles les ont fait naître elles-mêmes en écimant et en effeuillant trop tôt.

Il sera question du redressement dans le paragraphe suivant.

§ 10. *Ennemis du maïs et accidents auxquels il est sujet.*

Ici viennent se réunir les animaux, les insectes, les gelées, les vents, les maladies.

a. *Animaux et insectes.*

Les ennemis du maïs qui se montrent les premiers sont les oiseaux. Attirés par quelques grains restés à la surface et très-visibles à cause de leur couleur brillante et de leur grosseur, les oiseaux ne se contentent pas seulement de dévorer ces grains, ce qui serait sans inconvénient, mais ils se mettent à la recherche des grains enfouis, à arracher les grains germés et ceux même qui ont déjà levé de plusieurs centimètres. La première chose à observer est donc de ne laisser aucun grain à la surface, de couvrir aussi exactement que possible et de ramasser ce qui ne l'a pas été. Mais comme ces parasites ailés finissent toujours par arriver au maïs, si ce n'est avant, du moins après qu'il a levé, il faut chercher à les éloigner par des épouvantails, parmi lesquels un des meilleurs et des plus faciles à faire consiste dans des ficelles, à travers lesquelles on passe de longues plumes, et qu'on tend de distance en distance sur les champs : on tend ces ficelles à une hauteur d'un mètre au-dessus du sol, en les attachant à des bâtons fichés en terre. Lorsque le maïs a atteint une certaine hauteur, les oiseaux interrompent temporairement leur maraude, pour la recommencer de plus belle, lorsque le grain mûrit. Les corbeaux, les corneilles, les pies, les geais, toute la gent ailée vient à l'envi prendre part au pillage et peut à peine être tenue en respect par des hommes de paille, des oiseaux de proie morts suspendus sur les champs et des traquets à vent.

Sous terre, le maïs rencontre d'autres ennemis dans les souris, les courtilières, des scarabées et des vers de différentes espèces. La macération de la semence, dans des solutions fortes ou vénéneuses, ne peut garantir que pour un temps très-court contre les attaques de cette vermine. Comme d'ailleurs aucune parcelle des substances employées ne peut aller du grain aux racines, ce moyen ne peut exercer qu'une action très-restreinte. Le meilleur moyen, encore indiqué par Burger, est de bien labourer et herser la terre avant la plantation, ce qui est d'ailleurs favorable à la croissance de la plante. « La terre, dit-il, ayant été profondément « labourée en automne et passant l'hiver en sillons « bruts, les œufs d'une multitude d'insectes, dé- « posés au-dessous de la surface, sont amenés au- « dessus et y sont détruits par les gelées et les pluies. « Ce qui n'a pas péri de la sorte succombe à l'action « des labours et des hersages du printemps. »

Mais tous ces insectes sont moins nuisibles encore au maïs qu'un ver qui l'attaque au moment où il commence à former ses grains. Il s'établit dans la rafle, pour ainsi dire au cœur de l'épi, et n'attaque pas seulement le grain en train de se former, mais aussi la tige qui supporte l'épi. Ces tiges, intérieurement minées, succombent sous le poids de l'épi, qui s'affaisse ou tombe avant la maturité. Il n'est pas rare qu'une moitié de la récolte soit ainsi détruite, comme j'en ai vu un exemple à Hœrdt, en Alsace. Je regrette de ne pouvoir donner plus de lumière sur la nature de cet insecte, et je crains bien qu'il n'existe pas de moyens de s'opposer à ses ravages.

b. *Gelées, température contraire.*

A part des vicissitudes extraordinaires auxquelles il n'est donné à aucune plante de résister, le maïs supporte mieux que toutes les autres céréales les extrêmes prolongés de toutes les températures. « Ainsi, dit Burger, une pluie non interrompue « pendant le temps de sa floraison ne lui cause au- « cun dommage. Il résiste très-bien dans un sol « desséché pendant plusieurs semaines de suite par « l'ardeur du soleil, et résiste également aux pluies « prolongées, pourvu que l'eau ne reste pas sta- « gnante sur le sol. La gelée même, au temps de sa « première croissance, ne détruit pas le maïs et il « lui résiste également, en dépit de son origine mé- « ridionale, à moins qu'elle ne soit très-forte. » J'avoue que je ne partage pas sur ce point l'opinion de Burger, et qu'il me faut tout le respect dû à son expérience pour ne pas la contredire positivement. Suivant lui, lors même que les pousses extérieures ont été gelées jusqu'au sol, le plant dont le cœur et les racines ont résisté fait une pousse nouvelle, qui vient à bien, comme aurait fait la première. Il est à remarquer qu'il est ici question des gelées qui arrivent vers le milieu du mois de mai, lorsque le maïs est de 8 à 10 centim. hors de terre.

c. *Vents.*

Quoique le maïs n'ait pas, comme les autres céréales, à craindre la surabondance de force productive du sol et qu'il n'y ait aucune raison de lui épargner l'engrais dans la prévision du versage, il n'est cependant pas assez fort pour résister aux ouragans accompagnés de forte pluie d'orage ; mais le dommage qu'il éprouve, dans ce cas, n'est jamais aussi considérable qu'il le paraît au premier coup d'œil, parce que les tiges courbées par le vent se relèvent d'elles-mêmes en peu de jours, ou peuvent être facilement redressées. Les coups de vent qui arrivent avant le complet développement de la plante et avant la floraison ont moins d'inconvénient encore. L'époque la plus critique pour le maïs est, par conséquent, la seconde quinzaine de juillet, qui est celle où il fleurit et où la tige, plus pleine de séve, est aussi moins résistante. Plus tard les tiges prennent plus de roideur et résistent mieux aux vents.

Il ne faut ni négliger, ni remettre le soin de redresser avec précaution les tiges penchées ou jetées les unes sur les autres et de tasser la terre contre les racines ; ainsi le dommage est bientôt effacé et l'on ne s'en aperçoit pas à la récolte. Deux régles sont à observer dans cette opération : la première, d'attendre que les feuilles chargées de pluie soient égouttées ; la seconde, de ne pas toucher aux pistils, de ne leur faire éprouver surtout aucune pression, ce qui nuirait beaucoup plus à la récolte que l'ouragan lui-même n'aurait pu le faire. Ce travail ne peut ainsi être confié qu'à des mains habiles et soigneuses.

Ce n'est pas, d'ailleurs, à l'ouragan tout seul, s'il n'est d'une force extraordinaire, qu'il faut attribuer le renversement des tiges du maïs ; il faut en mettre une bonne part au compte de la négligence du cultivateur, et ce n'est pas sans raison que Burger regarde le vent comme le moyen d'apprécier une bonne ou mauvaise culture du maïs. Une terre trop superficiellement labourée, dans laquelle les racines ne peuvent pas pénétrer assez avant ; un espacement trop étroit, qui a pour résultat la faiblesse des tiges ; un buttage trop léger, qui ne leur donne pas un point d'appui assez résistant, sont les auxiliaires les plus ordinaires de l'ouragan. Qu'on évite ces défauts, et le maïs ne manquera pas de force pour lui résister.

Quant aux tiges brisées, soit par l'ouragan, soit par maladresse en les relevant, on les coupe et elles servent comme fourrage.

d. *Maladies.*

Le maïs n'est sujet qu'à un petit nombre de maladies, d'ailleurs de peu de conséquence, parce qu'elles prennent généralement peu d'extension. « Jus-

« qu'à présent, dit Burger, on n'a découvert qu'une
« seule maladie qui appartienne exclusivement au
« maïs, savoir une excroissance charbonneuse, qui
« se développe sur une partie de la plante, le plus
« souvent sur l'épi, couverte d'une pellicule bril-
« lante et argentée, contenant un suc presque li-
« quide, qui se transforme avec le temps en une
« poussière noire ; mais comme cette maladie se pré-
« sente assez rarement, qu'elle n'est pas contagieuse
« et ne laisse au maïs aucune propriété nuisible,
« elle ne mérite pas une grande attention. »

J'ai remarqué, en Alsace, surtout dans les sables,
une autre maladie propre au maïs. Elle consiste
dans une excroissance vraiment monstrueuse, de
nature charbonneuse, affectant souvent la forme
d'une large crête, qui détruit une partie et souvent
la totalité de l'épi. Elle est plus commune dans les
années favorables au maïs que dans celles qui lui
sont contraires ; mais, ne s'attaquant qu'à quelques
pieds et de loin en loin, elle ne cause que des pertes
peu considérables. Dans la localité où j'ai observé
cette maladie, elle n'avait certainement pour cause
ni la trop forte fumure, ni l'espacement trop étroit,
ni l'exposition trop ombragée.

§ 44. *Récolte.*

Lorsque la pointe des feuilles blanchit et lorsque
le grain commence à devenir résistant à la pression
de l'ongle, le maïs est assez mûr pour qu'on puisse

le récolter. On cueille les épis qu'on réunit en petits tas et on les rentre.

Le temps de la maturité arrive communément, en Allemagne, dans la dernière quinzaine de septembre ou dans la première d'octobre. Lorsque les froids arrivent avant cette époque, il faut le rentrer mûr ou non. La gelée flétrit les feuilles et fait racornir le grain, et il n'y a plus de maturité à espérer lorsqu'elle n'a pas devancé le froid.

Plus tard on coupe les tiges rez terre ; lorsqu'on veut les employer comme fourrage, on les met en faisceaux de cinq tiges contre cinq tiges, et on les laisse sécher sur-le-champ ; lorsqu'on ne veut les employer que comme litière, on peut les rentrer de suite.

La récolte d'un hectare de maïs, comprenant la cueillette, le transport hors du champ et le chargement, exige, suivant les expériences de Burger, 26 journées de femme. Ces frais seraient très-peu considérables, sans doute, s'il ne fallait pas y ajouter ceux du dépouillement et de l'égrenage, dont il va être question.

Comme il faut que les épis soient dépouillés, c'est-à-dire mis à nu par l'arrachement et l'arrangement des spathes qui les couvrent, le jour même ou, au plus tard, le lendemain de la cueillette, il n'en faut cueillir le soir qu'autant qu'on peut en dépouiller le lendemain jusqu'à midi. Les épis renfermés dans leurs spathes ont une telle disposition à s'échauffer, qu'on peut être assuré de voir pourrir les spathes et le grain prendre un mauvais goût, si on laisse entassé plus de 24 heures du maïs non dépouillé. Burger compte qu'il faut 70 journées de femmes et d'enfants pour dépouiller le rendement d'un hectare. En ajoutant ces journées à celles nécessaires pour la récolte, on trouve qu'il en faut 96 pour les deux opérations.

§ 12. *Séchage, égrenage et conservation.*

Le maïs ne peut pas, comme les autres céréales, être battu et emmagasiné aussitôt après la récolte. Ses grains, aussi bien que sa rafle, contiennent une si grande proportion d'humidité, et l'évaporation de cette humidité est si lente, à raison de la position serrée des grains, qu'il faut donner aux épis des soins particuliers. Plusieurs opérations sont donc nécessaires, avant l'égrenage.

a. *Séchage.*

Le procédé le plus ancien et encore le plus généralement pratiqué consiste à suspendre les épis au grand air, sous les avances des toitures. Pour l'exécution de ce procédé, on laisse à chaque épi, en dépouillant, quelques-unes de ses spathes extérieures, qu'on retire en arrière et au moyen desquelles on les assemble par paires, ou bien on réunit ensemble un plus grand nombre d'épis en serrant un lien autour des spathes qu'on leur a laissées ; selon que l'abri sous lequel on les suspend se trouve à une exposition plus ou moins aérée, on réunit ensemble un plus ou moins grand nombre d'épis. Ce procédé est, sans aucun doute, celui dont les résultats sont les plus certains, mais il n'est pas toujours facile de l'appliquer à des récoltes d'une certaine importance.

Un second procédé consiste à répandre les épis complétement dépouillés sur le plancher d'un grenier très-aéré, en observant de ne pas donner à la couche plus de 16 centim. d'épaisseur et de la retourner souvent avec un râteau. Ce procédé, le plus simple de tous, n'est applicable qu'à de petites récoltes, un plancher de vingt mètres de long sur huit de large ne pouvant pas servir à sécher plus de 250 hectolitres.

Le troisième procédé consiste dans l'emploi de hangars couverts et à jour : on leur donne de 4 à 4 m. 1/2 de haut sur 65 à 80 cent. de large, et on calcule leur longueur sur l'importance de la récolte, ou bien sur la portée des bois dont on peut disposer. Quatre poteaux solidement fichés en terre forment les angles du bâti, et on ajoute des poteaux intermédiaires en proportion de la longueur qu'on doit lui donner. Les poteaux sont liés entre eux, en haut, en bas et au milieu, par des traverses. Au niveau de la traverse inférieure court un plancher fait de deux planches. Il est toujours élevé d'un mét. à 1 mét. 1/2 au-dessus du sol, précaution nécessaire pour empêcher l'accès des souris et des rats. La moitié de la toiture en planches forme couvercle mobile, parce qu'on remplit le hangar par le haut ; elle dépasse de 21 à 24 centim. les parois : celles-ci sont fermées en lattes clouées à l'intérieur contre les traverses; on peut employer aussi, au lieu de lattes, des treillages en osier. Il doit y avoir deux portes à l'un au moins des deux pignons, l'une en haut, l'autre en bas, par lesquelles l'ouvrier, chargé d'arranger le maïs dans l'intérieur du hangar, reçoit le maïs dans des paniers pour le distribuer convenablement. Une fois le hangar garni jusqu'à une certaine hauteur, on achève de le remplir par la toiture. La porte inférieure sert plus tard aussi lorsqu'il s'agit de vider le hangar. Les poteaux doivent être soigneusement arrondis et lissés, depuis le sol jusqu'au plancher, à la hauteur duquel on les garnit de planchettes en saillie pour fermer tout accès aux visiteurs à quatre pattes.

Il faut surtout avoir soin que le hangar soit rempli jusqu'au haut, sauf à n'employer qu'une partie de sa longueur, ou bien il faut garnir l'espace vide avec des planches fixées à l'extérieur, parce que la pluie ou la neige qui s'introduirait dans l'intérieur y provoquerait le moisi. Il faut avoir la même attention lorsqu'on ne vide le hangar qu'en partie.

Le quatrième procédé est celui du séchage artificiel, usité en Bourgogne et en Franche-Comté. On chauffe le four un peu plus fort que pour la cuisson du gros pain, on retire le feu, et on enfourne les épis complétement dépouillés. Après une heure, on ouvre le four et on retourne le maïs à l'aide d'une pelle en fer, de manière à ramener au-dessus les épis qui étaient en dessous. On met au devant du four quelques braises ardentes et on referme. Après quelques heures on retourne de nouveau le maïs, et le four reste fermé. Au bout de 24 heures, le séchage est terminé. Il n'y a pas à craindre de trop chauffer le four, parce que la grande quantité de maïs qu'on enfourne à la fois en tempère instantanément la chaleur. Par ce procédé, le maïs perd, à la vérité, la propriété d'être employé à la panification, dans quelque proportion qu'on lui ajoute d'autre farine ; mais sa farine contracte un bon goût que n'égale pas celui du maïs produit sous les climats les plus méridionaux. Ainsi séché, il surpasse, pour certains usages culinaires, la farine et les gruaux des autres céréales. Aussi, en Bourgogne et en Franche-Comté, il n'y a que les pauvres gens qui, faute de bois, emploient un autre procédé.

On a essayé de mettre au four le maïs déjà égrené, mais cet essai n'a pas eu de bons résultats.

b. Égrenage.

Lorsque le maïs est bien sec, on l'égrène ; le maïs séché à l'air ne s'égrène jamais cependant avant qu'il ait subi une forte gelée, et, d'ordinaire, seulement vers le printemps. On égrène, soit à la main, soit au fléau.

L'égrenage à la main ne convient qu'aux exploitations où l'on ne cultive pas le maïs en grand. C'est en Alsace un travail accessoire qui utilise les soirées d'hiver. On frotte les épis contre une lame de fer fixée de travers sur une caisse en bois, qui sert en même temps de siége à l'ouvrier, et dans laquelle tombe le grain. Deux personnes font facilement ainsi un hectolitre en deux heures.

Lorsque la culture du maïs est considérable, on ne peut employer que le fléau. Burger prétend avoir fait à ce sujet une expérience remarquable, c'est celle que la dessiccation complète du maïs n'est pas nécessaire pour l'égrenage au fléau, et qu'on peut battre trois mois, deux mois même après la récolte, sans que la besogne soit plus difficile ou moins bonne.

Dans le battage, il faut faire attention que la couche soit assez haute pour que les épis ne puissent pas se trouver immédiatement entre l'aire et le fléau. Burger se sert du procédé suivant : « Je « fais verser à la fois, dit-il, trente grands paniers « d'épis sur l'aire, qu'on dispose en carré au mi- « lieu, de manière à ce qu'il y ait au moins quatre « couches d'épis l'une sur l'autre ; les batteurs se « placent à deux côtés opposés du carré, de ma- « nière à le battre en commun et à atteindre toute « la surface. Ils battent jusqu'à ce que la couche « supérieure soit presque complétement égrenée. On « déplace les épis au râteau, pour enlever le grain « qui se trouve dessous. On reforme de nouveau le « carré d'épis au milieu de l'aire, on recommence « à battre, puis on enlève encore les grains, on « reforme le carré et on bat une troisième fois, « après laquelle les épis doivent être complétement « égrenés. »

Pour séparer les grains des débris de rafle qui

s'y trouvent mêlés, on passe par deux cribles, le second plus serré que le premier ; puis on passe au tarare. De cette manière, quatre batteurs doivent faire en neuf heures treize hectolitres, transport sur l'aire, nettoyage et mesurage compris. A la main, le même nombre d'ouvriers ferait dans le même temps dix hectolitres ; mais comme il n'est tenu compte ici ni de transport, ni de mesurage, on peut admettre que le résultat du battage est, à celui de l'égrenage à la main, comme 7 est à 5.

c. *Conservation.*

De même que le maïs séché au four s'égrène plus facilement, il peut aussi, sans inconvénient et aussitôt égrené, être versé sur un plancher ou conservé dans une chambre fermée. Il n'en est pas de même du maïs séché à la manière ordinaire, surtout de celui qui a été battu ou égrené avant une complète dessiccation. Il faut le répandre sur le plancher d'un grenier bien aéré, en couches de 16 centim. d'épaisseur au plus, et le retourner deux fois par semaine à la pelle, parce qu'il se passe toujours plusieurs mois avant qu'il ait évaporé toute l'humidité qu'il contient. Lorsqu'on néglige ces soins, le maïs s'échauffe et moisit.

Lorsque le grain est arrivé de cette manière à un état de siccité complète, il faut l'enfermer dans un lieu fermé, sec et frais, ou bien le mettre dans des sacs ou dans des caisses. Les rats et les souris lui font une guerre incessante ; mais il est moins difficile encore de le mettre à l'abri de leurs atteintes que de celles des insectes. Contre ceux-ci, il n'y a d'autre préservatif que la grande propreté des magasins et le soin d'en tenir les portes et les fenêtres bien closes.

Lorsqu'on a été obligé de récolter le maïs avant sa maturité, ce qui n'arrive que trop souvent en Allemagne, il n'est pas possible de le conserver et il n'est que de peu de valeur, si l'on ne peut le sécher au four. Dans ce cas, ce qu'il y a de mieux à faire, c'est de couper ensemble rafles et grains, à mesure de la récolte, pour les faire consommer ainsi par le bétail, et d'en faire sécher au four au moins une partie.

§ 13. *Produits et rendement.*

	Hectol.
Burger compte son rendement en grains, par hectare, à	71
Le même, pour la Carinthie,	48
Le même, pour l'Autriche et la Moravie,	21
Le même, pour la Hongrie et la Croatie,	37
Schwertz, pour l'Alsace,	38
Andrieu, agronome français, suivant une moyenne de 30 ans,	26
Simonde, pour la Toscane,	58
Moyenne de ces données,	41 hectol.

La valeur vénale du maïs est beaucoup plus variable encore, il est vrai, que celle des autres céréales, parce que sa consommation n'est pas générale, et que ses applications, même dans les pays où on le cultive, sont plus ou moins variées. Burger donne, suivant ses calculs, le rapport de la valeur vénale du maïs à celle du froment comme 100 est à 139. En Alsace, on la tient pour égale à celle des fèves, quelques-uns seulement à celle de l'orge. La valeur des fèves étant à celle du froment comme 3 est à 5, le rapport de valeur vénale du froment au maïs serait ainsi comme 100 est à 167. Mais le rendement d'un hectare de maïs étant à celui d'un hectare de froment comme 41 est à 22, la valeur totale d'un hectare de maïs serait à celle d'un hectare de froment comme 100 est à 90. Un hectare de maïs vaudrait donc $\frac{1}{9}$ de plus qu'un hectare de froment. Un pareil résultat vient à l'appui de cette assertion d'Arthur Young : que le plus grand produit que l'homme puisse obtenir de la terre est alternativement une année de maïs et une année de froment. D'après la valeur vénale que Burger attribue au maïs dans sa contrée, la valeur de rendement du maïs serait à celle du froment comme 100 est à 75. Un hectare de maïs vaudrait, par conséquent, $\frac{1}{4}$ de plus qu'un hectare de froment.

Mais il faut encore faire entrer en ligne de compte les haricots cultivés dans les intervalles du maïs, qui rendent, suivant Burger, 11, en Alsace 6 hectolitres par hectare, et qui équivalent à 6 hectolitres de froment, ou à 10 hectolitres de maïs. L'ensemble des produits d'un hectare pourrait donc équivaloir à 51 hectolitres de maïs, qui, rapportés comme 5 est à 3, donneraient, à l'hectare, l'équivalent de 30,6 hectolitres de froment. En d'autres

termes, la valeur vénale des produits de 11 hectares de maïs serait égale à celle des produits de
15 hectares de froment. Ajoute-t-on encore que,
comme nous l'avons vu au paragraphe 9, les fourrages verts recueillis dans les premiers soins donnés
au maïs sont, à surfaces égales, l'équivalent du
produit de prairies de moyenne qualité, et que la
masse des tiges, des spathes et des rafles est de beaucoup plus considérable que celle de la paille et de
la balle du froment, il devient évident qu'il n'est
pas de produit agricole qui puisse être mis en comparaison de rendement avec le maïs, et que ce n'est
pas sans raison que les Valaques donnent au maïs le
premier rang sur toutes les autres cultures et appliquent tous leurs soins à leur cher kukuruz.

Il est vrai qu'il n'en est pas partout de même.
Là où il n'entre pas en certaine proportion dans la
sustentation des habitants et où on ne l'emploie,
par exemple, que comme la meilleure nourriture
pour engraisser les oies, il ne peut pas avoir la même
valeur; mais, comme il est très-propre à l'engraissement des animaux de toute espèce, il ne faut pourtant pas le regarder seulement comme une friandise
pour la volaille. Suivant l'expérience des Alsaciens,
il surpasse toute autre nourriture pour l'engraissement des porcs, qui ne s'en dégoûtent jamais,
comme ils font des fèves. Il est excellent aussi pour
l'engraissement des bœufs, surtout pour ceux destinés à la consommation; il fait moins d'effet pour

ceux destinés à la vente, parce qu'il ne produit pas une graisse aussi apparente.

Comme l'emploi du maïs à la nourriture du bétail doit être, chez nous, pendant longtemps encore, sa principale destination, je crois devoir emprunter encore à Burger quelques observations sur ce sujet.

« Lorsqu'on a une fois commencé à nourrir avec
« du maïs les vaches laitières, les bœufs, les che-
« vaux, les porcs et les poules, il ne faut plus tenter
« de leur remplacer cette nourriture par du seigle,
« de l'avoine ou de l'orge, que tous ces animaux ne
« manquent jamais de refuser après le maïs. La
« faim seule peut les obliger alors à y toucher. Dans
« ce cas aussi, leur instinct ne les trompe pas. Rien
« ne les nourrit mieux, ils ne se trouvent aussi bien
« d'aucune autre nourriture, et le cultivateur qui
« produit du maïs méconnaît ses intérêts lorsqu'il
« emploie comme fourrage un grain d'une autre
« céréale.

« Je ne cultive pas d'avoine dans mon exploita-
« tion. Je ne saurais y donner de place à un grain
« dont l'hectolitre ne pèse que 41 kilogrammes et
« demi et ne contient guère que 27 kilogrammes de
« substance nutritive, tandis que tout autre grain
« en contient beaucoup plus, et que je fais trois fois
« plus avec le maïs qu'avec l'avoine. Mes chevaux
« sont bien mieux nourris avec un hectolitre de
« maïs qu'avec deux hectolitres d'avoine*. Le pré-

---

* Et le maïs rend trois fois plus que l'avoine.

« jugé que le maïs, nourrissant davantage les che-
« vaux, les rend plus lourds et leur épaissit le sang,
« n'existe pas en Hongrie, en Croatie, en Italie, où
« je ne leur ai vu donner que du maïs. Les jeunes
« chevaux le mangent tel quel; pour les vieux che-
« vaux, il faut le tremper : pour cet usage, je ne
« l'ai jamais fait briser, ni monder. »

En Alsace, où l'orge est la nourriture ordinaire
du cheval, on commence aussi à la remplacer par
le maïs.

« Pendant longtemps, continue Burger, j'avais
« nourri mes bœufs à l'engrais avec de la farine
« d'orge; depuis que j'emploie le maïs, il me faut
« une moindre quantité de fourrage et un temps
« moins long pour atteindre au même résultat.

« Rien n'engraisse les porcs aussi bien et aussi
« vite que le maïs. En Croatie, en Italie et dans
« d'autres pays, ces animaux ne sont engraissés
« qu'avec du maïs, et on n'en rencontre pas ailleurs
« d'aussi gras. Des porcs qui portent 75 à 100 ki-
« log. de lard sont communs dans ces pays. L'en-
« graissement n'est pas long, ordinairement de no-
« vembre à février.

« Comme nourriture, pour la volaille, aucune
« graine n'équivaut au maïs. Qui ne connaît le vo-
« lume, le poids, la graisse et la délicatesse de chair
« des chapons et des dindes de la Styrie. »

Nous avons déjà parlé de l'emploi des cimes et
des feuilles vertes du maïs. Les spathes extérieures,
séchées, ne sont pas moins utiles; on les préfère,

en Alsace, au regain des prairies naturelles. Les spathes intérieures sont soigneusement recueillies, on les roule en spirales, en les passant entre le pouce et une lame de couteau ; elles remplacent ainsi la paille et donnent un couchage plus doux et plus élastique. Les tiges, séchées, se coupent au hache-paille et se mêlent en hiver, trempées et non trempées, aux pommes de terre et aux navets qu'on donne aux bêtes à cornes.

Les rafles même ont aussi leurs emplois utiles. « Il résulte de l'analyse que j'en ai faite, dit Burger, « qu'elles contiennent 219 pour 1000 de substance « nutritive ; elles devraient ainsi être plus appréciées « qu'elles ne le sont généralement. J'en ai employé « de 1804 à 1805 une grande quantité à la nourri-« ture de mes bestiaux. Réduites en farine, échau-« dées et données avec la boisson, elles sont d'un « très-bon emploi. Les vaches les aiment beaucoup « et cette nourriture paraît favorable à la produc-« tion du lait. »

Burger évalue comme suit le rendement en paille d'un hectare de maïs :

	kilogrammes.
Tiges.	5734
Spathes.	730
Rafles.	1334
Total. . . .	7798

Cette évaluation concorde avec celle du rendement en grain, que Burger porte, comme nous l'avons vu, pour son exploitation, à 71 hectolitres par hectare ; mais, comme cette donnée dépasse de beaucoup celle des deux autres cultivateurs et des autres pays, il convient de rapporter le rendement en paille à la moyenne du rendement en grain, en prenant pour base 41 hectolitres par hectare.

A ce compte, l'hectare de maïs donnerait :

kilogrammes.

En tiges..	3311
En spathes.	432
En rafles.	770
Ensemble. . . .	4513

kilogrammes de paille.

A quoi il convient d'ajouter encore 1782 kilogrammes pour les cimes et les tiges recueillies en vert. Le produit total en paille et fourrage s'élève ainsi à 63 quintaux métriques, tandis que toute autre céréale n'en produit guère plus de 35 quintaux métriques par hectare.

Nous serions bien tenté de parler encore des applications du maïs à la sustentation de l'homme et de compléter ainsi ce résumé des avantages d'une céréale si précieuse et encore si peu appréciée ; mais l'espace nous manque, et il nous faudrait prendre sur celui qui est destiné à d'autres objets de culture.

CHAPITRE XIII.

—

MILLET.

On en cultive en Allemagne deux variétés principales : le millet paniculé, *panicum miliaceum*, et le millet d'Italie, *panicum italicum, seu germanicum*.

Là où, comme en Autriche, le millet est une denrée recherchée, sa culture est un objet important de l'exploitation rurale, parce que son produit en paille dépasse celui du froment, et que son produit net est au moins égal; là où le millet n'est employé qu'à la nourriture de la volaille, il convient beaucoup moins de le cultiver en grand.

Les exigences du millet, quant aux conditions climatériques, sont à peu près les mêmes que celles du maïs; l'un réussit où l'on voit réussir l'autre, ce qui pourrait s'expliquer jusqu'à un certain point par la ressemblance du port de leurs tiges et de leurs feuilles, la dissemblance marquée n'existant guère que dans le volume de leur grain. Suivant les observations de Burger, le millet d'Italie exigerait une

température un peu plus élevée que le millet paniculé ; le dernier vient encore là où ne mûrit plus le
raisin ; le premier ne dépasse jamais cette limite.

« Le millet, dit Burger, dont l'expérience est un
« guide aussi sûr pour cette culture que pour celle
« du maïs, sait résister à la chaleur et à la sécheresse,
« et peut, par conséquent, être cultivé avec avan-
« tage dans les sols sablonneux. Je ne connais au-
« cune plante de la famille des graminées, qui
« possède à un plus haut point cette propriété ;
« aussi devons-nous considérer le millet comme la
« principale et même comme la seule céréale d'été
« pour les sables des climats tempérés. Dans une
« année dont la sécheresse fit périr toutes les autres
« plantes dans nos sables, le millet résista seul.
« C'est pourquoi on ne le rencontre chez nous que
« dans les sols trop légers pour produire du fro-
« ment, et là où il entre, à la place du froment,
« dans la sustentation de l'homme. Dès que le sol
« a un peu de liaison, le millet disparaît pour rendre
« la place au froment. »

Comme pour le maïs, le sol ne peut guère être
trop gras pour le millet : il supporte le fumier frais
mieux que les autres céréales. Nonobstant cette
propriété, on ne lui donne pas volontiers une telle
fumure, à cause de ses inconvénients pour la propreté du sol ; le fumier de parcage des moutons ne
saurait être mieux placé.

Les défrichements sont la place de prédilection

du millet. « Partout où mûrit le millet, dit Burger,
« ce serait folie de faire passer autrement à l'état de
« culture les vieilles prairies, les pâturages artifi-
« ciels, les marais et étangs desséchés, qu'en les
« semant de millet, qui laisse après sa récolte un
« chaume si tendre et une surface si ameublie, qu'il
« suffit d'un labour pour les préparer à une autre
« production. »

Outre un terrain gras, le millet veut encore un
terrain propre, ce qui est une des raisons principales
pour lesquelles il réussit bien sur les défrichements.
Si l'on négligeait l'appropriement du sol avant la
semaille, il faudrait payer au triple l'économie de
cette façon par le travail qui deviendrait indispensable après. Les façons d'automne, destinées à la
destruction des mauvaises herbes, ne sauraient être
mieux appliquées qu'au millet. On lui donne autant
qu'on le peut une terre ayant produit, l'année pré-
dente, une plante dont la culture exige beaucoup
de façons, et à laquelle on applique beaucoup d'engrais ; les pommes de terre offrent pour cela les
meilleures conditions.

Le chaume d'un trèfle bien propre, non celui d'un
herbage dormant, est la meilleure place ; car à
quoi le trèfle n'est-il pas bon? « Après le trè-
« fle, dit Schmalz, j'ai toujours obtenu de beau
« millet, plus beau même qu'après les choux. Il
« aime l'air auquel les racines du trèfle donnent
« accès dans le sol. Le millet est toujours plus propre
« dans les chaumes de beaux trèfles, et il ne lui faut

« là qu'un sarclage, tandis qu'il lui en faut deux
« après les choux ; mais, pour le millet, il faut donner
« au moins trois labours au chaume de trèfle. »

Veut-on faire succéder le millet à une céréale, il faut donner au sol les mêmes façons et
les mêmes soins que pour l'orge. Même après les
choux, qu'on a binés avec tant de soin, Schmalz
veut encore qu'on donne deux labours ; la herse
surtout, et, sur des sols motteux, le rouleau, ne
doivent pas être épargnés.

Le temps de la semaille n'est pas le même pour
les deux espèces de millet : le millet d'Italie veut
être semé dès le printemps, aussitôt qu'il n'y a plus
de gelées à redouter, parce qu'il lui faut cinq mois
pour arriver à maturité. Pour le millet paniculé,
au contraire, on peut compter sur tout le mois de
mai, parce qu'il ne lui faut que trois mois pour
arriver à maturité. Cependant, comme l'observe
Burger, le millet paniculé réussit également mieux
lorsqu'il peut être semé de bonne heure ; seulement
il exige plus de soins, lorsque la terre n'a pas été
convenablement préparée et nettoyée.

Le millet étant sujet au charbon, il faut apporter
un grand soin au choix de la semence, et n'y employer que le grain des épis les plus beaux et les
plus sains. Dans ce but, on choisit sur pied et on
coupe à part les épis les plus parfaits, on les suspend
dans un endroit aéré pour les conserver, et on n'en
détache le grain qu'au moment de semer. On n'emploie pas au delà de 27 à 35 litres de semence par

hectare ; on enfouit superficiellement à la herse et
on passe le rouleau.

Le moment critique du millet est celui où il lève ;
vient-il à pleuvoir, il avorte facilement ; la pluie
a-t-elle formé une croûte à la surface du sol, on ne
peut trop se hâter de la briser avec la herse. Mais
aussi, quelque sécheresse que le millet ait eu à souffrir pendant sa première croissance, il n'en donne
pas moins des produits considérables, ainsi que cela
ressort des expériences de Schmalz. Pour nettoyer
complétement un chaume de trèfle rempli de mauvaises herbes, qui avait été rompu en automne, il
le fit labourer et herser à plusieurs reprises, ce qui
rendit le sol très-meuble, mais le disposa aussi à
se dessécher d'autant plus promptement sous l'influence de la saison qui suivit. Le millet qui y fut
semé leva, mais fut pendant longtemps à peine
perceptible. On conseilla à Schmalz d'y passer la
charrue pour utiliser autrement son terrain ; il
s'obstina, quoique sans espoir, jusqu'à ce qu'enfin
il survint une pluie assez forte pour pénétrer le sol.
Il se fit aussitôt un changement prodigieux, et le
millet apparut vert et vigoureux, mais avec lui aussi
les mauvaises herbes. On sarcla, et la récolte fut
magnifique, surtout en grains.

Qui connaît la culture du millet sait aussi très-
bien qu'une plante aussi feuillue et dont le développement ultérieur est si considérable a besoin de
beaucoup d'espace. Il est ainsi évident qu'un grand
espace doit rester à découvert pendant les six à huit

premières semaines de sa croissance, et qu'un vaste champ reste ainsi exposé aux envahissements des mauvaises herbes, qui ne manquent pas de l'occuper et de disputer la place au millet. Il faut donc venir à son secours, si l'on en veut retirer le salaire de ses peines. On donne deux façons avec de petites binettes étroites et pointues : le premier de ces binages doit avoir lieu lorsque le millet a environ 5 à 6 cent. de haut, et le second lorsqu'il en a de 14 à 15. En binant, on détruit, en même temps que les mauvaises herbes, les plants de millet qui sont trop rapprochés, de manière à ce que les plants conservés restent séparés à 16 cent. environ les uns des autres.

Pour diminuer les frais considérables de ces façons, quelques cultivateurs font passer deux fois la herse sur le millet déjà levé. Le docteur Burger prétend que, pour être de quelque utilité, ces hersages doivent être énergiques. Le premier hersage surtout ne peut manquer d'arracher bon nombre de plants de millet; mais cela nuit d'autant moins, que l'espacement plus considérable a pour effet d'augmenter plutôt que de diminuer le produit; il conviendrait d'essayer, pour le millet, une culture en lignes, suivant les principes de celle du maïs.

L'opération la plus difficile de la culture du millet est la récolte. Comme il mûrit très-inégalement, il faut, pour ainsi dire, en surprendre le moment; et, quelque attention qu'on y apporte, on n'évite jamais la perte d'une bonne partie du grain.

Lorsque la majeure partie du grain est mûre, et que les épis mûris les premiers commencent à s'égrener, il n'y a plus un moment à perdre; il faut couper avec précaution, lier aussitôt les gerbes, charger sur des chariots garnis de toiles, et battre aussitôt, en se servant du pied des chevaux ou des bœufs. Reichhardt recommande de laisser les gerbes amoncelées pendant trois à quatre jours sur l'aire de la grange, afin qu'elles s'échauffent, ce qui facilite beaucoup le battage, en faisant sortir avec moins d'effort les grains les moins mûrs. Il faut, au contraire, éviter l'échauffement du grain sur les greniers, ce qui lui donne une saveur amère, et, pour cela, l'étendre en couches minces et le retourner souvent.

Le produit du millet paniculé, convenablement cultivé, varie, suivant Burger, entre 24 et 32 hectolitres par hectare; l'hectolitre de millet pèse 70 kilogrammes, desquels il en reste 43 après qu'il a été décalé. Le millet d'Italie rend un peu plus en grains; mais le grain décalé est un peu plus petit, et il est généralement moins estimé que celui du millet paniculé : le millet est très-nourrissant; on en fait des potages et des pâtes; il est très-bon pour engraisser la volaille; il est tout à fait impropre à la panification.

Comme la récolte se fait et se rentre sans fanage, il faut, après le battage, étendre et même suspendre la paille au grand air, pour en prévenir la pourriture, et pour qu'elle puisse être employée à la nourriture des animaux. Les uns donnent à la paille de millet une grande valeur, comme fourrage, que d'autres lui dénient. Burger estime le produit de paille du millet fumé à l'égal de celui du seigle d'hiver fumé, et prétend que la paille du millet d'Italie contient plus de matière sucrée que celle du millet paniculé.

On accuse généralement le millet d'épuiser beaucoup le sol et de le laisser très-infesté de mauvaises herbes, ce qui est cause que les céréales réussissent souvent mal après lui. Schmalz, au contraire, prétend que c'est une plante peu épuisante, et même qu'elle ne l'est pas du tout. C'est un fait à soumettre à l'expérience; mais elle restera sans doute longtemps à résoudre la question.

PREMIÈRE DIVISION.

CULTURE DES GRAINS FARINEUX.

DEUXIÈME SUBDIVISION.

CULTURE DES PLANTES A COSSES.

Si la production des céréales est et doit être l'objet principal de l'agriculture, son objet secondaire immédiat doit être la production des plantes à cosses. Si elles ne sont pas propres par elles-mêmes à la panification, ce défaut de propriété leur est commun avec la plupart des céréales ; car, hormis le seigle et les différentes espèces de froment, toutes les autres céréales ne donnent qu'un pain très-grossier, ou n'en donnent qu'avec une addition considérable d'autre farine ; et comme farine à mélanger avec celle des céréales à pain, je donne de beaucoup la préférence à celle des fèves et des pois sur celle de l'avoine et de l'orge.

Quoi qu'il en soit, il reste reconnuque les haricots, les lentilles, les pois, sont plus nutritifs que les céréales et que le froment lui-même, parce que leur propriété nutritive tient à une plus forte proportion de gluten et d'albumine, ainsi à la circonstance même qui, comme le maïs, les rend impropres à la panification.

Parmi les plantes à cosses, quelques-unes, comme les haricots et les lentilles, sont exclusivement réservées à la nourriture de l'homme ; quelques-unes, comme les vesces, les pois gris, à celle des animaux ; d'autres enfin, les fèves et les pois, servent à la fois de nourriture à l'homme et aux animaux. A peu d'exceptions près, elles se rangent toutes dans les cultures d'été ; elles n'apportent donc aucune entrave à la culture des céréales, et ces dernières n'ont pas besoin du terrain qu'on peut leur destiner.

Mais les plantes à cosses offrent encore au cultivateur un avantage plus important, c'est que, malgré la grande quantité de substance nutritive qu'elles produisent, elles épuisent moins le sol que les céréales. — A partir de la formation des fleurs, les céréales commencent à perdre le peu de feuilles que la nature leur a données et finissent par n'en plus conserver du tout ; dépouillées de ces organes, elles cessent de puiser de la nourriture dans l'atmosphère et ne vivent plus qu'aux dépens du sol. Les plantes à cosses, au contraire, à l'aide de leurs tiges fibreuses, de leur port feuillu, de leurs organes plus propres à l'absorption et à la digestion, et de leurs racines plus vigoureuses, ont moins besoin de trouver dans le sol des parties humeuses que les céréales et même que les plantes tuberculeuses.

Un autre bienfait qu'elles comportent est celui de faciliter les assolements. Il est rare, à moins de circonstances et d'efforts extraordinaires, que les céréales puissent se succéder pendant un certain temps sur le même terrain. L'interruption de la culture des céréales, par le retour fréquent et périodique de la jachère, cause nécessairement une diminution du produit en grains, et surtout en paille, et ce repos indispensable, revenant trop souvent, n'est pas conciliable avec une bonne économie. Si l'on voulait remplir les vides causés par l'interruption forcée de la culture des céréales, au moyen de la culture des plantes tuberculeuses ou bulbeuses, deux obstacles sérieux se présenteraient, surtout dans les sols très-argileux : d'abord les céréales ne réussissent guère qu'exceptionnellement après les plantes tuberculeuses ; en second lieu, ces plantes elles-mêmes ne réussissent que médiocrement sur ces sortes de terrains, qui opposent, dans le plus grand nombre d'années, de grandes difficultés à leur bonne culture.

Enfin, d'après mon expérience, je tiens que les plantes à cosses épuisent moins le sol que les plantes bulbeuses et tuberculeuses. Cela me paraît évident par beaucoup de raisons : la substance, prise au sol par les plantes à cosses, s'y reproduit plus facilement sous l'ombrage plus épais dont elles le couvrent, par la quantité de feuilles qu'elles y laissent tomber, soit pendant leur croissance, soit pendant leur récolte, et enfin par le chaume qu'elles lui rendent. Il n'en est pas de même des autres plantes, dont toutes les parties, sans exception, sont enlevées au sol qui les a produites.

CHAPITRE PREMIER.

POIS.

Une plante qui, outre ses applications dans l'agriculture, joue un rôle si varié dans la culture des jardins, ne pouvait manquer, à la longue, de produire un grand nombre d'espèces et une infinité de variétés ; nous ne nous arrêterons pas à les décrire, le jardinage étant en dehors de notre sujet et la culture des pois dans les champs offrant peu de différences à raison des espèces.

Chacun sait qu'on distingue principalement en agriculture deux espèces de pois, dont l'une, comme les vesces, appartient à la nourriture du bétail, et l'autre à celle de l'homme, qui n'en donne aux animaux que ce qu'il ne peut pas consommer. On désigne la première sous le nom de pois gris et on donne à la seconde les noms de pois blancs, jaunes et verts.

§ 1. *Sol.*

Si l'on met en dehors les extrèmes de l'échelle des terrains, les sables, les argiles et les marais, dans toute la force de ces mots, on peut dire que les pois viennent partout et rendent des produits plus ou moins considérables ; mais ils ne sont pas partout également savoureux, nourrissants et faciles à cuire. Une bonne terre moyenne, soit un sable argileux, soit une argile sablonneuse, est en général la plus convenable. Mais lorsque l'argile sablonneuse est dépourvue de chaux, le pois blanc y réussit rarement bien et y devient toujours difficile à cuire. Je ne saurais attribuer à aucune autre cause cet inconvénient, que j'ai longtemps observé sur un terrain de cette nature, et cette observation me paraît d'autant plus fondée, que ce terrain n'était jamais chaulé, ni même plâtré, lorsqu'on lui faisait produire du trèfle. On y cultivait plus communément le pois vert et plus communément encore le pois gris.

Une certaine proportion de chaux et d'humus paraît être une condition essentielle de la réussite des pois, et l'une et l'autre substance sont probablement d'autant plus nécessaires que le sol est plus argileux ou plus sablonneux.

Lors même qu'une terre argileuse tenace n'oppose pas, par sa constitution même, un obstacle à la végétation des pois, ainsi que cela peut arriver lorsqu'un pareil sol contient une assez forte proportion de parties humeuses, il oppose un obstacle d'une autre nature, à cause de la lenteur avec laquelle il se ressuie, aux façons qu'il faut donner de très-bonne heure au printemps. Le retard apporté aux façons du printemps a pour conséquence inévitable un retard égal de la récolte ; le retard de la récolte rend plus difficiles les façons d'automne pour la semaille des céréales, et de ces circonstances il ne peut résulter que des conditions défavorables à la culture des pois.

« Les pois, dit Trautmann, dans un très-bon « essai sur l'agriculture, ne réussissent nulle part « mieux que dans les terres moyennes. Dans un « terrain trop humide, ils fleurissent continuelle-« ment, sans former de cosses ; dans un terrain « maigre, ils ne produisent pas du tout ; sur fumure « fraîche, ils ne produisent que de la paille. »

§ 2. *Tour de rotation.*

Comme les pois, par la vigueur des organes de succion dont leurs racines sont pourvues, ont la propriété de se nourrir de détritus plus grossiers que ceux que recherchent les autres plantes et particulièrement les céréales, ou des débris que ces plantes laissent dans le sol, il est évident qu'ils

mêmes. Cette répulsion d'eux-mêmes ne se borne pas à deux années consécutives, elle s'étend, pour le même sol, à une période plus ou moins longue. Je sais bien que je ne suis pas ici d'accord avec les théories de notre savant Burger; mais je ne puis que me rendre aux faits de ma propre expérience et de celle de presque tous les praticiens, d'après lesquels il ne faut pas faire revenir les pois dans le même sol avant neuf et même douze années d'intervalle. Mais, afin qu'on n'attribue pas ces faits d'expériences aux effets de rotations vicieuses, comme celles en général des assolements triennaux, je crois devoir rapporter l'opinion d'un ennemi juré du système triennal. « On remarque généralement, dit « A. Young, que les pois réussissent mal, lorsqu'ils « reviennent à courts intervalles dans les mêmes « terres, et, par cette raison, on ne devrait les faire « revenir sur le même sol que tous les 9 ou 10 ans. »

Koppe dit aussi : « Il paraît que c'est une règle « générale d'éloigner beaucoup le retour de la cul- « ture des pois sur le même sol. Partout où on les a « fait revenir avant un intervalle de six années, on « a remarqué qu'ils rendaient en paille, mais très- « peu en grain. »

C'est sur les herbages rompus que les pois réussissent le mieux. Les Anglais choisissent de préférence leur ray-grass de deux ans. « On ne peut assez « recommander, dit A. Young, de *planter* les pois « sur les chaumes d'herbages. » — Nous reviendrons un peu plus loin sur le procédé de cette culture.

Nul doute, et par les mêmes raisons, que les pois ne réussissent parfaitement après le trèfle. Mais à quoi le trèfle n'est-il pas bon? Toutefois, le système des pâturages, l'agriculture mixte exceptée, il est sans doute très-rare qu'on fasse succéder les pois aux trèfles, place d'honneur réservée au froment, ou tout au moins à l'avoine.

Quelques-uns prétendent s'être bien trouvés d'avoir fait succéder les pois aux pommes de terre : ils peuvent dire vrai; mais je ne donnerai jamais mon assentiment à une rotation de culture qui réduira sans nécessité celle des céréales. 1, Pommes de terre, 2, orge, 3, pois, après lesquels on pourra faire revenir l'orge ou une céréale d'hiver, sera toujours une meilleure rotation que 1, pommes de terre, 2, pois, 3, orge, après laquelle on ne peut espérer de faire revenir utilement une autre céréale, ou obtenir tout au plus une mauvaise récolte d'avoine.

Après des navets bien cultivés, on peut faire une bonne récolte de pois; mais l'observation qui précède trouve également ici une juste application.

Thaër exprime une opinion très-juste sur les résultats de la culture des pois. « Les expériences et « les opinions des cultivateurs triennaux, relative- « ment à l'action des pois sur les céréales suivantes « et à celle de la jachère sur les mêmes cultures, « sont très-variées, mais moins contradictoires « qu'elles ne le paraissent. Ils sont tous d'accord sur « ce point, que les pois laissent d'autant plus de force

« dans le sol, qu'ils ont mieux réussi et l'ont cou-
« vert d'une végétation plus vigoureuse, et, au con-
« traire, qu'ils agissent d'une manière d'autant plus
« nuisible, qu'ils ont plus mal réussi ou tourné davan-
« tage à la paille. Ceux qui n'ont pas observé que les
« céréales rendissent moyennement moins après les
« plantes à cosses qu'après la jachère se sont im-
« posé la règle de rompre le chaume de ces plantes
« le plustôt possible après leur récolte, en faisant
« même passer la charrue entre les tas de gerbes,
« pour pouvoir labourer une fois encore avec soin
« avant la semaille ; tandis que ceux qui se sont af-
« franchis de cette règle ont observé à leurs dépens
« une différence dans le rendement des céréales,
« surtout dans les terrains argileux. »

§ 3. *Engrais.*

Des observations réunies dans le paragraphe précédent, on peut conclure facilement à la règle et au
fait qui doivent dominer celui-ci, à savoir que les
pois réussissent généralement mieux en seconde
portée, c'est-à-dire après une autre plante fumée,
mais qu'ils ne réussissent pas dans un sol épuisé par
plusieurs cultures ; que, dans ce dernier cas, il est
nécessaire d'appliquer une fumure aux pois, qui
profite alors à la première et même à la seconde
culture suivante.

Je ne sache pas de plus mauvaise spéculation que
celle d'achever un sol déjà presque épuisé, en lui

faisant produire des pois : non-seulement ils produisent cet effet et donnent le coup de grâce à la terre, en partie épuisée, en absorbant tout ce qui lui reste d'humus, mais ils la détériorent encore d'une autre manière, en la laissant horriblement infestée de mauvaises herbes dont ils ont favorisé la venue.

Il arrive, il est vrai, dans des années particulièrement favorables, qu'une culture de pois en sol maigre rende plus en grain qu'une culture en sol gras; mais, comme les pois ne peuvent pas être considérés comme une culture principale, et encore moins comme la base d'un système, un peu plus dans leur produit ne peut pas compenser la perte qui résulte toujours, pour les récoltes suivantes, d'une combinaison aussi fautive. Il est encore vrai qu'il arrive souvent que les pois fumés surcroissent, que leur première floraison est étouffée, et que la seconde, celle des plus hautes tiges, formant seule des cosses, il en résulte un moindre produit en graine; mais cette diminution est compensée par un produit d'autant plus considérable en paille fourrage, par le maintien de la terre à un état plus propre, par son enrichissement même résultant de la chute d'une plus grande quantité de feuilles, un chaume plus vigoureux, une sorte de fermentation provoquée et entretenue à la surface du sol sous un abri plus épais, entretenant l'humidité et s'opposant à une trop forte action de l'air; avantages dont la réunion est plus qu'équivalente à la quantité de grain produite en moins. « J'ai déjà obtenu, dit Schmalz,

« aprés des vesces et des pois trés-vigoureusement
« venus, un rendement plus fort qu'aprés une ja-
« chère complète fumée. »

Comme, dans les printemps humides, on est sou-
vént obligé de retarder la fumure, ce qui retarde
aussi la semaille des pois, il faut, autant que possible, fumer avant l'hiver ; mais cela même n'est pas
toujours possible. Il est donc avantageux de savoir
qu'on peut fumer encore après la semaille, que les
pois supportent d'être fumés en couverture. On prétend même que l'engrais ainsi appliqué produit plus
d'effet sur les pois que l'engrais enfoui. Pour cette
application, le fumier long et pailleux doit nécessairement convenir le mieux, tant parce qu'il protége les premières pousses de la plante contre les
impressions les plus rudes de la température que
parce que la longue paille mêlée à l'engrais empêche
plus tard les tiges de s'attacher à la terre. Un seul
désavantage est à prévoir, c'est que la paille des pois
fumés en couverture soit moins agréable aux animaux.

Les pois ne supportant aucune acidité dans le sol,
il s'ensuit que la chaux et la marne ne peuvent être
appliquées qu'avec avantage. Le plâtre favorise, il
est vrai, la croissance des tiges et des feuilles ; mais,
par contre, les pois qui ont été plâtrés contractent le
défaut de résister à la cuisson. On attribue le même
effet à l'application du fumier des bœufs et des porcs,
et l'effet contraire au fumier des chevaux et des
moutons.

Comme la qualité des pois tient principalement à la propriété de cuire facilement, ce serait la peine de faire, à ce sujet, des expériences décisives, en prenant les précautions nécessaires pour juger en même temps de l'influence que, outre l'espèce d'engrais et la nature du sol, peuvent exercer aussi sur cette propriété les circonstances atmosphériques. Les pois venus par un temps sec et chaud passent aussi pour être difficiles à cuire.

§ 4. *Préparation du sol.*

La culture des pois comporte moins de travail que celle des céréales. Le plus communément on ne rompt qu'au printemps les chaumes qui leur sont destinés, et on sème sur ce seul labour. Les pois restent ainsi plus nets que lorsqu'on donne un second labour, qui ramène vers la surface les graines de mauvaises herbes contenues dans le chaume. Cependant cette façon à un seul labour convient mieux après les céréales d'été qu'après les céréales d'hiver ; car, bien que le chaume des céréales d'hiver, plus riche en vieille force que celui des céréales d'été, semble devoir convenir mieux aux pois que celui des céréales d'été, le sol des dernières, qui n'est resté fermé qu'un hiver, devient plus meuble par un seul labour que celui des premières, qui est resté fermé un hiver de plus ; ce qui ne souffre qu'une exception, lorsque, par exemple, le sol a été rompu immédiatement après la récolte des céréales d'hiver pour la culture des céréales d'été, et par conséquent avant l'hiver, comme cela devrait toujours avoir lieu, lorsqu'on veut faire succéder les pois aux céréales d'été, ainsi que j'ai déjà eu l'occasion de le dire en parlant de l'avoine. Lorsque les céréales d'été ont succédé à une culture binée, la préparation par un seul labour est toujours la meilleure pour les pois. On comprend que ce labour ne doit pas être superficiel, mais, au contraire, attaquer à fond la couche végétale.

Lorsqu'on veut semer des pois après une céréale d'hiver, il convient de donner deux et même trois labours. Dans ce cas, on échaume superficiellement par le premier labour, aussitôt après la récolte; on herse et on donne un labour profond à l'entrée de l'hiver. Au printemps, on herse, on sème, on enfouit avec une charrue ou une houe à plusieurs socs, et, dans le cas où l'on a répandu de l'engrais pendant l'hiver, on sème sur cet engrais et on enfouit l'engrais et la semence par le même trait de charrue. Un simple échaumage avant et un labour superficiel après l'hiver sont une mauvaise culture pour les pois; ils rendent ainsi plus de paille, mais moins de grain, que sur un seul labour.

Dans toutes les façons, il faut partir de cette observation, que les pois aiment une terre grossièrement rompue, et qu'il ne faut pas trop la réduire en poudre, soit avec la charrue, soit avec la herse. Il faut surtout user modérément de la dernière. Plus elle aura ameubli la terre, plus elle aura travaillé en faveur des mauvaises herbes, qui feront la guerre avec plus d'avantage à la récolte.

Dans les terres légères, surtout dans les sables, il faut se garder de labourer avant l'hiver pour les pois. La fumure même n'est pas à sa place, parce qu'elle tient le sol ouvert. Il s'ensuit que, dans ces sols, il ne faut mettre les pois que dans des champs encore en force, ainsi immédiatement après les céréales d'hiver, et, à défaut d'orge, après des navets bien fumés. Dans aucun cas, il ne faut rompre ni labourer un pareil sol avant l'hiver. Dans les sables de Hoerdt, en Alsace, on évite même le labour au printemps; on répand la semence sur le chaume du seigle, et on l'enfouit en renversant le chaume.

§ 5. *Temps de la semaille.*

On sème les pois depuis la mi-mars jusqu'à la mi-mai, suivant la nature du sol, la température, et le plus souvent suivant l'usage local. C'est au cultivateur intelligent à peser les raisons sur lesquelles l'usage se fonde, avant de le suivre. Il en est autrement de la température; semer un sol humide par un temps humide, par cela seul que l'époque habituelle est arrivée, c'est sottise. Il vaut mieux retarder la semaille jusque dans le mois de mai que de la faire en pareil cas au commencement d'avril, parce que les pois ne supportent pas d'être enfermés dans la boue.

Si l'on voulait une règle générale sur le temps de

semer les pois, on ne pourrait prescrire que celle-ci : semer d'autant plus tôt que le sol est plus sablonneux et plus disposé à se dessécher, d'autant plus tard qu'il est plus argileux et plus humide. Les pois s'arrangent, du reste, d'être semés depuis le commencement de mars jusqu'à la fin de mai. Ils supportent mieux que les autres plantes d'été les gelées tardives. Couverts de neige pendant quinze jours, ils n'en viennent pas moins bien. Plusieurs cultivateurs prétendent même avoir bien réussi dans l'essai de semer les pois avant l'hiver. En Angleterre et dans les Pays-Bas, on sème souvent les pois gris en automne, et ces pois d'hiver donnent assez souvent de très-belles récoltes.

Les pois semés de bonne heure ont l'avantage de mûrir aussi de bonne heure ; ce qui est très-important pour la bonne préparation du sol, lorsqu'on veut leur faire succéder une céréale d'hiver. Quelques-uns prétendent qu'en semant de très-bonne heure on s'assure un plus grand produit, ainsi qu'un grain plus beau et plus parfait ; dans certaines localités, au contraire, on a observé que les pois semés vers le milieu de mai étaient à l'abri du ver, dont l'invasion cause souvent de si grands dommages, et que, s'ils ne donnaient pas une paille aussi haute, ils rendaient au moins autant en grain que ceux semés à un autre moment. Pour atténuer les conséquences d'une semaille retardée, il faut choisir, dans ce cas, une espèce hâtive, ou du moins préparer la semence par l'immersion. Ce procédé, qui a pour effet de hâter la germination, peut aussi donner aux pois l'avance sur les mauvaises herbes.

§ 6. *Quantité de la semence.*

La question de savoir si on doit semer dru ou clair dépend de l'intention où l'on est de recourir ou non au binage, de la richesse ou de la pauvreté du sol. Dans les deux premiers cas, il faut semer clair ; dans les deux autres, il convient de semer dru. Dans aucun cas, cependant, on ne doit semer trop clair, et d'autant moins que le grain est plus gros. Il ne faut pas moins oublier que beaucoup de graines ne lèvent pas, que les oiseaux, les souris, les insectes prennent, du reste, le soin d'éclaircir la semaille, et que la plante n'a pas, comme les céréales, la propriété de taller. Lorsqu'on bine les pois, il est facile de les éclaircir avec la houe. Lorsqu'on passe la herse, ses dents font souvent plus de besogne qu'on ne voudrait. Mais, lorsque les pois sont clair-semés sur un sol maigre, qu'on ne bine pas, le sol s'infeste inévitablement de mauvaises herbes, se durcit et s'encroûte, et il y a perte certaine, non-seulement pour la récolte en pois, mais encore pour la récolte suivante. Les pois drus, au contraire, entretiennent sous leur ombrage l'humidité du sol, s'attachent les uns aux autres et étouffent les mauvaises herbes.

La différence de volume des mêmes espèces de pois ne permet pas de fixer rigoureusement une proportion de semence ; aussi prend-on depuis deux jusqu'à trois hectolitres par hectare. Cette dernière quantité est, à la vérité, la plus forte qu'on puisse prendre. D'après A. Young, on emploie en Angleterre trois hectolitres quand on sème à la volée, et 1 3/4 seulement quand on plante ou quand on se sert du semoir.

Les pois paraissent jouir du privilége de conserver très-longtemps la faculté germinative : ayant fait l'expérience de semer de la graine de quatre ans, il ne m'en a pas manqué un grain.

§ 7. *Enfouissement de la semaille.*

On couvre les pois tantôt à la herse, tantôt à la charrue. Cependant la herse ne convient guère que pour les sols lourds et tenaces qui s'opposent, par la croûte qu'ils forment, à la sortie des jeunes pousses ; partout ailleurs, il convient de donner la préférence à la charrue. Pour les sols secs et sablonneux, il ne faut pas du tout songer à la herse. La tranche de la charrue protége d'ailleurs la semence contre la voracité des oiseaux, et ne laisse que peu de grains à découvert. On n'emploie pas non plus la herse après la charrue, pour ne pas favoriser la germination des semences de mauvaises herbes. Lorsque la charrue a laissé la surface trop raboteuse, ou lorsqu'on veut donner plus tard une façon à la herse, il faut passer le rouleau.

On enfouit aussi à l'extirpateur. Les pois semés en lignes à la machine s'espacent à 50 centim. Les An-

glais portent cet espacement jusqu'à 65 et 80 centimètres et demi, pour rendre plus facile le passage de la houe à cheval, qu'ils emploient ensuite.
Cependant, au témoignage même d'A. Young, leur
rendement est plus considérable avec un espacement moindre. Lorsqu'on plante, on rapproche davantage et de manière à ce qu'on ne puisse plus que
sarcler. Les Anglais sont devenus très-partisans de
cette pratique. « Dans tous les cas, dit A. Young,
« il faut rejeter celle de semer à la volée; la seule
« question qui puisse s'agiter encore est celle de sa-
« voir s'il convient mieux de semer ou de planter. »
En Allemagne, on est généralement moins avancé
sur ce point.

Si l'on pouvait ramer les pois des champs, comme
ceux des jardins, les produits seraient toujours beaucoup plus considérables qu'ils ne le sont d'ordinaire;
mais c'est une chose presque toujours peu praticable
en grand. On cherche à suppléer les rames, en semant, avec les pois, des plantes qui, par leur port et
leur force, puissent les soutenir et leur permettre
de s'attacher. On choisit d'ordinaire les fèves ou le
seigle d'été, quelquefois aussi l'avoine; des deux
dernières, on prend une mesure sur quatre de pois.
Mais encore on n'atteint le but de cette manière que
bien imparfaitement. On pourrait employer avec
plus de succès peut-être le blé amidonnier. Les fèves,
à moins que semées en forte proportion, ne remplissent pas non plus le but d'une manière satisfaisante.

Les pois lèvent dès le 4ᵉ ou le 5ᵉ jour après leur

mise en terre, et les anciennes graines, même celles de quatre ans, ne font pas exception.

§ 8. *Soins et façons.*

L'appropriement et l'ameublissement du sol entre les plants sont, comme cela est prouvé depuis longtemps par l'expérience du jardinage, une des conditions essentielles de la bonne réussite des pois. Dans la culture des champs, on remplit cette condition soit avec la herse, soit avec la houe à cheval, soit même avec la houe à main.

Un hersage après la semaille levée ameublit toujours la surface; mais cette opération est peu efficace pour la destruction des mauvaises herbes. Mais l'ameublissement seul est déjà un grand avantage, surtout lorsqu'un terrain argileux a été battu et resserré à la surface par la pluie. Cette opération ne se fait pas, il est vrai, sans que quelques plants soient arrachés par les dents de la herse, et sans la destruction de quelques germes par le piétinement des attelages; mais les plants restants y gagnent d'autant en espace et en vigueur, ainsi que cela ressort de l'expérience d'un grand nombre de cultivateurs. Seulement il ne faut pas retarder le hersage au delà du moment où les pois ont dépassé la terre de 5 à 6 centim.

« J'ai souvent essayé avec succès, dit Burger, le « hersage des pois. Cette opération est surtout fa- « cile et de bon effet sur les sols légers où l'on a

« passé le rouleau après la semaille. Mais les sols
« argileux se tassent assez d'eux-mêmes et surtout
« par la pluie, pour que l'application du rouleau y
« devienne superflue. — Je n'en suis pas moins d'a-
« vis que, lorsqu'un sol argileux est resté raboteux
« après le labour, le rouleau est nécessaire, surtout
« par les temps secs. »

Dullo, et après lui un grand nombre de cultivateurs, prétendent avoir remplacé l'emploi de la herse
par un procédé beaucoup plus profitable. Il consiste
à donner un labour croisé huit à dix jours après la
semaille et lorsque les pois ont germé. Les pois ainsi
traités ont rendu, disent-ils, dans un sol sablonneux, quinze fois la semence.

Sans aucun doute, le but de nettoyer et d'ameublir
le sol est bien plus parfaitement rempli par le binage à la houe ; mais aussi à la condition d'un travail
plus considérable et plus dispendieux. Le meilleur
modèle de la culture des pois, comme de l'agriculture en général, il faut le chercher dans le village de
Hœrdt, en Alsace, dont les habitants méritent si
souvent d'être mentionnés pour la perfection de leurs
procédés. Là, lorsque les pois ont dépassé le sable
de cinq à six cent., on herse ; lorsqu'ils atteignent
10 cent., on bine pour la première fois, et on bine
une fois encore avant que les pois commencent à
s'enlacer. La houe ou binette dont on se sert n'a pas
plus de six cent. de large sur 5 de long.

Enfin, si l'on ne veut ni biner ni herser, il est
néanmoins presque toujours indispensable de sarcler.

Quand même on ne ferait pas cette opération au profit des pois, il faudrait la faire au profit du sol lui-même, dans lequel le faux raifort, le bluet et la folle avoine viendraient causer un dommage qui ne serait pas compensé par la récolte des pois. Ce sarclage est une opération qui demande beaucoup de soin et de précaution, parce qu'un germe ou un plant de pois écrasé est perdu.

La culture en lignes procure une notable économie dans les frais de binage, même lorsque l'espacement est assez resserré pour qu'on soit obligé d'employer la houe à main. Le binage à la main est encore plus usité en Angleterre que l'emploi de la houe à cheval. « Le grand avantage du semis des pois à la « machine, dit Arthur Young, c'est qu'il rend le « binage plus facile. Aucune plante ne paye mieux « que les pois la façon des binages; mais, lorsqu'ils « sont semés à la volée, ces travaux sont beaucoup « plus difficiles et plus coûteux, tandis qu'alignés et « espacés à 30 cent., ces travaux se font plus vite et « à meilleur marché. »

Pour que le binage à la houe à cheval soit possible, il faut que l'espacement entre les lignes soit au moins de 50 centim. On peut répéter plusieurs fois cette opération. Pour mon compte, cependant, je suis tenté de croire que les avantages de cette pratique n'en compensent pas les difficultés. Ce qui se fait facilement pour des plantes à port droit et vertical ne se fait pas aussi facilement pour des plantes grimpantes et rampantes. Si des pois très-

espacés ne croissent pas avec une très-grande vigueur, les mauvaises herbes envahissent très-prompt-
tement le sol découvert, la plante cultivée ne peut
pas le couvrir, les pois ne s'enlacent pas et ne peuvent, par conséquent, pas se soutenir, s'attachent à
la terre et ne donnent qu'une chétive récolte.

Le binage à la main, qui n'exige qu'un espacement de 20 à 25 centim., reste donc toujours la
meilleure pratique.

Une pratique plus efficace et plus productive encore, mais dont l'application est malheureusement
très-difficile en grand, c'est de ramer les pois; ce
qui augmente en même temps, dans une proportion
également considérable, le rendement en pailles et
en grains. Cette pratique augmente d'ailleurs aussi
la difficulté de la récolte; on peut cependant la
rendre plus facile et moins coûteuse, en employant,
au lieu de rames, des osiers ou d'autres baguettes,
qu'on fiche à une inclinaison de 45 degrés, en travers, et qu'on reploie vers le sol. Il faut ainsi plus de
moitié moins de bois, et le travail de la récolte devient plus facile.

A défaut de toute espèce de bois, Dullo recommande le procédé suivant : « On répand, dit-il, une
« couche de paille plus ou moins épaisse, suivant la
« quantité dont on peut disposer, sur les pois semés,
« et on les laisse lever au travers. On garantit ainsi
« la semaille de le sécheresse, on éloigne les insectes
« et particulièrement un petit scarabée, qui détruit
« souvent des récoltes entières; mais surtout on

« préserve les pois de la pourriture lorsqu'ils vien-
« nent à se coucher. Tous ces avantages sont com-
« plétement assurés par ce procédé de couvrir de
« paille ; seulement faut-il prendre garde qu'il ne
« survienne pas un grand vent pendant l'opé-
« ration. »

§ 9. *Récolte.*

La récolte des pois est plus difficile que toute
autre : on se règle sur le moment où la plus grande
partie des cosses inférieures est mûre, sans se pré-
occuper si les sommités portent encore des cosses
vertes ou même des fleurs. Sans cela on court le
risque de laisser sur le sol les pois les meilleurs et
les plus mûrs et de ne rentrer que des cosses vides.
Quelque précaution qu'on prenne, il ne s'en ouvre
que trop, surtout lorsqu'un coup de soleil un peu
vif succède à une pluie. Quand même une récolte un
peu prématurée devrait diminuer un peu la valeur
du grain, l'inconvénient serait compensé par la valeur plus grande de la paille.

La coupe des pois ne peut guère se faire qu'à la
faux ou à la faucille ; mais la faux est l'instrument le
moins convenable. Dans le Norfolk, on se sert de la
moitié supérieure d'une faux emmanchée droit.
En coupant les pois, il ne faut pas oublier qu'ils
sont plus ou moins entrelacés par leurs vrilles et
qu'en employant de la force on cause des frottements
et on fait ouvrir des cosses ; aussi est-il plus sûr

d'arracher avec la main gauche, tandis que de la droite, armée d'un fer tranchant, on coupe près de terre ce qui oppose une certaine résistance. Il n'est pas nécessaire de faire des andains réguliers, et il ne faut pas, pour cela, vouloir démêler les pois coupés; il faut, au contraire, continuer à arracher, couper et rouler ce qui tient ensemble, jusqu'à ce qu'on arrive à une partie divisée. On laisse les pois ainsi irrégulièrement coupés, jusqu'à ce qu'ils soient secs ou du moins tout à fait fanés; puis, lorsqu'on ne prévoit pas de coup de vent, on les réunit en plus grandes masses, le matin de bonne heure, pour les rentrer, autant que possible, l'après-midi. Lorsque le temps est pluvieux, tout cela devient très-difficile. Plus on remue les andains et plus on fait ouvrir de cosses. Thaër conseille de faire plutôt d'assez grands amas, très-légèrement entassés, et de leur donner de l'air de temps en temps, en y introduisant une perche.

Comme on ne lie pas en gerbes, à cause de la disposition des cosses à s'ouvrir, il faut toujours avoir soin de garnir les chariots de grandes toiles; sans cela, on ne pourrait charger et rentrer que pendant la rosée.

Si la maturité des pois se faisait trop attendre et devait trop retarder la récolte, ce qui entraînerait inévitablement une perte sur la récolte suivante de céréale d'hiver, il vaudrait mieux, lorsque la culture de céréale doit nécessairement suivre, récolter les pois avant leur maturité. Quand bien même le grain ne serait pas devenu une denrée vendable, la paille serait d'autant meilleure, et on ferait bien d'employer la récolte, non battue, comme fourrage pour les chevaux, et la récolte ainsi consommée n'en serait pas moins profitable pour le cultivateur.

§ 10. *Valeur et rendement.*

Les pois sont encore, dans beaucoup de localités, un objet important en agriculture, et avaient une importance bien plus grande encore avant l'introduction de la pomme de terre, qui ne les égale pas en propriété nutritive, et ne surpasse les pois en utilité pour le cultivateur qu'à raison de la masse et de la plus grande certitude de leur produit. Avant la pomme de terre, les pois formaient, après le pain, le principal élément de sustentation des cultivateurs, et le forment même encore dans les pays les plus favorables à leur culture, comme dans le Maifeld, près de Coblentz ; ils forment un mets aussi agréable que nourrissant, qui a encore le grand avantage, en économie domestique, d'exiger peu de préparation ou d'addition. Cinq parties de seigle et une partie de pois produisent un bon pain très-nourrissant. Ils surpassent toute autre nourriture pour l'engraissement des porcs. Le lard qu'ils produisent est ferme et se conserve bien, ce qui ne peut être soutenu à l'avantage de la pomme de terre.

Les pois sont égaux au froment en poids et en substance nutritive, et les meilleurs ont, dans certains pays, la même valeur vénale; toutefois cette valeur est très-variable, comme l'est aussi le rendement des pois. Sans cette variabilité de leur rendement, ils ne le céderaient en rien à aucun autre produit de l'agriculture, surtout à raison de l'excellence de leur paille, lorsqu'elle n'est pas donnée trop tard aux animaux. Les grains se conservent très-longtemps, lorsqu'ils n'ont pas été attaqués par les vers.

Schmalz compte le rendement par hectare, dans l'Altenbourg :

	hectolitres.	
Au plus haut,	21	»
Au plus bas,	8	5
De Witten, sur forte jachère fumée,	6	5
Après des cultures binées,	12	»
Après des céréales d'été,	9	5
Sur de bonnes terres à pois, rendement peu extraordinaire,	22	»
Burger, moyenne de quatre ans,	30	»
Le même, ailleurs, moyenne de trois ans,	15	»
Le même, à Bleiburg,	8	5
Comte de Podewils,	9	5

Moyenne générale,   14 hectol.

Comme le produit en paille est de 3,000 kilogr. par hectare et que, dans le rapport de 500 à 89, ils équivalent à 480 kilogr. de grain, l'hectolitre de pois pesant, comme l'hectolitre de froment, 79 kilogr., il s'ensuit que le produit en paille bien récolté équivaut à 6 hectolitres 1/4 de pois. Ainsi le rendement total d'un hectare de pois serait à 20 hectolitres 3/4 de grains. Comparant enfin la valeur totale d'une récolte de pois à celle d'une récolte de céréale, sur une surface égale, nous trouvons qu'elle est, en moyenne :

Avec le froment , comme 70 est à 100
Avec le seigle ,   82   100
Avec l'orge ,   103   100
Avec l'avoine ,   114   100

Ainsi la valeur d'un hectare de pois est inférieure de 24 pour cent à celle d'un hectare de céréales d'hiver, et supérieure de 8 1/2 pour cent à celle d'un hectare de céréales d'été. Cette dernière proportion démontre que le cultivateur ne court aucune chance de perte, lorsqu'il a un terrain approprié, à remplacer par des pois l'orge et l'avoine dans ses soles d'été.

CHAPITRE II.

VESCES.

Comme une grande partie de ce que nous avons dit des pois est applicable aux vesces, nous pourrons resserrer ce chapitre dans un cadre plus étroit.

Les vesces ne réussissent complétement que dans les sols liés ou argileux : il faut déjà que les sables marneux soient dans une situation basse et humide pour qu'elles y prospèrent et les terrains légers et élevés ne leur conviennent pas du tout; cependant les années humides font exception pour ces sortes de terrains. « Dans l'année 1816, si humide « et si calamiteuse, dit Burger, les vesces seules « réussirent dans nos sables; elles manquèrent dans « les années suivantes, dont le printemps fut sec. » Mais comme les saisons ne peuvent se prévoir, c'est toujours donner beaucoup au hasard que de cultiver les vesces dans les terres légères. Dans l'argile schisteuse, dépourvue de parties liantes, elles refusent absolument de prospérer, et la surabondance des engrais ne suffit pas pour atténuer l'impropriété de la nature du sol. Les pois, d'ailleurs, ne prospèrent pas non plus dans de semblables terrains.

La culture des vesces a, comme nous l'avons déjà dit, beaucoup de rapports avec celle des pois; cependant on peut, sans inconvénient, y donner moins de soins. « Des terres, dit Koppe, qui sont lentes à se ressuyer et qu'on ne peut pas travailler de bonne heure au printemps conviennent mieux aux vesces qu'aux pois. » Les vesces supportent aussi mieux que les pois les fumures fraîches, parce qu'avec une semaille plus tardive on peut retourner plusieurs fois l'engrais avec la terre et le rendre plus assimilable aux organes de la plante.

Toutefois les vesces ne supportent le fumier enfoui immédiatement avant la semaille que dans les
terres argileuses, lourdes et tenaces, et, dans les
terres légères, que lorsque l'année est humide. Dans
tout autre cas, il vaut mieux réserver l'engrais pour
le donner en couverture. Non-seulement les vesces
s'accommodent très-bien de cette manière d'appliquer
l'engrais; mais, dans les étés froids ou secs, leur
réussite est moins chanceuse que sur une fumure
enfouie. Réussissant mieux de la sorte, elles ont encore l'avantage de laisser dans le sol un chaume
plus riche, qui, enfoui ensuite avec le fumier donné
en couverture, ajoute, comme le démontre l'expérience, à sa force productrice pour la récolte suivante de céréale : toute autre récolte immédiatement suivante en profite également.

Il ne faut pas aux vesces une terre en pleine
force; sur un sol maigre, un peu argileux, et dans
une année humide, elles peuvent donner une récolte
magnifique; mais une moyenne fumure rend toujours la récolte plus certaine et proportionnellement
plus considérable. Dans aucun cas, il ne faut fumer
très-fort, surtout lorsqu'on destine les vesces à produire en grains. D'un autre côté, ne pas fumer du
tout ou mettre des vesces dans une terre tout à fait
épuisée, c'est vouloir courir les plus mauvaises
chances; si elles réussissent mal, ce qui ne peut
guère manquer d'arriver, à moins d'une année extraordinairement favorable, non-seulement elles
ne donnent qu'une misérable récolte, mais encore

elles ruinent complétement le sol. Il n'y a pas de temps à perdre pour y faire passer la faux et la charrue. *In ferro salus!*

Sous le rapport de leur place dans la rotation des cultures, les vesces sont très-accommodantes et avec elles-mêmes et avec leurs précédents et avec les plantes qu'on veut leur faire succéder ; aussi sont-elles de ressource et peuvent-elles facilement et utilement servir d'intermédiaire pour le passage d'un système d'assolement à un autre. Dans l'agriculture triennale, on les place indifféremment, avec fumure dans la sole jachère, et sans fumure dans la sole d'été. Leur influence favorable ou nuisible sur les céréales d'hiver qu'on leur fait succéder dépend surtout de leur plus ou moins bonne venue et de l'époque plus ou moins tardive à laquelle on les récolte. Sur un sol argileux, lorsque les vesces ont mal réussi ou lorsqu'on les a récoltées tard, il ne faut pas compter après elles sur un rendement considérable du froment d'hiver ; aussi, dans de telles circonstances, vaut-il mieux les mettre dans la sole d'été où elles sont suivies d'une récolte binée qui a plus de chances de réussite.

Le placement des vesces dans la sole d'été comporte encore cet avantage accessoire, qu'on peut les semer avec un mélange d'avoine, de blé de mars ou d'épeautre, ce qu'on ne saurait faire dans la sole-jachère sans porter un notable préjudice à la céréale d'hiver à y semer ensuite.

Comme les vesces arrivent à maturité dans un

temps plus court que les pois, on peut aussi les semer plus tard : en cas de nécessité, on peut en retarder la semaille jusqu'à la fin de mai et compter
sur une bonne récolte de grains mûrs ; elles peuvent
aussi se semer de très-bonne heure, parce que, si la
gelée peut retarder leur venue, il est rare qu'elle
soit assez forte pour les détruire.

Le grain des vesces étant beaucoup plus petit
que celui des pois, il faut une moins grande quantité
de semence. 1 1/2 à 2 hectolitres suffisent pour un
hectare. Elles paraissent supporter moins l'enfouissement à la charrue, si ce n'est dans les sols très-
meubles ; mais, en les couvrant à la herse, il faut le
faire avec le plus grand soin, parce que les pigeons
en sont très-friands.

La récolte des vesces dépend encore bien plus de
l'humidité que celle des pois. Un printemps sec et
froid retarde beaucoup, comme nous l'avons déjà
dit, leur croissance, et cette circonstance diminue
encore plus sensiblement leur produit en grain.
Dans une terre légère, un été chaud les dessèche et
les fait même périr. Une température humide est
celle qui leur convient le mieux, à moins que le sol
ne soit par trop noyé. « Dans les années sèches, dit
« Koppe, j'ai toujours vu manquer les vesces, de
« quelque manière qu'elles aient été cultivées. »

Le changement brusque de la température, et
particulièrement le froid, pendant la floraison, ne
sont pas moins nuisibles aux vesces que la sécheresse. Ainsi que l'a observé de Witten, ce change-

ment dérange le mouvement de la séve, arrête la croissance; la fleur devient la proie du ver et la plante périt.

Cette incertitude de réussite est la principale raison pour laquelle on sème rarement les vesces seules, et le plus souvent en mélange avec des céréales d'été. L'humidité de la température vient-elle alors favoriser les vesces, elles couvrent bientôt toute la surface, et la céréale, ployant sous leur poids, ne leur sert plus que d'appui, et à empêcher qu'elles ne s'attachent au sol en se couchant. Le produit des vesces est alors considérable. Si, au contraire, l'été est sec, par conséquent plus favorable aux céréales qu'aux vesces, la céréale prend le dessus et compense, en partie, ce que les vesces produisent de moins. Si les deux plantes peuvent réussir en même temps, aucune culture de céréales ne les surpasse en valeur.

Un champ de vesces bien venu n'a pas besoin de soin; un champ de vesces mal venu n'en mérite aucun. Dans le premier cas, les vesces étouffent les mauvaises herbes; dans le second, c'est à la charrue à détruire tout à la fois. Cependant on peut passer la herse, lorsque la surface est encroûtée, ou le rouleau, lorsqu'elle est trop raboteuse; mais cela bien plus au profit de la récolte suivante qu'à celui des vesces. On ne peut d'ailleurs appliquer ces moyens que lorsque les vesces sont à quelques centim. hors de terre. Comme une bonne partie de la valeur des vesces consiste dans leur paille; comme la valeur de la paille diminue d'autant plus qu'on attend plus longtemps la maturité du grain ; comme le chaume des vesces, enterré moins sec, enrichit davantage le sol ; comme le retard de la récolte apporte un retard correspondant aux façons pour la semaille des céréales qui doivent suivre ; comme les vesces trop mûres ou complétement mûres font une perte considérable en grain, les cosses s'ouvrant facilement, et qu'on perd en moyenne plus qu'on ne gagne à attendre la maturité, il faut récolter avant qu'elle soit complète.

Le rendement des vesces est très-difficile à établir, parce que, dans beaucoup d'exploitations, on ne les fait pas battre ; parce que, dans beaucoup d'autres, on ne les cultive principalement que comme fourrage vert (ce dont nous traiterons dans une autre partie de cet ouvrage), et accidentellement pour leur grain ; enfin parce que leur rendement est par lui-même très-variable. Le comte de Podewils adopte pour moyenne 13, et le docteur Burger, pour les terres argileuses, 17 hectolitres par hectare. La moyenne des deux évaluations serait ainsi 15 hectolitres par hectare. Ajoutant à ce rendement celui de la paille, qui comporte 2,700 kilogrammes et équivaut à 580 kilogrammes de grain, le rendement total d'un hectare ressort égal à 23 hectolitres du grain, ou au même nombre d'hectolitres de seigle. Comme nous avons vu, dans le chapitre précédent, le rendement des pois ressortir à 20 hectolitres, égaux en valeur à la même quantité de froment, et la valeur du froment étant à celle du seigle comme 4 est à 3, il s'ensuit que le rendement d'un hectare de vesces est à celui d'un hectare de pois comme 69 est à 8o. La différence entre les deux rendements est ainsi assez considérable.

Les vesces pures, c'est-à-dire celles qui ont été semées sans aucun mélange d'autre céréale, sont égales en valeur nutritive et en valeur vénale avec le seigle; leur pesanteur est plus grande : l'hectolitre de vesces pèse 85 kilogrammes, tandis que le seigle n'en pèse que 73 à l'hectolitre. Pour la sustentation de l'homme, les vesces ne peuvent être employées qu'en mélange dans la panification; elles sont de beaucoup inférieures, pour cet usage, aux pois et aux fèves. La nature semble ne les avoir destinées qu'à la sustentation des animaux. Elles sont une excellente nourriture pour les chevaux et les moutons. En Alsace, on les sème très-souvent en mélange avec de l'orge, et ce mélange remplace l'avoine pour les chevaux de labour. D'après Burger, on fait beaucoup de cas, en Carinthie, de la farine de vesces pour l'engraissement des bœufs. Les pigeons sont tellement friands des vesces que, lorsqu'ils en trouvent, ayant le gésier plein d'avoine, ils la rejettent pour se remplir de vesces. Quelques économistes prétendent que les vesces ne conviennent pas pour la nourriture des porcs.

VESCES D'HIVER.

Encore que quelques agronomes allemands pensent que les vesces ne supportent pas nos hivers et ne conviennent qu'au climat de l'Angleterre, l'expérience m'a confirmé dans l'opinion contraire. Je les avais déjà vues cultivées comme plante d'hiver dans les Pays-Bas vallons, où on les sème souvent avec le seigle, qui leur sert d'appui et leur permet de s'élever d'un à deux mètres de hauteur; les deux plantes récoltées et battues ensemble, leur paille, hachée, est consacrée à la nourriture des chevaux et passe pour un très-bon fourrage. Plus fréquemment encore, ce mélange de vesces et de seigle se fauche en vert et offre ainsi, avant le trèfle et même avant la luzerne, un excellent fourrage pour les vaches. Pour l'avoir de très-bonne heure, il convient de semer ce mélange dès le mois d'août, ou tout au moins dès le commencement de septembre. Toutefois on pourrait croire que les hivers plus doux des Pays-Bas, que cependant je n'ai pas trouvés tels dans la partie vallonne, plus élevée que les autres, sont plus facilement supportés par les vesces, que les hivers, plus rigoureux, de l'Allemagne; mais on les cultive aussi comme plante d'hiver, en les semant avec l'épeautre, dans le Wurtemberg et même sur les Alpes wurtembergeoises, où les hivers rigoureux sont les plus communs.

Mes propres expériences sont venues à l'appui de

ces observations sur la propriété des vesces de résister à nos hivers. Ainsi celles que j'ai cultivées de 1822 à 1823 et de 1823 à 1824 ont très-bien résisté à ces deux hivers, dont le premier, très-froid, avait été sans neige, et j'avais fait venir la semence des Pays-Bas, et cette semence n'était, par conséquent, pas encore acclimatée.

L'erreur dans laquelle on a persisté sur ce point, en Allemagne, tient sans doute à ce qu'on a essayé d'y semer les vesces d'hiver toutes seules, tandis que je les ai toujours vu semer et que je les ai sémées moi-même avec du seigle. Il ressortirait de cette observation que ce mélange serait indispensable ; mais ne le fût-il pas, comme abri contre le froid, il serait toujours utile, comme appui, parce que les vesces d'hiver ont encore moins que les vesces d'été la force de se soutenir seules. La proportion du mélange doit être des deux tiers de seigle et d'un tiers de vesces.

En 1823, il m'arriva de faire une expérience involontaire sur la culture des vesces. Une partie du seigle dans lequel je les avais semées fut, par inadvertance, fauchée en vert, et cela dans le temps où le seigle avait déjà des épis. Les vesces n'en firent pas moins une seconde pousse ; elles fleurirent, amenèrent leur grain à maturité, et leur rendement me parut surpasser celui des parties qui n'avaient pas été fauchées.

En essayant de semer les vesces d'hiver au printemps, il ne faut pas espérer de les voir arriver à maturité ; elles sont presque toujours détruites par la nielle, comme les vesces d'été le sont par le froid, lorsqu'on essaye de les semer en automne.

Le grain des vesces d'hiver est presque noir ; les cosses qui les contiennent sont d'un vert foncé avant la maturité, et sont lisses et luisantes à l'extérieur. Contrairement à l'opinion du docteur Burger, je les regarde comme une espèce essentiellement et non accidentellement différente des vesces d'été.

CHAPITRE III.

—

LENTILLES.

Les lentilles occupent dans la grande culture une place moins importante que les autres plantes à cosses ; généralement on ne leur consacre que quelques pièces de peu d'étendue, et dans beaucoup de contrées on n'en cultive pas du tout. Comme fourrage, elles reviennent trop cher ; leur paille, quoique très-bonne, ne rend pas assez ; aussi ne sont-elles regardées que comme un légume, très-sain et de très-bon goût, et sont-elles exclusivement réservées à l'usage de l'homme.

Les lentilles réussissent dans les sols qui conviennent aux pois et même dans des sols trop légers pour les pois. Elles aiment à trouver dans le sol de la vieille force, d'ancien humus ; cependant elles s'accommodent aussi fort bien d'une fumure immédiatement appliquée, bien que l'opinion générale soit contraire à cette observation. Cette opinion provient, sans doute, de la propriété particulière aux lentilles de se contenter également des sols presque épuisés, de ceux même qui ne contiennent plus assez de force pour produire ni de l'avoine, ni même du seigle. Toutefois, le grain des lentilles confié à un terrain tellement appauvri devient sensiblement plus petit et la grande espèce y dégénère en espèce commune. Une des raisons, assez fondée d'ailleurs, pour laquelle on leur refuse ordinairement le fumier frais ou la fumure immédiate, est dans leur exigence sous le rapport de la propreté du sol, qu'on ne peut guère y maintenir, après une fumure, que par le sarclage. Le sarclage est même toujours nécessaire ; la fumure en augmente beaucoup le travail.

Par la raison qui vient d'être indiquée, ce qui conviendrait le mieux serait de préparer le sol, avant l'hiver, de telle sorte qu'on pût, sans autre travail, semer, au printemps, sur le sillon d'hiver reposé. De la sorte, le sol reste et est toujours plus propre. La meilleure place à choisir pour cultiver des lentilles sera une partie de la sole qui aura produit des pommes de terre l'année précédente ; une expérience à faire serait d'en cultiver sur des herbages rompus.

Habituellement on sème les lentilles en même temps que les pois; quelquefois on les sème un peu plus tard, parce qu'on croit assez généralement qu'elles sont plus sensibles au froid. Le docteur Burger conseille cependant de les semer le plus tôt possible et assure qu'il a souvent observé que le froid ne leur fait absolument rien. Je souscris d'autant plus volontiers à ce conseil, que je sais aussi et par expérience que, dans quelques localités du Wurtemberg, on sème les lentilles avant l'hiver en mélange avec de l'épeautre.

D'après M. de Witten, on obtient aussi de bons résultats du mélange des lentilles avec l'orge hâtive, et la proportion convenable est d'une partie de lentilles et quatre parties d'orge. En choisissant des lentilles pour semence, il faut surtout prendre garde qu'il ne s'y trouve pas de grains de vesces, ce qui en diminue beaucoup la valeur.

On sème, par hectare :

		hect.
Suivant Richard,	2	40
Suivant Thaer,	1	60
Suivant Burger,	1	50
Suivant le même,	1	50
Suivant de Heintel,	2	40
Suivant le même,	3	25
En moyenne,	2	00 hect.

ainsi 2 litres par are.

Il faut apporter une grande attention à bien saisir le moment de la récolte, et tous les soins à donner à la culture exigent une grande exactitude. Pour peu qu'on laisse un peu trop mûrir les lentilles, les cosses s'ouvrent et les graines se perdent. Aussitôt que les cosses commencent à brunir, il faut arracher, quand bien même la paille serait encore verte. Deux ou trois jours après l'arrachage, il faut engranger. Si la pluie survient pendant que la récolte est étendue sur les champs, le premier coup de soleil qui la suit fait ouvrir les cosses. Il ne faut, par conséquent, pas arracher lorsque le temps menace de pluie; la pluie est-elle venue inopinément après arrachage, il faut se hâter et saisir le premier moment favorable pour engranger, si l'on ne veut pas laisser plus de la moitié des grains sur le sol.

Thaër estime le rendement des lentilles, dans un sol convenable et avec une bonne culture, de 17 à 21 hectolitres par hectare; Burger, pour des terres légères, la quatrième et la cinquième année après la fumure, de 10 à 17 hectolitres. La moyenne de ces estimations serait 16 hectolitres par hectare, produit très-considérable, comparé à celui des vesces, 15 hectolitres, et à celui des pois, 14 hectolitres. L'hectolitre de lentilles pèse 85 kilogrammes.

Il est à remarquer que les lentilles produites par certains sols ou cultivées dans certains cantons résistent à la cuisson; j'ai fait cette expérience dans les Pays-Bas et n'ai pas obtenu de lentilles qui se laissassent cuire, même en faisant venir les graines de localités où elles avaient la propriété de cuire facilement. Aussi la culture des lentilles est-elle tout à fait inconnue dans les Pays-Bas.

CHAPITRE IV.

FÈVES.

§ 1. *Importance de leur culture.*

De tous les produits de la culture, les plus utiles, après les céréales, ce sont les fèves. Le cultivateur ayant des terres qui leur conviennent, mais n'en produisant pas, est dans une complète ignorance de ses véritables intérêts. Les fèves sont, pour l'Allemagne, l'Angleterre, les Pays-Bas, ce qu'est le maïs pour les pays plus tempérés. C'est avec raison que Koppe s'étonne de ne pas trouver la culture des fèves établie dans des contrées où elle ne saurait manquer de réussir. « Dans les marais desséchés, les prés rompus, dit-il, et généralement dans tous les sols humides, glaiseux, ou argileux, les fèves sont une culture excellente, surtout lorsqu'on les cultive en lignes. » Dans ces conditions, c'est aux fèves, entre toutes les plantes à cosses, qu'appartient le rendement le plus assuré, et, je crois aussi, le plus considérable !

C'est, comme le remarque Arthur Young, une étude digne de toute l'attention d'un bon cultivateur que celle des terrains de son exploitation qui pourraient convenir à la culture des fèves, quand même il n'en aurait été fait encore aucun essai dans le pays. « On peut, dit-il, juger des connaissances d'un « cultivateur par l'importance de sa culture en fèves; « car un bon cultivateur doit en mettre partout où « le terrain peut en produire. Elles n'épuisent pas « le sol, elles le préparent mieux que toute autre « plante à la production du froment : elles se sou- « tiennent seules, ne versent jamais et permettent, « par conséquent, l'emploi de la houe à cheval; elles « ombragent le sol et l'empêchent de se rôtir; leur « paille, bien récoltée, est d'une grande valeur « comme fourrage; en un mot, tant de propriétés « qui leur appartiennent militent en leur faveur, « que tout cultivateur ne saurait mieux faire que « de chercher à en produire. » — « Il est difficile, « dit ailleurs Arthur Young, de faire rendre à un « sol humide, sans le secours des fèves, tout ce « qu'il est susceptible de produire. Cette plante réu- « nit deux avantages d'une importance toute parti- « culière : l'un de ne prendre que très-peu de force « au sol; l'autre de le préparer, mieux, peut-être, « que toute autre plante, pour la culture du fro- « ment. »

§ 2. *Sol.*

A la différence des pois, qui aiment un sol léger et chaud, les fèves aiment un sol lourd, lié, un peu humide, auquel elles conviennent d'autant mieux que leurs fortes racines fusiformes le divisent, et que leurs tiges creuses le mettent jusqu'à une certaine profondeur en rapport avec l'air.

Les fèves ne réussissent, en général, que dans les terres où réussit le blé, et, comme lui, elles craignent d'y rencontrer de l'acidité, qu'elles ne supportent pas, et qui les rend sujettes à une espèce particulière de charbon ou de rouille. Les terres grasses de marais desséchés, comme on en trouve près de l'embouchure de certains fleuves, les excellentes terres à blé et celles où l'on cultive la grande orge, en Alsace ; les terres glaiseuses, riches, sèches et saines, comme celles du comté de Kent, sont l'élément des fèves. Cependant, dans les pays dont le climat est assez humide, elles viennent bien aussi dans les argiles sablonneuses ; d'un autre côté aussi, ce qui manque de liaison au sol peut être compensé par l'exposition, le sous-sol, la saison, comme par certains précédents, tels que les herbages, etc.

Dans les commencements d'été extraordinairement humides, les fèves, comme les pois et les vesces, ne prospèrent pas, lorsque le sol est déjà humide par lui-même, et lorsqu'elles ont ainsi de l'humidité en excès. En 1824, ayant été mises, à Hohenheim, dans un sol de cette nature, la plus grande partie n'atteignit pas 22 centim. de hauteur, et elles périrent tout à fait dans les endroits où l'eau put séjourner. Dans de telles circonstances, il ne faut d'ailleurs pas songer à biner et à butter.

§ 3. *Tour de rotation.*

Comme toutes les plantes à cosses, les fèves servent avec beaucoup d'avantage d'intercalaire entre
deux récoltes de céréales. Peu difficiles pour les
précédents, elles peuvent se succéder à elles-mêmes,
et cela pendant quelques années et sans interruption,
ce qui améliore toujours davantage, le sol en l'ameublissant, à la condition, bien entendu, d'une culture
convenable. L'engrais et les façons qu'elles exigent
réparent les fautes qui peuvent avoir été commises
dans la culture précédente, tout en préparant parfaitement le sol pour la culture suivante. « Même,
« abstraction faite de sa culture spéciale, dit Mar-
« shall, il paraît être dans la nature de la plante de
« pouvoir se succéder à elle-même, pendant un temps
« indéterminé, dans les sols argileux profonds. Dans
« le Glocester, où, de temps immémorial, les fèves
« reviennent dans la même terre chaque seconde,
« ou du moins chaque troisième année, il n'est pas
« rare qu'elles rendent 28 hectolitres, et leur ren-
« dement moyen est de 21 hectolitres par hectare. »
Après des trèfles et des herbages dormants, il est
plus avantageux de mettre des fèves que du froment
et de ne faire venir celui-ci qu'après les fèves.

Si quelques sols supportent la rotation alternative des fèves et du froment, comme, dans des pays
plus tempérés, certains sols supportent la rotation
alternative du maïs et du froment, ce qui constitue

le rendement le plus considérable qu'on puisse demander à la terre, cette rotation ne peut généralement se soutenir longtemps pour les fèves et le froment, et il faut, tous les cinq ou sept ans, l'interrompre, en intercalant une autre culture.

Les fèves réussissent bien, il est vrai, sur de vieux herbages, rompus par un seul labour ; mais je ne suis rien moins que partisan de cette pratique, parce que les façons suivantes deviennent très-difficiles, si ce n'est dans les sols légers et très-meubles. Dans les sols un peu tenaces, les fèves se couvrent et s'enfouissent difficilement ; s'il survient une pluie un peu forte, elle les entraine.

§ 4. *Engrais.*

Si le cultivateur qui manque d'engrais doit se garder de vouloir produire des fèves, à moins qu'il n'ait des terres d'une fertilité extraordinaire, celui à qui les engrais ne manquent pas ne peut mieux faire, surtout ayant des terres lourdes, que d'en cultiver le plus possible. Les fèves doivent, comme le maïs, à la force et à la position de leurs tiges, l'avantage de ne pas verser, même avec une grande quantité d'engrais, et, par cette raison, on peut *forcer* (*sit verbo venia*) leur croissance et leur développement, ce qui est toujours d'une grande utilité dans la culture des plantes à façons ; trente voitures, à quatre colliers, de bon fumier ne sont pas trop pour un hectare de fèves.

Mais si les fèves supportent de très-fortes fumures ; si, comme le croit Arthur Young, aucune plante ne paye mieux l'engrais qu'on lui donne, il n'est pas à dire pour cela que les fèves exigent, de nécessité, une très-forte fumure, si ce n'est dans les argiles maigres et tenaces, où rien d'ailleurs ne prospère sans beaucoup d'engrais. Dans des terres en pleine force, les fèves viennent bien aussi sans fumier ; dans des terres bien tenues, elles rendent très-bien avec une demi-fumure, et les mêmes terres peuvent produire, après les fèves, du froment ou de l'épeautre ; seulement faut-il s'attendre à quelque diminution dans le rendement des céréales d'été qui succèdent, parce qu'aucune terre ordinaire n'est inépuisable. Dans quelques contrées, telles que les comtés de Glocester et de Suffolk, on ne fume pas pour les fèves.

De ces observations et de celles rapportées au § 1er de ce chapitre, il ressort que les fèves ne sont pas exigeantes sous le rapport de l'engrais, bien que quelques agronomes prétendent le contraire. Il se peut, sans doute, que lorsqu'on veut les forcer à venir dans un sol qui ne leur convient point, lorsqu'on ne leur donne pas les soins et les façons nécessaires, lorsqu'on les sème par trop dru, les mauvaises herbes épuisent le sol plus que ne le feraient les fèves ; mais, avec une culture convenable, il est de fait qu'elles enlèvent bien moins de force au sol et lui en demandent moins que les plantes bulbeuses et les racines les plus vantées par les mêmes agronomes.

Lorsqu'on sème les fèves de bonne heure, elles supportent aussi le fumier tout frais; mieux vaut cependant fumer avant ou pendant l'hiver, et, dans le premier cas, enfouir de suite par un labour. Cette pratique est d'autant plus à suivre, que les terres argileuses, celles qui conviennent généralement le mieux aux fèves, ne permettent guère l'accès des voitures de fumier au printemps, et qu'il faut alors retarder la semaille, au détriment tout à la fois des fèves et de la culture suivante. Je suis d'ailleurs convaincu que les fèves pour lesquelles on a fumé avant l'hiver, si elles ne donnent pas autant de paille, rendent beaucoup plus en grains que celles pour lesquelles on ne fume qu'au moment de la semaille.

§ 5. *Préparation du sol.*

Regardant la plante comme très-rustique, on se donne généralement peu et souvent trop peu de mal pour la préparation du sol. Il est vrai qu'elle se tire d'affaire, soit qu'on l'enfouisse dans la boue, soit qu'on la couvre d'un gazon à peine déchiré.

Quelques cultivateurs répandent la graine sur le fumier étendu sur le chaume, et enfouissent tout ensemble par un seul labour. Cette pratique présente des avantages évidents pour les sols argileux, tenaces, et pour une plante qui demande à être mise en terre de très-bonne heure. Quelques-uns rompent superficiellement le chaume en automne, et font, du reste, comme les précédents; d'autres donnent un labour profond avant l'hiver, répandent le fumier pendant l'hiver et l'enterrent superficiellement avec la graine. Pour beaucoup de raisons, cependant, cette dernière pratique parait être la meilleure : toujours est-il utile de savoir que, dans l'impossibilité de faire le mieux, on peut encore faire assez bien.

Le labour profond parait surtout indiqué par la forme de la racine. Dans le comté de Glocester, on donne en automne un labour de 24 à 25 centim., et il ne saurait y avoir de meilleure préparation partout où la profondeur du sol peut la permettre.

§ 6. *Temps de la semaille. — Quantité de semence.*

On peut, à la rigueur, semer les fèves depuis le commencement du mois de mars jusque dans le mois de mai; mais on tient la semaille la plus hâtive pour la meilleure. Les Anglais surtout ne regardent comme une bonne semaille que celle qui est faite de bonne heure. Il y a, exceptionnellement pourtant, des années dans lesquelles les fèves semées tardivement sont celles qui réussissent le mieux, parce que la réussite dépend particulièrement de la température au moment de la floraison. Lorsque la température est chaude et sèche au moment de la floraison, il se forme moins de cosses; le contraire a lieu lorsque la température est un peu fraîche et humide, ce qui ralentit la marche de la floraison. Toutefois les fèves semées de bonne heure, comme celles semées tardivement, ont des chances à peu près égales pour rencontrer une température favorable à la floraison. En général, on croit que les fèves semées de bonne heure sont moins sujettes à la rouille et à l'espèce de nielle qui leur est propre, et qu'elles donnent un peu moins de paille, mais beaucoup plus de grain que les fèves semées tard. Une considération importante, qui milite en faveur de la semaille hâtive, c'est que la maturité a lieu d'autant plus tôt que la paille sèche plus facilement, et qu'on gagne du temps pour préparer le sol à la culture des céréales d'hiver qui doit suivre.

Les avis et les usages sont très-divers sur la quantité de semence à employer. La proportion est naturellement plus forte, lorsque l'on sème à la volée, que lorsqu'on sème en lignes. De la dernière manière, il n'en faut pas plus de 1,8 hectolitre par hectare. A Hohenheim, en ne semant que de deux en deux sillons, ou à 65 centim. d'intervalle, en lignes, nous avons employé 1,9 hectolitre. La semaille à la volée, employée en Angleterre, en Flandre, en Carinthie, a lieu, dans ces différentes contrées et sans différence de proportion, avec 2,75 hectolitres. Les polders des Pays-Bas font seuls exception, et on y emploie 3,5 hectolitres. En Alsace, on sème aussi plus de 3 hectolitres par hectare. Arthur Young conseille même une proportion plus forte encore, et qu'il élève jusqu'à 4,5 hectolitres.

§ 7. *Culture en lignes.*

Bien que la pratique de semer les fèves à la volée soit la plus généralement usitée, il est hors de doute que la culture en lignes ne convient mieux à aucune plante, et qu'elle doit être employée pour les fèves, à moins qu'on ne veuille pas les biner. Mais, dans ce cas, il faut regarder, comme hors de propos et comme mal appliqué, ce qui a été dit jusqu'ici des avantages de la culture des fèves. Dans ce cas, on ne peut prévenir jusqu'à un certain point l'invasion des mauvaises herbes qu'en semant excessivement dru. Dans ce cas aussi, il ne faut pas compter sur la formation des cosses, et n'attendre tout au plus qu'une récolte passable en paille. Mais, pour s'assurer une bonne récolte en fèves, il faut ménager aux plantes un espacement suffisant. Lorsqu'on donne de l'espace, il faut nécessairement biner; lorsqu'on veut biner à bon marché, il faut semer en lignes.

On sème en lignes dans le sillon ouvert par la charrue. On dépose la graine, soit à la main, soit à l'aide d'un semoir à un seul tube. Ce dernier moyen fait faire une besogne plus régulière; le premier est plus expéditif, parce qu'on n'a pas ordinairement autant de semoirs que de bras. Le sillon suivant sert à couvrir le sillon semé. On comprend que la charrue ne doit attaquer le sol que superficiellement.

L'espacement à mettre entre les lignes dépend de la nature du sol. Il doit être plus grand sur un sol riche, à cause de la force de la végétation ; de même sur un sol très-lourd, à cause des façons à donner ensuite ; dans des conditions contraires, c'est le contraire qu'il faut observer. Toutefois faut-il éviter les extrèmes ; ne pas espacer trop largement, parce qu'on arrive ainsi à diminuer inutilement les produits ; ne pas rétrécir par trop l'espace, afin de permettre l'emploi de la houe à cheval, à moins qu'on ne veuille faire donner les façons à la main.

Dans un terrain qui a de la force, il faut un espacement de 50 à 65 centimètres pour permettre l'emploi de la houe à cheval. Pour les binages et façons à la main, il suffit d'un espacement de 32 à 33 cent. Dans le dernier cas, on sème tous les sillons ; dans le premier, on sème de deux sillons l'un. En Angleterre, on sème aussi en doubles lignes ; c'est-à-dire deux sillons l'un à côté de l'autre et deux sillons d'espacement, ou deux lignes à 22 centim. l'une de l'autre, et un espace de 65 centim. entre chaque double ligne. Il est bien entendu que, dans cette disposition, la houe à cheval façonne seulement les grands espaces, et qu'il faut façonner les petits à la main. Cette pratique entraîne, à la vérité, un peu plus de dépense, mais elle donne un plus grand produit en paille et nettoie beaucoup mieux le sol.

Les indications de largeur ne doivent s'entendre que d'une ligne à l'autre, et non de la distance d'un plant à l'autre sur les lignes. Cette distance peut être de 5 et même de 3 centim. seulement, et les plants conserver assez d'air, en raison de l'espacement des lignes. Cependant les fèves réussissent encore mieux quand on interrompt également la chaine des plants dans la direction des lignes, et qu'on suit la pratique du Berkshire, qui consiste à distancer, suivant les lignes, de 20 à 22 cent., et à mettre de 4 à 5 grains par plant, formant ainsi de petits groupes régulièrement distribués; l'avantage de cette pratique est de rendre plus facile et plus parfait le travail des façons.

Ceux des cultivateurs anglais qui attachent le plus d'importance à la production des fèves préfèrent la plantation à la semaille. Je crois devoir faire connaître leur pratique à mes lecteurs, moins pour la leur recommander d'une manière absolue que pour leur prouver une fois de plus que, dans l'économie rurale, la culture paye toujours les soins qu'on lui donne. Voici comment on s'y prend dans le comté de Glocester.

Après que le sol a été labouré avant ou au commencement de l'hiver à une profondeur de 24 à 27 cent., et hersé aussitôt que possible après l'hiver, ce qui le rend parfaitement meuble, on procède à la plantation. On plante en partie suivant la longueur, et en partie suivant la largeur des billons. On se sert quelquefois du cordeau; le plus souvent du calcul des pas que l'on fait en plantant. La besogne est faite par des femmes qui ont chacune un sac à graine suspendu au cou et un plantoir à la main. Le plantoir, long de 32 à 33 cent., est semblable à celui des jardiniers, mais surmonté d'une crosse sur laquelle les planteuses appuient avec le pouce et le premier doigt. Les planteuses marchent de gauche à droite le long des lignes, regardant la dernière ligne plantée ou le sillon de direction. On ne met pas plus de 3 cent. de distance d'un trou à l'autre, on leur donne 5 à 6 cent. de profondeur et l'on ne met qu'une fève dans chacun. Les planteuses un peu exercées expédient cette besogne fort vite et avec beaucoup de régularité.

La distance entre les lignes est de 27 à 38 cent. On couvre avec le rouleau ou avec une herse à petites dents.

En Flandre, on plante les fèves de la manière suivante. Après que le champ a été fumé et préparé, l'ouvrier y ouvre, avec la houe et dans le sens de la largeur, une rigole de 54 millim. de profondeur, dans laquelle son aide qui le suit dépose, à 10 centim. l'une de l'autre, les fèves dont il est chargé. Chaque rigole se recouvre avec la terre de la rigole suivante. Deux ouvriers expédient ainsi en trois jours la plantation d'un hectare.

Dans certaines parties du Brabant, on plante les fèves d'une manière analogue à celle des Anglais, en se servant, au lieu de plantoir, d'une traverse d'un mètre de long, dans laquelle sont fixées, à 1/4 de mètre les unes des autres, quatre pointes de 54 millim. de long, moyennant lesquelles on fait quatre trous à la fois. L'aide dépose 2 à 3 fèves dans chaque trou. On fait les lignes suivant la largeur du champ.

Cependant on suit aussi dans le même pays un procédé particulier pour semer les fèves à la volée.

Lorsque le champ a été mis en billons, qu'on fait étroits et auxquels on ne donne pas plus de 2 mètres 60 cent. de largeur, mais avant de tirer les sillons de séparation, on étend le fumier et on répand la graine par-dessus. Alors seulement on ouvre les sillons de séparation, non pas à la charrue, mais à la bêche, et on jette la terre qu'ils produisent sur les fèves. Plus tard on sarcle, mais on ne bine pas.

Quelque part que j'aie observé la culture des fèves, je n'ai jamais entendu parler de les enfouir à la herse comme les petites graines.

§ 8. *Soins et façons.*

Là seulement où l'agriculture, ou du moins la culture des fèves, est encore au berceau, on se dispense du binage. En Angleterre, en Belgique et dans le Wurtemberg, on bine même les fèves semées à la volée. Quant aux fèves semées en ligne, on conçoit qu'on ne suit cette pratique qu'en vue surtout des binages, et pour les rendre plus faciles et les faire à moins de frais.

Souvent, avant le premier binage, on fait passer le traineau ou la herse. L'application du traineau est surtout très-utile sur les sols argileux. Comme, après l'enfouissement des fèves, on ne passe pas la herse, parce qu'il convient de laisser la surface grumeuse, pour l'empêcher de se tasser et de se clore, et comme les mottes qu'on a laissées subsister dans ce but mettent obstacle aux travaux à exécuter plus tard, il faut au moins les briser, en passant la herse renversée, dès que les fèves commencent à sortir de terre. On entreprend cette opération vers midi seulement ou un peu après midi, au moment où les plantes sont un peu amollies par la chaleur. On comprend que cette opération est superflue pour les sols meubles et légers, ou lorsque la surface a été aplanie et travaillée lors de la semaille.

On passe la herse sur les fèves semées à la volée, quinze jours ou trois semaines après la semaille. Si cette façon a été donnée par un temps favorable, on peut, à la rigueur, se dispenser de biner des fèves bien venues dans un sol, d'ailleurs, assez proprement tenu ; mais il ne faut pas craindre de donner un hersage trop énergique et s'encourager du proverbe qui dit que la herse ne peut pas faire de mal aux fèves : lorsqu'elle blesse ou déchausse quelques jeunes plants, ils se remettent et reprennent en très-peu de temps.

L'emploi de la houe assure incontestablement un travail beaucoup plus parfait ; mais il ne doit pas, pour cela, exclure celui de la herse, qui le facilite et en augmente encore les bons effets, surtout quand il s'agit des fèves semées à la volée, qui ne permettent pas l'accès de la houe à cheval ; c'est, au contraire, une pratique très-utile que celle de passer la herse sur les fèves semées en lignes et de les biner ensuite. Le cultivateur alsacien, si actif et si soigneux, non-seulement herse ses fèves, mais les bine encore deux fois. Mais, de quelque manière qu'on s'y prenne, il faut que le dernier binage soit donné avant la floraison. C'est une règle générale et surtout de rigueur pour les fèves de ne pas troubler la plante pendant cette époque critique.

Dans l'île de Thanet, en Angleterre, où la culture des fèves est parvenue à un haut degré de perfection, on combine les différents moyens de nettoyer le sol : d'abord on passe la houe à cheval longitudinalement entre les lignes, puis on herse en large et enfin on bine avec une houe à main de 4 centim. de large et, pour peu que cela soit nécessaire, on renouvelle les dernières façons jusqu'à ce que le champ ressemble à un carreau de jardin. La pratique de herser en travers est surtout remarquable : la houe à cheval ne devant pas pénétrer entre les plantes dans le sens des lignes, ce sont les dents de la herse qui vont y chercher les mauvaises herbes qui s'y cachent et y ameublir la terre.

Comme j'ai décrit plus haut la manière de planter les fèves dans le comté de Glocester, je pense qu'il convient d'indiquer aussi les façons qui suivent la plantation : aussitôt que les fèves commencent à lever, on herse ; aussitôt qu'elles ont atteint une hauteur telle qu'il n'y ait pas à craindre de les couvrir de terre, on bine, et cela en approchant autant que possible des plants ; chaque bineur prend deux et jusqu'à trois lignes à la fois. On retarde le second binage aussi longtemps qu'on peut encore le bien faire ; mais il faut toujours qu'il ait lieu avant la floraison ; il n'y a rien qu'on regarde comme plus nui-

sible que de faire un travail quelconque dans les
fèves à cette époque. En donnant le second binage,
on arrache à la main les mauvaises herbes qui ont
poussé dans les lignes entre les plants ; on a le plus
grand soin de ne laisser subsister aucune plante parasite, parce qu'elles privent les fleurs inférieures
des fèves de la lumière et de l'air qui leur sont nécessaires pour former le fruit, et que la graine de
ces plantes infeste le champ pour la culture suivante.
Les Anglais regardent ce second binage comme indispensable et prétendent que, sans lui, le premier
n'est bon à rien. Par le premier binage, en effet, la
terre n'est qu'ameublie ; elle n'est réellement nettoyée que par le second, et bien que le premier ait
troublé, dans leur croissance, les mauvaises herbes
qu'il rencontre au moment où on le donne, il met
en position de germer plus facilement une foule
d'autres mauvaises herbes, dont les graines, sans
son action, seraient restées enfouies et n'auraient pu
lever.

Les inconvénients qui résultent de la présence des
mauvaises herbes peuvent résulter aussi de l'espacement trop resserré des plants de fèves. C'est un fait
généralement reconnu, qu'il ne faut s'attendre qu'à
une médiocre récolte de fèves lorsque les fleurs ne
fructifient pas du bas au haut de la tige et lorsqu'il
n'y a que les fleurs du sommet qui portent. Lorsqu'un champ de fèves est trop dru, les tiges deviennent élancées et feuillues, et cet inconvénient
résulte également de la présence des mauvaises

herbes. Aussi convient-il, lors du second binage, d'éclaircir là où cela est nécessaire, afin d'empêcher les plantes de pousser en hauteur et d'éviter qu'elles restent grêles et stériles.

Les deux binages à la main et le sarclage d'un hectare coûtent, en Angleterre, de 14 à 16 fr. chacun. Le même travail revient un peu moins cher, mais se fait aussi moins parfaitement lorsqu'on emploie la houe à cheval. Là où le travail manuel est à trop haut prix et là où les bras manquent, il faut bien se contenter de faire passer deux fois la houe à cheval ou une charrue à deux versoirs dans les lignes. Le premier de ces deux instruments doit être préféré par ceux qui en sont pourvus, parce que son travail est encore moins imparfait que celui du dernier. Si l'on est pourvu d'un bon buttoir, on peut se passer de la houe à cheval et faire, comme l'expérience me l'a appris, une besogne tout aussi bonne.

A Hohenheim, on passe d'abord le traineau, plus tard on passe légèrement le buttoir entre les lignes, puis on herse en travers, et enfin on passe le buttoir plus profondément, ou, pour m'exprimer mieux, on passe deux fois le buttoir, la première fois pour écorcher la terre, la seconde fois pour butter. Les mauvaises herbes, qui se montrent plus tard dans les lignes, sont, au besoin, arrachées à la main. J'espère pouvoir faire faire plus tard ce dernier sarclage avec la houe à main, et je compte introduire, à cet effet, la pratique de plantation par petites touffes dont il a été question plus haut.

Je puis aussi, et par expérience, prévenir les cultivateurs qu'il ne faut pas s'en reposer sur les binages pour les terres argileuses infestées d'alopécure des champs ; pour celles-là, il faut les préparer par une bonne jachère, puis seulement y mettre des fèves ; c'est le meilleur moyen de bien nettoyer ces terres. En 1823, sur des terres de cette nature, et dans ce cas, sans en connaître le résultat inévitable, on mit des fèves à Hohenheim ; elles furent binées à la main, sarclées à la main ; malgré tous ces soins, la récolte ne couvrit pas les frais et il fallut jachérer après, pour ne l'avoir pas fait auparavant. C'était évidemment s'y être pris à rebours.

Un très-bon moyen de garantir les fèves de la rouille, à laquelle elles sont sujettes, consiste à répandre dessus des débris salins, lorsqu'elles ont atteint un travers de main de hauteur ; aussi les cultivateurs qui se trouvent à portée de salines devraient-ils s'adonner particulièrement à la culture des fèves, comme le font ceux du comté de Mark.

Le plus grand fléau des fèves est une espèce de nielle noire, qui se montre d'abord au sommet de la plante et finit par s'étendre, en descendant, sur toute la tige, qui prend à la plante tout son suc, qui détruit les cosses formées, qui empêche la formation de celles qui ne le sont pas encore, dessèche et fait racornir les feuilles et donne à toute la plante l'aspect le plus misérable. On ne connaît pas bien l'origine de ce fléau. Je doute que l'écimage, qu'on recommande comme remède efficace, le soit en effet, parce que cette vermine attaque souvent les fèves avant le moment où l'écimage peut être pratiqué, ou parce qu'elle est alors déjà descendue trop bas le long des tiges, pour que l'écimage puisse l'atteindre, sans devenir nuisible lui-même.

Cependant l'écimage a d'autres résultats avantageux, qui rendent son application très-utile. Comme les pois et les vesces, les fèves continuent à croître longtemps encore après que les cosses inférieures sont formées. Cette croissance continue ; les cimes feuillues, souvent chargées de nielle noire, les fleurs inutiles, qui se montrent encore au sommet, enlèvent une grande quantité de sève aux fruits déjà formés au bas de la tige, empêchent la formation des fruits un peu plus tardifs, mais toujours bons de la partie moyenne, et retardent la maturité de la plante tout entière, ce qui entraîne nécessairement aussi un retard dans la préparation du sol pour la céréale qui doit suivre, et réagit ainsi sur celle-ci d'une manière également nuisible ; l'écimage prévient autant que possible ces différents inconvénients. On le pratique avec un long couteau, une vieille lame de sabre ou une vieille faux, qu'on emmanche d'une poignée, en prolongement de la ligne du tranchant : on choisit, pour écimer, le moment où les cosses inférieures commencent à se former ; on laisse tomber à terre les cimes coupées, et l'opération se fait ainsi sans difficulté et très-promptement, surtout dans les fèves semées en lignes. L'écimage fait avancer la maturité d'une quinzaine de jours, et contribue à rendre aussi la dessiccation de la paille plus prompte et plus facile.

J'ai rencontré encore un autre ennemi acharné des fèves, mais seulement en Alsace, dans la cuscute. Cette maudite plante étouffe et étrangle, dans toute l'acception du mot, les plants de fève, d'où lui vient le nom allemand de *droessel ;* le binage ne sert presque à rien contre elle, parce qu'elle ne vient que trés-tard. Comme cette plante ne s'attaque pas seulement aux fèves, mais aussi au lin et surtout au trèfle, comme elle se multiplie par une quantité énorme de semence, le cultivateur qui ne veut pas lui abandonner son champ, lorsqu'elle s'est enlacée autour des plants de fèves, ne doit pas hésiter à les faucher avant la maturité, pour les utiliser comme fourrage vert.

§ 9. *Récolte.*

Une température fraîche, plutôt humide que sèche, qui assure une floraison lente, est celle qui promet la meilleure récolte de fèves : par une température élevée et une chaleur soutenue, les fleurs se dessèchent et ne fructifient pas.

Il ne faut pas laisser arriver les fèves à une trop complète maturité, parce qu'elles contractent facilement ainsi des taches noires. On récolte, par cette raison, lorsque la plus grande partie des cosses commencent à noircir; les fèves récoltées de bonne heure donnent une farine plus blanche, et qui peut très-bien être employée en mélange à la panification ; elles continuent d'ailleurs à mûrir dans la paille coupée.

On suit plusieurs pratiques pour la récolte. Lorsque la paille est courte, on fauche ; lorsqu'elle est longue et grêle, on fancille. Dans le premier cas, on laisse pendant quelques jours en andains, puis on met en javelles, on laisse achever la dessiccation, on lie en gerbes et on rentre ; dans le second cas, lorsque la paille est longue, on met deux à trois javelles les unes contre les autres, en les écartant un peu par le bas, et en arrondissant, de manière à former un cône creux, dont on réunit le sommet avec un lien de paille. On laisse dans cet état jusqu'au moment de lier en gerbes et de rentrer. Lorsque le temps est très-favorable, on met à terre des liens de paille, sur lesquels on met en andains ; après trois à quatre jours, on réunit les liens pour faire des gerbes, qu'on adosse les unes aux autres par dizaines ; c'est de cette manière qu'on perd le moins de fèves.

Il ne faut pas attendre l'entière dessiccation pour lier ces gerbes, parce qu'on perdrait trop de fèves, et il faut, par conséquent, ne pas faire de grosses gerbes ; 22 à 27 centim. de diamètre au plus ; aussi ne faut-il faire les liens que d'une seule longueur de paille de seigle ou de froment.

En faisant les gerbes de bonne heure, on se donne aussi la facilité de labourer entre les lignes de gerbes, adossées les unes aux autres, et de les déplacer pour pouvoir labourer tout le champ, et on gagne du temps pour préparer le sol pour le froment qui doit succéder aux fèves.

§ 10. *Rendement et valeur.*

Marshall accuse en moyenne, par hectare,	21,05 hectol.
Le même, comme rendement assez ordinaire,	21,05
Young, Suffolk,	28,05
Le même, Kent,	28,05
Le même, voyage à l'est,	27,66
Le même, voyage au sud,	21,00
Le même, voyage au nord,	26,75
Le même, suivant ses propres expériences,	29,08
Flandre occidentale, moyenne,	21,00
Polders au-dessous d'Anvers,	32,05
Lurzer, pays de Saltzbourg, moyenne de 20 ans,	20,00
Hohenheim, 1823,	22,05
Moyenne des données ci-dessus,	24,08

Ce que peut produire une année humide en augmentation de rendement résulte de l'expérience de Koppe, qui, en 1816, avait cultivé en fèves un sol qui méritait à peine le nom de terre argileuse, et qui en récolta 28 hectolitres par hectare. Le docteur Burger dit que son plus fort rendement, en fèves brunes, n'a jamais dépassé 32 hectolitres, mais qu'il a souvent récolté jusqu'à 43, et une fois jusqu'à 56 hectolitres de fèves rouges tachetées par hectare.

Si l'on compare la moyenne trouvée plus haut avec celle des pois +14 et celle des vesces +15, on trouve une proportion de rendement beaucoup plus forte en quantité, en faveur des fèves, et il en résulte qu'entre les plantes à cosses ce sont les fèves qui rendent le plus.

Sous le rapport de la valeur, en Alsace, on les met à l'égal de l'orge, ce qui est trop peu. Les parties nutritives de l'orge = 0,675, l'hectolitre, pesant 60 kilogrammes, en contient 43 ; les parties nutritives des fèves, prises aussi à 0,675, ce qui est au-dessous de la réalité, l'hectolitre, qui pèse 88 kilog., en contient 64 de parties nutritives, ou un tiers de plus que l'orge. En conséquence, 2 hectolitres de fèves devraient avoir une valeur vénale égale à celle de 3 hectolitres d'orge, si cette dernière n'était susceptible d'applications plus variées, comme, par exemple, la fabrication de la bière ; mais, même dans un pays où la bière est la boisson la plus usitée et où l'orge a toute la valeur qu'elle peut avoir, en Belgique, une mesure de fèves vaut quelque chose de plus que la même mesure d'orge. Prises en moyenne, les valeurs vénales des fèves sont dans le rapport suivant avec les différentes céréales :

Les fèves, comme	9
L'orge, comme	8
L'avoine, comme	6
Le seigle, comme	10
Le froment, comme	16

D'où il suit que les fèves valent un neuvième de plus que l'orge et un tiers de plus que l'avoine, ce qui est la moindre proportion qu'on puisse admettre, l'hectolitre d'avoine ne pesant que 46, l'hec-

tolitre d'orge que 63, tandis que l'hectolitre de fèves
pèse 88 kilogrammes.

En mélange avec d'autre farine, celle des fèves
donne un pain plus blanc et plus léger. Les fèves
s'emploient à la nourriture des chevaux, des vaches
laitières, et à l'engraissement des moutons et des
porcs. Comme elles ont une pesanteur à peu près
double, il ne faut, pour les chevaux, qu'une ration de moitié environ en volume de la ration d'a-
voine. Elles conviennent moins aux jeunes chevaux
et à ceux qui ne travaillent pas; elles conviennent
d'autant mieux aux chevaux qui travaillent beaucoup. En Alsace, elles sont exclusivement employées
à la nourriture des chevaux et à l'engraissement des
porcs. Dans les Pays-Bas, on a peine à concevoir
qu'on puisse bien engraisser un mouton sans lui
donner des fèves. Elles sont un excellent fourrage
pour les bêtes à lait. Je tiens d'un cultivateur alsacien, bon observateur, qu'un hectolitre de fèves lui
a toujours produit plus et de meilleur lait que dix
hectolitres de betteraves. Il faut faire gonfler les fèves
pendant douze heures dans l'eau, les mêler avec de
la balle et humecter encore un peu le mélange.

Depuis que j'ai publié ces observations, faites il y
a déjà un certain nombre d'années, j'ai eu l'occasion
de m'assurer, par des expériences nouvelles, faites
à Hohenheim, de l'utilité des fèves pour la nourriture des bêtes à cornes, et surtout de leur facile digestion. Les racines se trouvant épuisées vers le
printemps de 1822, il fallut donner des potages

aux vaches, et les balles de céréales et de navette étant les seules ressources, comme fonds de ces préparations, il fallut y ajouter un peu d'orge. L'orge, quoique gonflée d'abord dans de l'eau froide et ensuite encore dans de l'eau chaude, passait en partie, sans avoir été digérée, dans les excréments des animaux. L'orge remplacée enfin par des fèves seulement gonflées à l'eau froide, il ne se retrouva plus aucune trace de digestion incomplète dans leurs déjections.

Ayant déterminé un de nos économistes les plus distingués à faire des expériences dans le même sens, je suis heureux de pouvoir lui emprunter des résultats semblables.

« Je me suis aussi convaincu, dit le docteur
« Schweitzer, dans ses intéressantes publications
« sur l'économie rurale, que les fèves sont un four-
« rage très-nourrissant et très-agréable pour les
« bêtes à cornes. En 1816, cette calamiteuse année,
« présente à la mémoire de tous les cultivateurs,
« mes pommes de terre, que leur tour d'assolement
« avait placées dans une de mes soles les plus hu-
« mides, manquèrent presque totalement. Les fèves,
« au contraire, placées dans une sole presque aussi
« humide, réussirent parfaitement et rendirent
« seize fois la semence. Je regrettai bien alors de
« n'avoir pas consacré une plus grande étendue de
« terrain à la culture des fèves. Il fallut employer
« celles-ci, comme fourrage, pour suppléer aux
« pommes de terre, et je m'en trouvai si bien que je

« renouvelai l'expérience les années suivantes. On
« fait gonfler les fèves dans l'eau, la veille, et on les
« mêle, le lendemain, au potage composé de bœlle et
« de pomme de terre; on délaye la masse avec du
« bouillon de tourteaux d'huile, et on donne ainsi le
« tout aux vaches. On les voit rechercher de préfé-
« rence les fèves, et elles se trouvent parfaitement
« bien de cette nourriture. Je crois m'être bien as-
« suré qu'une mesure de fèves nourrit autant que
« cinq mesures de pommes de terre. Un pareil résul-
« tat vaut bien la peine qu'on consacre, chaque an-
« née, une partie de ses terres à la culture des fèves
« pour fourrage. »

Pour les chevaux, les moutons et les porcs, il est
tout à fait superflu de faire tremper les fèves, et
même, pour les deux premières espèces d'animaux,
cette préparation me parait plutôt nuisible qu'utile.
Le plus souvent on les donne aux chevaux et aux
moutons avec la paille, par conséquent sans même
les battre, et les moutons mangent volontiers même
les tiges les plus dures. « Je ne connais pas, dit le
« vénérable vétéran de l'économie rurale du Meck-
« lembourg, le conseiller et professeur Karsten,
« de meilleur fourrage pour les chevaux. Un bois-
« seau ras de fèves leur donne plus de forces que
« deux boisseaux combles d'avoine. Dans le com-
« mencement, j'ai fait toutes sortes d'essais avec les
« fèves. Je les ai fait égruger; mais j'ai reconnu
« qu'il y avait du danger à les donner ainsi, et que,
« d'ailleurs, ce mode était trop coûteux. Je les ai

« fait tremper ; mais les chevaux n'ont pas voulu
« s'accoutumer à les manger ainsi, il semblait
« qu'elles s'attachaient à leurs dents, et elles leur
« empâtaient la bouche. Enfin je les ai fait donner
« sèches avec de la paille hachée, et ils les ont man-
« gées avec avidité. J'ai fait nourrir mes élèves de
« trois ans de la même manière que les chevaux de
« travail, et ils sont restés aussi alertes et aussi
« agiles que s'ils avaient été nourris avec la meil-
« leure avoine.

« En 1806, le seigle ayant presque complétement
« manqué, je trouvai dans mes fèves un excellent
« surrogat pour la panification. Trois parties de fa-
« rine de seigle et une partie de farine de fèves
« donnent un pain plus léger, plus beau et de meil-
« leur goût que la farine de seigle seule. Dans la
« même proportion, la farine de fèves améliore aussi
« la farine de froment, qui, par cette addition,
« devient plus propre à tous les usages de cuisine et
« à toutes les pâtes, et lui donne la propriété de se
« conserver plus longtemps. A l'avenir, je m'en
« tiendrai à ce mélange aussi bien avec le froment
« qu'avec le seigle.

« Dans le Wurtemberg, les fèves sont estimées et
« recherchées des boulangers et employées à la pani-
« fication.

« La paille battue est une friandise pour les che-
« vaux, les bêtes à cornes et les moutons; les pre-
« miers n'en laissent pas même les plus grosses tiges.
« Je fais couper toute ma paille de fèves avec d'autre

« paille, pour la donner aux vaches, qui s'en trou-
« vent très-bien. »

Il n'y a de paille de fèves sans valeur que celle gâtée par les insectes , ou chargée de nielle noire ou
de rouille, celle récoltée trop tard ou mal séchée.

CHAPITRE V.

—

HARICOT.

Le haricot nain , qui peut se passer d'appui,
quoiqu'on le rencontre rarement dans les champs,
n'en mérite pas moins de devenir un objet important de l'agriculture, et ne doit pas être oublié ici.
Il n'y a guère de culture qui puisse faire rendre davantage aux mauvaises terres sablonneuses.

Il existe beaucoup de variétés de haricots , parmi
lesquels les blancs sont généralement préférés,
comme les plus nourrissants et les meilleurs ; mais
leur rendement est un peu moins assuré que celui
des haricots de couleur. Parmi ces derniers , Burger donne la préférence à ceux qui sont tachés de
rouge et dont la forme est plus arrondie. Cette variété
croit très-vite et porte beaucoup et de fortes cosses.

En Alsace et le long du Rhin, je n'ai jamais vu cultiver que la variété blanche.

Le sol de prédilection pour les haricots est un sol propre, sec, meuble, lié et bien exposé. Ils ne refusent cependant de prospérer ni dans le sable, ni dans l'argile, à la différence près que, dans l'un, ils souffrent plus souvent de la sécheresse, et, dans l'autre, de l'humidité. Comme ils n'aiment pas le fumier frais, il faut chercher à leur assigner une terre encore en vieille force, ou dans laquelle le fumier ait été divisé et retourné par plusieurs labours, quoiqu'ils puissent, à la rigueur, prospérer aussi sans engrais.

Les haricots supportent beaucoup mieux la sécheresse et la grande chaleur que le froid et l'humidité, pourvu qu'ils aient une température un peu fraîche pendant la floraison. Les étés humides et frais leur sont contraires, et les gelées de printemps et d'automne les détruisent; aussi leur culture est-elle toujours un peu chanceuse.

On leur attribue la propriété de n'épuiser que très-peu le sol; cependant quelques cultivateurs les regardent comme un mauvais précédent pour les céréales.

On cultive les haricots nains, soit seuls, ce qui est rare, soit dans les intervalles d'autres plantes, ce qui est plus commun.

A cause de leur peu d'élévation, du peu d'espace qu'ils occupent et du peu de substance qu'ils prennent, ils conviennent, en effet, beaucoup pour remplir les intervalles qu'on laisse entre les plantes d'un port plus élevé, qui demandent des façons particulières, telles que le maïs, le pavot, les topinambours, les choux, etc. Ils se contentent du plus petit espace entre ces plantes et ne leur font absolument aucun tort. Nous avons déjà parlé de l'utilité de leur culture entre les plants du maïs, lorsque nous avons traité de ce dernier.

En Alsace, où l'on cultive aussi les haricots tout seuls, on s'y prend de la manière suivante. On donne un premier labour avant l'hiver, un second à la fin de mars et un troisième à la mi-avril. On passe le rouleau. On ne donne pas de fumier. A la fin d'avril on donne un labour pour la semaille. Pour ce labour, on règle la charrue de manière à ne pas serrer les tranches les unes contre les autres et à former plutôt des rigoles, dans lesquelles on dépose la semence. Le semeur, suivant une rigole, laisse tomber, à chaque pas, cinq ou six grains et marche dessus. Les lignes se trouvent ainsi espacées de 32 à 33 centim. et les touffes de 50. Ensuite on traîne, et, suivant les circonstances, on roule légèrement.

On emploie ordinairement 1,5 hectolitre de semence par hectare.

Lorsque les haricots commencent à montrer des feuilles au-dessus du sol, on bine, la première fois, avec une houe large, la seconde avec une houe étroite, et en même temps on butte un peu.

La culture des haricots en grand étant peu connue,

je crois devoir entrer dans quelques détails sur ce
sujet et consigner ici les observations faites par Reichard dans les environs d'Erfurt et celles que j'ai
faites moi-même dans le pays de Bamberg.

« Ordinairement, dit Reichard, on met les hari-
« cots nains dans les sols-jachères. A la fin de l'au-
« tomne, on donne un labour profond et on passe
« la grande herse. A la fin d'avril, lorsqu'on ne
« redoute plus les gelées, on fait, avec une petite
« houe, des fosses de 6 à 8 centim. de profondeur,
« à 16 centim. les unes des autres ; on met trois à
« quatre haricots dans chacune, mais en ayant
« soin qu'ils ne se touchent pas. On couvre aus-
« sitôt avec la grande houe.

« Quelques cultivateurs attendent jusqu'au prin-
« temps pour donner un labour profond, herser et
« planter les haricots de la manière qui vient d'être
« indiquée. Mais, s'il ne survient pas de pluie et s'il
« s'élève des vents qui dessèchent, le sol reste trop
« meuble et trop ouvert, et une grande partie des
« haricots périssent.

« Reichard regarde la pratique suivante comme
« mieux entendue : On donne en automne un labour
« très-profond, en mettant, au besoin, jusqu'à
« quatre chevaux à la charrue, et on laisse le sol
« ainsi ouvert jusqu'au printemps. On donne alors
« un labour à tranches étroites et superficielles, et
« on répand les graines une à une, dans chaque
« sillon, à 16 ou 24 centim. les unes des autres. Afin
« que la semaille marche aussi vite que le labour,

« on met deux à trois semeurs par charrue. Les ha-
« ricots semés, on couvre avec la herse. Les sillons
« étant étroits et la graine n'étant déposée que dans
« chaque second sillon, il se trouve un intervalle
« d'un demi-mètre entre les lignes. Les haricots, ainsi
« disposés, sont ensuite binés une fois, et deux fois
« au besoin, avec une grande houe. Au moyen de ces
« façons, le sol est presque aussi bien nettoyé que
« par la jachère, à la place de laquelle on introduit
« ordinairement cette culture. »

Cultivés entre d'autres plantes, les haricots par-
tagent avec elles les façons qu'on leur donne et sont
binés en même temps, soit à la main, soit avec la
houe à cheval, comme nous l'avons déjà dit en parlant du maïs. Cultivés seuls, ils peuvent l'être en
lignes, et l'on peut faire ainsi l'économie des façons
à la main.

Lorsque les haricots sont mûrs et que les cosses
ont séché sur les tiges, on les arrache pendant la
rosée, on les laisse sécher pendant quelques jours,
et on les rentre liés ou non en petites bottes, en les
chargeant sur des voitures garnies de toiles. Il est
rare qu'on puisse battre les haricots immédiatement
après la récolte. Lorsqu'on veut les battre de suite,
il faut les étendre, pendant quelques semaines au
moins, sur le plancher d'un grenier bien aéré, ou
au-dessus d'une grange, lorsqu'elle est couverte
d'un plancher, ou bien sur des perches, mais de
manière à ce que les haricots tombant des cosses
puissent être ramassés. Comme les cosses ont la pro-

priété de s'ouvrir et de se vider dès qu'elles ressè-
chent après avoir été mouillées, il est nécessaire de
prendre beaucoup de précautions pour prévenir la
perte d'une grande partie de la récolte.

Le produit de cette petite plante n'est rien moins
qu'insignifiant. La paille et les cosses sont un excellent fourrage pour les moutons et les bêtes à cornes;
les premiers n'en laissent jamais le moindre brin
dans leur râtelier. En Alsace, on préfère la paille
d'un hectare de haricots à celle d'un hectare d'orge.
Par contre, les haricots ne s'emploient pas à la nourriture des animaux, parce que, comme le remarque
Burger, aucune espèce de bétail ne les mange, ni
crus, ni cuits, mais aussi parce, que leur valeur
étant égale à celle du froment, ils seraient, pour le
bétail, une nourriture trop chère.

Le rendement de haricots est souvent très-considérable. Ceux qu'on cultive seuls en Alsace rendent,
en moyenne, 29 hectolitres par hectare, et souvent
jusqu'à 40. Dans les localités où l'on cultive les haricots, le froment lui-même ne rend pas davantage,
et on regarde les deux récoltes comme égales en valeur, quant au grain, l'avantage, pour le froment,
ne consistant que dans le rendement en paille.

Burger ayant fait l'expérience de mettre, trois années de suite, des haricots en lignes, à un demi-mètre
d'intervalle, dans un sol très-médiocrement fumé,
le rendement par hectare fut :

1°	16,05 hectol.
2°	20,73
3°	7,09
Burger, entre du maïs,	11,77
Quelques cultivateurs, en Carinthie, entre du maïs,	41,40
Idem,	49,68
Moyenne pour les haricots plantés seuls, en Alsace,	29,60
En Alsace, dans le maïs,	08,00

La moyenne de ces données est de 22,7 hecto-litres par hectare, par conséquent tout autant que ce que nous avons trouvé pour les fèves, et beaucoup plus que ne rendent les plantes grimpantes.

Je n'ai certainement pas forcé le calcul en faveur des haricots, en confondant, pour faire la moyenne de leur rendement, ceux cultivés seuls et ceux cultivés entre d'autres plantes ; et cependant cette moyenne de rendement surpasse encore celle du froment. Aussi n'existe-t-il pas, là du moins où l'on en a le débouché, d'objet de culture qui mérite davantage l'attention que cette plante d'ailleurs si peu difficile pour le sol et pour l'engrais.

CHAPITRE VI.

—

SARRASIN, BLÉ NOIR.

Nous classons ici, seulement sous le rapport économique, à cause de son rendement en grains farineux, une plante qui diffère d'ailleurs entièrement des céréales et des plantes à cosses. Son peu d'exigence, sous le rapport du sol et de l'engrais, la promptitude de sa croissance, la propriété qu'elle possède, à un plus haut degré que toute autre plante, de nettoyer le sol, et son rendement tout à fait extraordinaire, quand elle réussit, la mettraient au rang des plus importants objets de la grande culture, si ce rendement même n'était très-sujet aux influences des vents et de différentes températures, et, par conséquent, très-variable et très-incertain.

Le sarrasin ne demande que très-peu d'engrais. Comparées à celles des autres plantes, ses racines sont très-petites et en très-petit nombre. En compensation, la nature lui a donné un grand nombre de branches et de feuilles, et un nombre infini d'organes aspiratoires, au moyen desquels il prend dans l'atmosphère la plus grande partie de sa nourriture ; aussi est-il, de tous les grains farineux, celui dont la formation épuise le moins le sol, qui l'ombrage le plus complétement de sa couronne feuillue et chargée de fleurs, qui empêche le mieux la croissance des plantes parasites, et qui mérite le mieux d'être rangé parmi les cultures améliorantes. Son principal défaut consiste dans le peu de valeur de la paille.

La propriété particulière au sarrasin de tirer sa substance de l'atmosphère est aussi la raison pour laquelle il se ressent plus vivement des influences de la température. Dans les premiers temps de sa croissance, il demande un temps chaud et sec ; plus tard, des pluies chaudes ; pendant la floraison, une atmosphère calme, sèche et chaude. Il est extrêmement impressionnable aux vents secs et froids, qui lui font beaucoup de mal, et, par cette raison, il manque beaucoup plus souvent que les céréales. « Cependant, dit Burger, le froid fait manquer « moins souvent la récolte du sarrasin que les vents « de l'est et du nord. Les gelées du matin, lorsque « le froid ne se maintient pas pendant plusieurs « heures au-dessous de zéro, ne font prendre que la « rosée dont la plante est chargée, mais ne gèlent « pas les sucs qui circulent dans ses vaisseaux, et, « par conséquent, comme je m'en suis souvent as- « suré, ne causent pas de grands dommages ; mais « les vents froids desséchants font se resserrer et se « racornir les organes de la fructification, et les « frappent ainsi de stérilité. Le défaut de chaleur et

« de soleil pendant la floraison produit le même
« effet. »

Par contre, Burger ne croit pas à l'action nuisible
de l'électricité sur le sarrasin, et appuie son opinion
sur des expériences d'une seule année. Pour mon
compte, je ne crois pas qu'un seul exemple, même
soigneusement observé, suffise pour renverser
une opinion générale partagée par des hommes
éclairés.

Enfin, si une grande variabilité dans les proportions de rendement d'une plante en diminue la valeur, elle ne l'annihile pas, et le sarrasin n'en reste
pas moins un grand bienfait pour les terrains sablonneux, surtout pour ceux dans lesquels le blé de
mars, l'avoine et l'orge ne veulent pas prospérer,
et aucune exploitation considérable, même en terres
liées, ne devrait négliger d'en cultiver pour semence,
comme précaution, en cas de nécessité. Quelque
diligence qu'on fasse, et de quelques ressources que
l'on soit pourvu, on ne peut pas toujours terminer
à temps les semailles de céréales du printemps. Nous
en avons fait l'expérience à Hohenheim même, en
1824, où l'humidité permanente de la saison rendit
les terres inabordables jusqu'au 7 juin. Nous fûmes
trop heureux de trouver dans le sarrasin un moyen
d'utiliser des terres dont une bonne partie était
fumée de l'automne, et de ne pas les laisser vides.
Dût même une semaille tardive ne pas procurer un
bon rendement en grain, elle assure, du moins, une
grande ressource en fourrage vert, ou une masse

d'engrais à enfouir vert, et, dans tous les cas, une grande propreté du sol.

Le sarrasin est un bienfait plus précieux encore dans les contrées assez tempérées pour qu'il y puisse jouer le rôle de seconde récolte ou récolte dérobée. « Là, dit Burger, où la moisson des céréales d'hiver « a lieu dans les premiers jours de juillet, et où l'on « n'a pas de fortes gelées à craindre dans le mois de « septembre, le sarrasin est d'une très-grande im- « portance comme seconde récolte. »

§ 1. *Sol.*

Le sarrasin aime un sol sec, exposé au soleil, naturellement meuble ou bien ameubli par la culture. Aussi les sols sablonneux lui conviennent-ils, pourvu qu'ils contiennent quelque force. Il réussit parfaitement sur les marais et les tourbières écobués, sur les herbages rompus, surtout sur ceux qui ont été abandonnés pendant plusieurs années à la pâture, et sur les défrichements. Aimant les terres élevées, planes et sèches, le sarrasin ne réussit pas dans les vallons et les terres grasses, fortes, ni dans les terrains graveleux ou pierreux. Toutefois sa préférence pour les terrains légers et sablonneux n'est exclusive que dans les pays septentrionaux et que dans les expositions froides; dans les pays plus chauds, il s'accommode très-bien de sols plus liés, si ce n'est des argiles tenaces et des terres humides.

Dans les tourbières non exploitées, couvertes de

jones, de bruyères, on ne peut rien mettre de mieux que le sarrasin, bien entendu, après avoir écobué. Dans la Westphalie septentrionale, on met, dans de semblables sols, du sarrasin, pendant sept à huit ans de suite, en écobuant tous les ans ; on laisse reposer une vingtaine d'années, puis on recommence les écobuages et les cultures successives de sarrasin. Dans les quatre premières années, le rendement du sarrasin est très-considérable ; il diminue progressivement dans les quatre dernières.

§ 2. *Tour de rotation*.

Une plante aussi peu exigeante, et qui nettoie si bien le sol, peut tout aussi bien succéder à toute autre que lui servir avantageusement de précédent ; seulement il faut labourer et ouvrir le sol aussitôt après la récolte du sarrasin, parce qu'il se durcirait, au détriment surtout du seigle qu'on lui fait ordinairement succéder. D'après les observations d'un cultivateur du Holstein, le froment, toutes circonstances d'ailleurs égales, réussit mieux après le sarrasin qu'après la jachère, et le seigle réussit au moins aussi bien.

Dans les Pays-Bas et dans une partie du pays de Juliers, c'est un usage établi de fumer fortement les champs infectés de chiendent, et d'y cultiver du sarrasin, seulement pour les nettoyer. Cette pratique est connue aussi dans le Norfolk ; mais celui qui, sur un sol tout à fait appauvri, imaginerait de cultiver du sarrasin sans fumure, pour combattre les mauvaises herbes, ne ferait qu'attaquer un ennemi bien portant avec une armée malade.

On prétend aussi que le sarrasin convient pour y semer le trèfle et en favoriser la venue; mais, comme le sarrasin bien venu doit étouffer tout ce qui veut venir sous son ombre, le même danger pourrait souvent menacer le trèfle, imprudemment confié à sa protection; il en peut être autrement, s'il n'est question que de sarrasin cultivé comme fourrage vert.

§ 3. *Engrais.*

Si j'ai, en quelque sorte, prôné le sarrasin comme une plante très-frugale et tirant en grande partie sa sustentation de l'atmosphère, je n'ai pas entendu dire pour cela qu'elle ne vécût absolument que de l'air du temps. S'il ne trouve un peu de vieille force dans le sol, ou si l'on ne vient au secours avec un peu d'engrais, et le plus convenable est celui pour lequel on a fait la litière avec des gazons, il ne faut pas s'attendre à voir prospérer le sarrasin. Lorsqu'on lui assigne des terres tellement épuisées, qu'elles soient dans l'impuissance de produire toute autre plante, à moins que la température ne lui soit ex- trèmement favorable, il ne s'élève pas, ne produit que peu de grains et tombe ainsi dans un discrédit non mérité; mais il n'appartient qu'à un mauvais cultivateur de ne pas savoir assigner à chaque culture le sol qui lui convient, et donner à chacune le degré

de force qui lui manque pour assurer la prospérité
de la culture qu'on lui confie. Il arrive alors qu'un
rendement misérable ne couvre pas les frais les plus
minimes, et cela précisément parce qu'on a lésiné
sur ces frais.

« Là, dit Burger, où l'on cultive le sarrasin en
« première récolte, il est généralement admis qu'il
« n'épuise que très-peu le sol, et que le peu d'engrais
« qu'on lui donne profite encore, en plus grande
« partie, à la culture suivante; mais là où on le
« cultive en seconde récolte, et où on ne peut pas
« lui donner d'engrais, ce qui ralentirait sa crois-
« sance et lui ferait former son grain trop tard, on
« trouve généralement l'opinion contraire; on pense
« qu'il épuise beaucoup le sol et cause une diminu-
« tion considérable de la récolte suivante, ce qui est
« cependant en contradiction avec l'expérience. Tou-
« tefois, une partie de l'humus entre dans la for-
« mation du sarrasin, qui ne vit pas seulement d'air
« et d'eau, mais une partie extrêmement petite et
« hors de toute proportion avec ce qu'il développe
« de substances organiques, qu'il emprunte à l'at-
« mosphère en plus grande quantité que les autres
« céréales, et dont il a la propriété d'opérer la trans-
« formation. Lorsqu'il y a de fréquentes alternatives
« de chaleur et de pluie, on voit les champs les plus
« arides se couvrir d'une vigoureuse végétation de
« sarrasin, phénomène que les ignorants attribuent
« sans examen à la force d'un sol qui ne serait pas
« en état de couvrir les frais de la culture en avoine. »

Ce n'en est pas moins toujours une mauvaise spéculation que de ne pas fumer pour le sarrasin, quand on a l'engrais à sa disposition, parce qu'il faut également fumer pour la céréale d'hiver qui doit suivre, opération pour laquelle le temps manque souvent, ou par laquelle la semaille est retardée et, par conséquent, mal faite. En outre, il n'y a que le sarrasin bien venu, ainsi le sarrasin fumé, qui nettoie parfaitement le sol, qui lui restitue par ce qu'il lui laisse la plus grande partie de ce qu'il a pris, et qui le prépare bien et d'une manière profitable pour la culture suivante. Aussi l'expérience démontre-t-elle toujours cette vérité, et les champs qui ont produit la plus belle et la plus abondante récolte de sarrasin produisent-ils toujours ensuite la meilleure récolte de seigle.

§ 4. *Préparation du sol.*

Les cultivateurs négligents ne labourent qu'une fois, et deux fois lorsqu'ils sont en fonds de fumier. La différence ne manque pas de se montrer d'une manière sensible, et il n'est pas rare que le rendement, après deux labours, soit double et triple du rendement après un seul ; seulement alors qu'on met le sarrasin en seconde récolte, on peut, à défaut de temps, s'en tenir à un seul labour : ce labour, qui renverse le chaume, doit être donné aussitôt la première récolte enlevée, afin que les tranches aient le temps de se tasser sur le chaume qu'elles couvrent avant la semaille du sarrasin.

Pour qu'il soit bien cultivé, il faut donner au sarrasin trois labours : un labour profond avant l'hiver, sur lequel le champ doit être laissé jusqu'au printemps ; un second labour après la semaille de l'avoine ; le troisième au moment de la semaille du sarrasin. Le labour avant l'hiver est indispensable dans les sols argileux ; il est moins nécessaire et doit même quelquefois n'avoir pas lieu dans les sables. Dans les défrichements, il ne faut donner qu'un labour, mais de manière à laisser le temps à la surface de se tasser assez, comme on le fait pour le froment et l'épeautre.

Dans le Norfolk, on ne fait aucune différence dans la préparation du sol entre le sarrasin et l'orge ; on se détermine à semer le premier, lorsque le sol n'est pas assez propre pour la dernière.

Lorsqu'on ne sème le sarrasin que pour l'enfouir comme engrais vert, on se donne, avec raison, moins de peine, et on ne laboure qu'une fois.

En Flandre, on laboure trois et jusqu'à quatre fois ; au contraire des préparations dont nous venons de parler, c'est le dernier labour qu'on donne le plus profond, afin de ramener, à la surface, de la terre qui n'ait pas produit depuis plusieurs années.

Pour ameublir les sols argileux au point nécessaire pour le sarrasin, il faut, en général, n'épargner le travail ni de la herse, ni de la charrue.

§ 5. *Temps de la semaille et quantité de semence.*

Le meilleur temps pour semer est la dernière semaine de mai et la première de juin ; cependant on peut bien commencer huit jours plus tôt et finir huit jours plus tard. La semaille du sarrasin est donc à considérer comme la dernière du printemps, ce qui n'est pas un petit avantage. Suivant Burger, c'est une expérience généralement constatée, que le sarrasin semé de bonne heure donne des plantes plus hautes, et le sarrasin semé tard donne plus de grain. Dans des expositions un peu froides, il ne faut pas retarder la semaille jusqu'au 15 juin ; dans les pays chauds, au contraire, on retarde la semaille du sarrasin en seconde récolte jusqu'à la seconde quinzaine de juillet. Une pluie douce après la semaille est une bonne fortune.

La proportion de semence pour le sarrasin est très-petite ; on ne prend guère plus de la moitié de ce qu'on prend pour le seigle, parce que le sarrasin ne porte pas seulement un épi, mais forme une couronne branchue, à laquelle, lorsqu'elle est resserrée par les plantes voisines, il manque d'espace et de lumière pour la formation des grains qu'elle est destinée à porter.

Dans une partie de la Flandre,	75 litres.
Dans une autre,	50
Dans le Brabant,	60
Sur les bords de la Meuse,	30
En Angleterre,	18

Dans quelques parties de l'Angleterre,	134 litres.
En Carinthie,	142
Burger, avec le semoir,	93
Le même, semaille trop forte,	107
Dans le Wurtemberg,	140
De Witten, au plus,	106

Par conséquent, en moyenne 97 litres par hectare ; mais cette proportion est encore trop forte pour des terres bien préparées , et comporte plus de la moitié de la quantité de semence de seigle, qui n'est que de 90 litres par hectare.

§ 6. *Soins et végétation.*

Le sarrasin n'exige plus aucun soin après la semaille ; mais sa végétation, si différente de celle des autres plantes qui produisent des grains farineux, mérite que nous entrions dans quelques détails à ce sujet.

S'il vient à pleuvoir bientôt après la semaille, on voit, au bout de dix à quinze jours, quelques feuilles sortir d'une tige verte, rouge ou brune, dont le nombre augmente à mesure que la tige s'élève, puis trois, six et jusqu'à dix branches, puis, entre les feuilles, des fleurs, jusqu'à ce que la tige, au bout de cinq à six semaines, ait atteint une hauteur de soixante-cinq centimètres à un mètre un tiers. Les paysans wurtembergeois appellent les petites branches d'un nom particulier et ont un proverbe qui dit que, lorsqu'il y en a beaucoup, on peut se réjouir, parce que la récolte sera abondante.

Le sarrasin se distingue encore par la coquetterie et l'agréable mélange de couleurs de ses fleurs : sur la même tige, elles passent du blanc de lait au blanc de neige; sur d'autres tiges, du rouge foncé au plus beau rose et au carmin le plus pur. Les abeilles y trouvent un butin excellent et font de longs voyages pour le chercher.

Les pluies continues sont très-nuisibles aux premières fleurs et font avorter le grain qu'elles contiennent. Les chaleurs et la sécheresse prolongées font également beaucoup de mal au sarrasin, dont la température favorite est celle qui varie souvent de la pluie à la chaleur. La seconde fleur, qui vient peu de jours après la première, ne la remplace utilement, lorsqu'elle a souffert, que lorsque la température est très-favorable. La troisième fleur, qui vient de dix à quinze jours plus tard, ne conduit jamais ses grains à maturité. On regarde comme un signe de réussite lorsque l'ensemble de la floraison est plus blanc que rouge.

A mesure que les fleurs tombent, on voit, à leur place, des grains vert clair, tendres, de forme triangulaire, dont le vert devient toujours plus foncé, qui durcissent, et qui sont noirs ou d'un brun rouge foncé et très-durs au moment de la maturité. Dans ces écales foncées se cache une graine parfaitement blanche; mais, malgré leur dureté, ces écales s'ouvrent facilement sous la meule.

§ 7. *Récolte.*

La maturité du sarrasin n'arrive que successivement, comme sa floraison. On trouve sur la même tige des grains de toutes les nuances et souvent encore des fleurs. Vouloir attendre la maturité des plus clairs serait vouloir se priver de la récolte des plus foncés; aussi ne faut-il pas temporiser jusqu'à la maturité de tous les grains et couper dès que le plus grand nombre a pris une teinte foncée, a passé de l'état laiteux à l'état solide et peut se briser sous la pression de l'ongle. Le sarrasin, approchant de la maturité, achève de mûrir sur le chaume ou se ramasse sur l'aire de la grange avec la balle, qui a une grande valeur. L'époque de la récolte arrive ordinairement de la fin d'août au commencement de septembre.

On laisse le sarrasin sur chaume pendant quelques jours, pour qu'il sèche à moitié, puis on le lie en très-petites gerbes, qu'on met debout, deux à deux, l'une contre l'autre, pour achever la dessiccation. Ainsi disposé, la pluie ne nuit pas au sarrasin, au contraire elle prévient la perte du grain. Suivant la température, on le laisse ainsi quinze jours ou trois semaines, afin qu'il sèche assez pour qu'on puisse le battre en le déchargeant dans la grange. Il est rare qu'on puisse gagner quelque chose à l'engranger, parce que la paille, ne séchant pas sur pied, comme celle des céréales, contient toujours encore assez d'humidité pour nuire à la conservation du grain; la paille elle-même moisit entassée, et c'est toujours une perte, quand cela ne nuit pas à la qualité du grain, ainsi que cela est démontré par une expérience déjà très-ancienne.

§ 8. *Rendement.*

Aucun produit n'est plus capricieux que celui du sarrasin : tantôt des récoltes nulles, tantôt des récoltes d'une abondance extraordinaire. Suivant les années et suivant les préparations données au sol, on compte sur 30, 60, 90, 120 et jusqu'à 200 fois la semence. Suivant les annales wurtembergeoises, trois épis, arrachés en 1819, portaient, le premier 197, le second 285, et le troisième 307 grains. Trois épis, arrachés en 1818, année pendant laquelle une sécheresse soutenue avait nui à la première fleur, n'avaient porté que 6 à 8 grains chacun.

Aussi convient-il, en conséquence de cette incertitude de rendement, dans les pays où le sarrasin est recherché, de s'approvisionner dans les années d'abondance, en prévision des années de disette.

Burger compte pour moyenne ou, pour mieux dire, pour extrêmes, par hectare, de 13 à 43 hectol.

On compte, dans le Brabant, de 36 à 49
En Flandre, de 25 à 30
Sur les bords de la Meuse, 24

Mais ces données ne sont pas suffisantes pour établir une moyenne seulement à peu près vraie, ce qui serait d'ailleurs peu utile pour une récolte si chanceuse. 25 hectolitres par hectare serait le terme moyen le plus admissible, s'il en fallait absolument rechercher un.

Le rendement du sarrasin en seconde récolte est soumis à plus de chances et, par conséquent, plus incertain et plus variable encore. Les expériences de Burger, sur ce point, sont particuliérement remarquables. Pendant un grand nombre d'années, il a observé le rendement du sarrasin cultivé en seconde récolte après du seigle, et le rendement, par hectare, a été :

En 1804, de	10 hectol.
1805 (manque total).	
1806, de	1,9
1807, de	11,9
1809, de	17,3
1811, de	26,6
1812, de	8,6
1813, de	9,6
1814, de	3,2
1815, de	1,6
1816, de	1,6
1817, de	22,8
1818, de	23,5
1819, de	16,0

En moyenne, 11 hectolitres par hectare.

A ces rendements en grains, il faut ajouter, pour le sarrasin en seconde récolte, 1,000 kilogrammes de paille, et pour le sarrasin en culture ordinaire 2,400 kilogrammes.

§ 9. *Valeur et emplois.*

Suivant les années plus ou moins productives et suivant ses applications dans la localité, le sarrasin se vend tantôt au prix du seigle, tantôt au prix de l'orge, le plus souvent à ce dernier, parce qu'il ne convient guère à la consommation comme pain ; cependant ceux qui en font un usage habituel et qui y sont faits prétendent qu'aucun autre grain ne leur donne plus de force et ne les soutient mieux dans leurs travaux que le sarrasin : on en fait surtout un excellent gruau. Le sarrasin qui croît sur les hauteurs est d'une qualité supérieure à celui qui croît dans les plaines et les bas-fonds.

Le sarrasin est préférable à tous les autres grains pour l'engraissement des porcs, des bêtes à cornes et de la volaille ; il rend la viande de porc plus savoureuse et plus saine, ainsi que le lard et le saindoux ; mais, comme il constitue toujours une nourriture un peu chère, on ne donne pas à un porc plus de 2 litres 3/4 de sarrasin égrugé, par jour, ce qui équivaut à 4 litres 1/2 de grains ; on échaude le sarrasin égrugé et on le donne comme supplément à la nourriture ordinaire ; ou bien on fait bouillir le grain jusqu'à ce qu'il soit amolli et on en mêle deux à trois poignées dans la nourriture d'un porc ; on évite ainsi le déchet qu'on subit en égrugeant, mais l'engraissement marche moins vite.

Pour l'engraissement des bêtes à cornes, on fait tremper le grain pendant quelques jours dans l'eau froide et on le répand sur le fourrage coupé ou sur le potage qu'on leur donne : quand on en a le moyen, on le fait écraser, sans autre préparation, sous les foulons d'un moulin ; mais il faut toujours juger exactement pour combien de temps on a du sarrasin, et ne commencer à en donner que de manière à en avoir jusqu'à la fin de l'engraissement, parce que, s'il fallait cesser avant, il se passerait quinze jours avant que les animaux à l'engrais profitassent avec une autre nourriture.

Appliqué à la nourriture des chevaux, le sarrasin les met très-promptement en chair ; mais il les fait transpirer facilement et abondamment lorsqu'il fait chaud et surtout lorsque le temps est clair.

« Quelque bien établies, dit Thaër, que soient les « propriétés utiles du sarrasin, on lui attribue aussi « des propriétés nuisibles et qui sont particulière- « ment en rapport avec les influences de l'air. « Presque tous les bergers rapportent et affirment « que le sarrasin donné aux moutons, de quelque « manière que ce soit, leur profite très-bien, mais « qu'il faut éviter de les mettre au soleil après qu'ils « l'ont mangé, parce que cela leur fait enfler la tête « et leur donne le vertige, ce qui cesse dès qu'on « ne leur donne plus de sarrasin. »

Les cochons blancs, nourris de sarrasin vert, semblent éprouver, lorsqu'ils sont au soleil, des crampes et des douleurs très-vives : l'Anglais Hunte remarque que les jeunes porcs qu'on en nourrit courent, le premier jour, comme s'ils étaient ivres, allant donner de la tête contre les murs, tombant, se relevant, et affectant une gaieté extraordinaire; il en conclut qu'on ne doit commencer qu'avec une très-petite quantité.

Tout le monde sait que la volaille aime beaucoup le sarrasin, et qu'il la nourrit très-bien. Lorsqu'on le mêle aux parties caséeuses du lait, il donne un goût particulièrement fin et savoureux à la chair des chapons, poulardes, etc. On prétend qu'il fait pondre davantage les poules. Les faisans surtout en sont extrêmement friands, et, lorsqu'on en met çà et là dans les forêts ou les parcs, non-seulement ils y fixent leur séjour et ne s'éloignent pas, mais d'autres encore sont attirés par cet appât.

L'hectolitre de bon sarrasin doit peser 61 kilogrammes; quelquefois cependant il n'en pèse que 51. Avant de le mettre au moulin, il faut lui faire subir une espèce de torréfaction qu'on opère en le mettant au four au moment où l'on en sort le pain, et en l'y laissant jusqu'à ce qu'il soit complétement desséché. Cette opération lui fait perdre 25 p. 0/0 de son volume, et l'hectolitre se réduit ainsi à 75 litres, qui rendent au moulin 24 litres de gruau. Ainsi le sarrasin rend en gruau le quart de sa masse. On fait d'excellents potages avec le gruau de sarrasin.

§ 10. *Paille.*

Les opinions étant très-opposées sur l'utilité de la paille de sarrasin, nous avons cru devoir lui consacrer un article particulier.

Les uns la regardent comme une nourriture excellente, d'autres comme une nourriture médiocre,
d'autres enfin comme une nourriture mauvaise et
même très-nuisible pour les animaux de toute espèce. Sans avoir fait des expériences spéciales sur ce
sujet, j'ai observé du moins, dans tous mes voyages,
qu'elle n'était généralement employée que comme
litière.

Pour apprécier la paille de sarrasin, comme
toutes les autres pailles, ce qu'il faut examiner d'a-
bord, ce sont les circonstances dans lesquelles elle
a crû, le temps qu'il a fait après la moisson, comment et sur quel sol elle a été séchée, comment elle
a été conservée avant et après le battage. Comme
toutes ces circonstances diffèrent entre elles selon les
localités, il doit y avoir aussi, selon les localités,
une valeur différente et une différente appréciation
de la paille de sarrasin.

« Lorsqu'on fauche le sarrasin comme on fauche
« l'herbe des prés, dit un bon cultivateur wurtem-
« bergeois, on en mêle tellement la paille que, même
« par le temps le plus chaud, elle ne sèche pas et ne
« peut être utilisée que comme litière. L'expérience
« prouve encore que la manière la plus soigneuse de
« la traiter, lorsque la température n'est pas favo-
« rable, ne suffit pas pour la rendre susceptible
« d'être employée comme nourriture, bien que,
« rentrée sèche, elle soit un fourrage très-nourris-
« sant, lorsqu'on la donne hachée. Dans ce cas, le
« bétail la préfère à toute autre, et ne touche ni au

« foin, ni au regain, tant qu'il a devant lui de la
« paille hachée de sarrasin.

« Cette paille, dit Bœnninghausen, qu'on n'es-
« time pas du tout dans beaucoup de localités, est
« préférée, comme fourrage, dans la Twente, à la
« paille de seigle. Cette différence de valeur tient,
« sans doute, à ce que la paille de sarrasin est effec-
« tivement meilleure là où on lui consacre un meil-
« leur sol, et plus mauvaise là où on ne lui donne
« qu'un sol épuisé. »

Dans les environs de Lunebourg et de Brême, la
paille de sarrasin est, au rapport de Thaër, la principale nourriture du bétail pendant l'hiver. « On
« n'a pas observé dans notre contrée, comme on
« prétend l'avoir observé ailleurs, dit un bon culti-
« vateur du Holstein, que les vaches auxquelles on
« donne une grande quantité de paille de sarrasin
« comme nourriture, lorsque cette paille a été bien
« récoltée, soient plus sujettes à avorter qu'avec
« toute autre nourriture. »

M. de Witten est contraire à l'emploi de la paille
de sarrasin à la nourriture des bestiaux. « C'est,
« dit-il, une vérité acquise, que l'emploi de cette
« paille, récoltée encore humide, a coûté la vie à un
« grand nombre de bestiaux. Mais, même parfaite-
« ment sèche, cette paille, ainsi que les cosses et le
« grain, ont des propriétés nuisibles : les vaches
« auxquelles on en donne ne tardent pas à produire
« moins de lait ; chez les moutons, cette nourriture
« détermine l'enflure de la tête. » Ce dernier résultat

est confirmé par les observations d'un cultivateur
silésien, insérées dans les annales de Mœglin. D'autres cultivateurs n'ont pas remarqué la diminution
du lait des vaches, mais que ce lait formait moins de
crème, dont l'épaisseur se réduisait à celle d'une
carte, aussitôt qu'on donnait de la paille de sarrasin ;
que la crème reprenait sa proportion ordinaire dès
qu'on remplaçait la paille de sarrasin par de la paille
d'avoine, pour diminuer encore, aussitôt qu'on revenait à la paille de sarrasin. On prétend avoir remarqué encore que, lorsqu'on nourrissait des vaches
pies avec de la paille de sarrasin, il en résultait une
maladie de peau escarotique qui ne paraissait cependant que sur les parties couvertes de poils blancs,
et que les vaches sous poil zain de couleur foncée
en étaient exemptes.

Les expériences de Petri sur les moutons ont
donné aussi des résultats de nature à détourner de
l'emploi de la paille de sarrasin. « Je connais, dit-il,
« des exemples de l'usage imprudent de cette paille,
« qui ont causé la perte de la moitié d'un troupeau,
« et j'ai fait moi-même cette triste expérience avant
« de connaître par mes propres observations les pro-
« priétés de la paille de sarrasin ; il ne faut jamais
« en faire usage que pendant un temps très-court,
« trois semaines à un mois tout au plus, et seule-
« ment pendant les plus grands froids. »

En Westphalie, j'ai vu donner la balle de sarrasin aux porcs au commencement de leur mise à
l'engrais.

§ 11. *Blé noir de Tartarie.*

Le Blé noir de Tartarie, *polygonum tataricum*, tant prôné depuis quelques années, ne mérite pas l'éloge qu'on en fait. Son rendement est inférieur à celui du sarrasin ordinaire ; ses cosses, plus dures et plus anguleuses, le rendent plus difficile à égruger. Le déchet qu'il subit à la mouture est plus considérable, et la farine conserve une saveur amère. Il n'a que la propriété d'être un peu moins sensible à la gelée. J'ai assez souvent trouvé des plantes isolées de cette espèce parmi le sarrasin ordinaire, qui ne s'en distinguent que par un plus grand nombre de feuilles d'un vert pâle, de petites fleurs verdâtres et un grain plus anguleux.

TABLE DES MATIERES.

PREMIÈRE DIVISION.

CULTURE DES GRAINS FARINEUX.

PREMIÈRE SUBDIVISION.

Pages.

PREMIÈRE DIVISION.

CULTURE DES GRAINS FARINEUX.

DEUXIÈME SUBDIVISION.

www.ingramcontent.com/pod-product-compliance
Lightning Source LLC
LaVergne TN
LVHW021927060726

842528LV00001B/108